ARCHIVES MANAGEMENT METHOD AND
PRACTICE OF THE SECOND NATIONAL
CENSUS OF POLLUTION SOURCES

U0384238

第二次
全国污染源普查档案管理
方法与实践

生态环境部第二次全国污染源普查工作办公室－编

中国环境出版集团·北京

图书在版编目（CIP）数据

第二次全国污染源普查档案管理方法与实践/生态环境部第二次全国污染源普查工作办公室编. —北京：中国环境出版集团，2022.11

ISBN 978-7-5111-4701-1

Ⅰ. ①第… Ⅱ. ①生… Ⅲ. ①污染源调查－档案管理－中国 Ⅳ. ①X508.2②G271

中国版本图书馆 CIP 数据核字（2021）第 265779 号

出 版 人　武德凯
责任编辑　孙　莉
责任校对　任　丽
封面设计　王春声

出版发行　中国环境出版集团
　　　　　（100062　北京市东城区广渠门内大街 16 号）
　　　　　网　　　址：http://www.cesp.com.cn
　　　　　电子邮箱：bjgl@cesp.com.cn
　　　　　联系电话：010-67112765（编辑管理部）
　　　　　发行热线：010-67125803，010-67113405（传真）
印　　刷　北京中科印刷有限公司
经　　销　各地新华书店
版　　次　2022 年 11 月第 1 版
印　　次　2022 年 11 月第 1 次印刷
开　　本　880×1230　1/16
印　　张　16
字　　数　400 千字
定　　价　110.00 元

中国环境出版集团郑重承诺：
中国环境出版集团合作的印刷单位、材料单位均具有中国环境标志产品认证。

组织领导和工作机构

国务院第二次全国污染源普查
领导小组人员名单

国发〔2016〕59号文，2016年10月20日

组　长

张高丽　国务院副总理

副组长

陈吉宁　环境保护部部长

宁吉喆　国家统计局局长

丁向阳　国务院副秘书长

成　员

郭卫民　国务院新闻办副主任

张　勇　国家发展改革委副主任

辛国斌　工业和信息化部副部长

黄　明　公安部副部长

刘　昆　财政部副部长

汪　民　国土资源部副部长

翟　青　环境保护部副部长

倪　虹　住房城乡建设部副部长

戴东昌　交通运输部副部长

陆桂华　水利部副部长

张桃林　农业部副部长

孙瑞标　税务总局副局长

刘玉亭　工商总局副局长

田世宏　质检总局党组成员、国家标准委主任

钱毅平　中央军委后勤保障部副部长

＊领导小组办公室主任由环境保护部副部长翟青兼任

国务院第二次全国污染源普查
领导小组人员名单

国办函〔2018〕74号文，2018年11月5日

组　长
韩　正　国务院副总理

副组长
丁学东　国务院副秘书长
李干杰　生态环境部部长
宁吉喆　统计局局长

成　员
郭卫民　中央宣传部部务会议成员、新闻办副主任
张　勇　发展改革委副主任
辛国斌　工业和信息化部副部长
杜航伟　公安部副部长
刘　伟　财政部副部长
王春峰　自然资源部党组成员
赵英民　生态环境部副部长
倪　虹　住房城乡建设部副部长
戴东昌　交通运输部副部长
魏山忠　水利部副部长
张桃林　农业农村部副部长
孙瑞标　税务总局副局长
马正其　市场监管总局副局长
钱毅平　中央军委后勤保障部副部长

★领导小组办公室设在生态环境部，办公室主任由生态环境部副部长赵英民兼任

第二次全国污染源普查

工作办公室人员

主　任　洪亚雄

副主任　刘舒生　景立新

综合（农业）组　毛玉如　汪志锋　赵兴征　刘晨峰　王夏娇
柳王荣　沈　忱　周潇云　罗建波

督办组　谢明辉　李雪迎

技术组　赵学涛　朱　琦　王　强　张　震　陈敏敏　王赫婧
郑国峰　吴　琼　邢　瑜

宣传组　汪震宇　杨庆榜

此外，于飞、张山岭、王振刚、崔积山、王利强、范育鹏、孙嘉绩、
王俊能、谷萍同志也参加了普查工作。

序 言

第二次全国污染源普查是中国特色社会主义进入新时代的一次重大国情调查，是在决胜全面建成小康社会关键阶段、坚决打赢打好污染防治攻坚战的大背景下实施的一项系统工程，是为全面摸清建设"美丽中国"生态环境底数、加快补齐生态环境短板采取的一项重大举措。在以习近平同志为核心的党中央坚强领导下，按照国务院和国务院第二次全国污染源普查领导小组的部署，各地区、各部门和各级普查机构深入贯彻习近平新时代中国特色社会主义思想和习近平生态文明思想，精心组织、奋力作为，广大普查人员无私奉献、辛勤付出，广大普查对象积极支持、大力配合，第二次全国污染源普查取得重大成果，达到了"治污先治本、治本先清源"的目的，为依法治污、科学治污、精准治污和制定决策规划提供了真实可靠的数据基础，集中反映了十年来中国经济社会健康稳步发展和生态环境保护不断深化优化的新成就，昭示着生态文明建设迈向高质量发展的新图景。

一、第二次全国污染源普查高质量完成

第二次全国污染源普查对象为中华人民共和国境内有污染源的单位和个体经营户，范围包括：工业污染源，农业污染源，生活污染源，集中式污染治理设施，移动源及其他产生、排放污染物的设施。普查标准时点为 2017 年 12 月 31 日，时期资料为 2017 年度。这次污染源普查历时 3 年时间，经过前期准备、全面调查和总结发布三个阶段，对全国 357.97 万个产业活动单位和个体经营户进行入户调查和产排污核算工作，摸清了全国各类污染源数量、结构和分布情况，掌握了各类污染物产生、排放和处理情况，建立了重点污染源档案和污染源信息数据库，高标准、高质量完成了既定的目标任务。这次污染源普查的主要特点有：

党中央、国务院高度重视，凝聚工作合力。 张高丽、韩正副总理先后担任国务院第二次全国污染源普查领导小组组长，领导小组办公室设在生态环境部。按照"全国统一领导、部门分工协作、地方分级负责、各方共同参与"的原则，县以上各级政府和相关部门组建了普查机构。各级生态环境部门重视普查工作中党的建设，着力打造一支生态环境保护铁军，做到组织到位、人员到位、措施到位、经费到位，为普查顺利实施提供了有力保障。全国（不含港、澳、台）共成立普查机构9321个，投入普查经费90亿元，动员50万人参与，确保了普查顺利实施。

科学设计，普查方案执行有力。 依据相关法律法规，加强顶层设计，制定《第二次全国污染源普查方案》，提高普查的科学性和规范性。坚持目标引领、问题导向，经过12个省（区、市）普查综合试点、10个省（区、市）普查专项试点检验，完善涵盖工业源41个行业大类的污染源产排污核算方法体系。采取"地毯式"全面清查和全面入户调查相结合的方式，了解掌握"污染源在哪里、排什么、如何排和排多少"四个关键问题，全面摸清生态环境底数。31个省（区、市）和新疆生产建设兵团以"钉钉子"精神推进污染源普查工作"全国一盘棋"。

运用现代信息技术，推动实践创新。 积极推进政务信息大数据共享应用，有效减轻调查对象负担和普查成本。共有17个部门作为国务院第二次全国污染源普查领导小组成员单位和联络员单位参与普查，累计提供行政记录和业务资料近1亿条，通过比对、合并形成普查清查底册和污染源基本单位名录。首次运用全国环保云资源，建立完善联网直报系统。全面采用电子化手段进行普查小区划分和空间信息采集，使用手持移动终端（PDA）采集和传输数据，提高普查效率。

聚焦数据质量，强化全过程控制。 严格"真实、准确、全面"要求，建立细化的数据质量标准，完善数据质量溯源机制，严格普查质量管理和工作纪律。组建普查专家咨询和技术支持团队，开展分类指导和专项督办，引入4692个第三方机构参与普查工作，发挥公众监督作用，推动普查公正透明。国务院第二次全国污染源普查领导小组办公室先后对普查各个阶段组织开展工作督导，对全国31个省（区、市）和新疆生产建设兵团普查调研指导全覆盖、质量核查全覆盖，确保普查数据质量。

广泛开展宣传培训，营造良好社会氛围。 加强普查新闻宣传矩阵平台建设，采取通俗易懂、喜闻乐见的形式，推进普查宣传进基层、进乡镇、进社区、进企业，推广工作中的好经验好方法，营造全社会关注、支持和参与普查的舆论氛围。创新培训方式，统一培训与分级培训相结合，现场培训与网络远程培训相结合，理论传授与案例讲解相结合，由国家负责省级和试点地区、省级负责地市和区县，全方位提高各级普查人员工作能力和技术水平。专题为新疆、西藏等西部地区培训普查业务骨干，深化对口援疆、援藏、援青工作。总的看，第二次全国污染源普查为生态环境保护做了一次高质量"体检"，获得了极其宝贵的海量数据，为加强生态文明建设、推动经济社会高质量发展、推进生态环境领域国家治理体系和治理能力现代化提供了丰富详实的数据支撑。

二、十年来我国生态环境保护取得重大成就

对比第二次全国污染源普查与第一次全国污染源普查结果，可以发现，十年来特别是党的十八大以来，我国在经济规模、结构调整、产业升级、创新动力、区域协调、环境治理等方面呈现诸多积极变化，高质量发展迈出了稳健步伐，生态文明建设取得积极成效，生态环境质量显著改善。

十年来，我国经济社会发展状况以及生态环境保护领域重大改革措施取得重大成果。从十年间两次普查的变化来看：2017 年，化学需氧量、二氧化硫、氮氧化物等污染物排放量较 2007 年分别下降 46%、72%、34%。工业企业废水处理、脱硫和除尘等设施数量，分别是 2007 年的 2.35 倍、3.27 倍和 5.02 倍。城镇污水处理厂数量增加 5.4 倍，设计处理能力增加 1.7 倍，实际污水处理量增加 3 倍；城镇生活污水化学需氧量去除率由 2007 年的 28% 提高至 2017 年的 67%。生活垃圾处置厂数量增加 86%，其中垃圾焚烧厂数量增加 303%，焚烧处理量增加 577%，焚烧处理量比例由 8% 提高到 27%。危险废物集中利用处置厂数量增加 8.22 倍，设计处理能力增加 4279 万吨／年，提高 10.4 倍，集中处置利用量增加 1467 万吨，提高 12.5 倍。这些变化充分体现了生态文明建设战略实施的成就。

十年来，我国经济结构优化升级、协调发展取得新进展。我国正处在转变发展方式、优化经济结构、转换增长动能的攻关期。两次普查数据相比，十年间，工业结构持续改善，制造业转型升级表现突出。工业源普查对象涵盖国民经济行业分类 41 个工业大类行业产业活动单位，数量由 157.55 万个增加到 247.74 万个，增加 90.19 万个，增幅达 57.24%。重点行业生产规模集中，造纸制浆、皮革鞣制、铜铅锌冶炼、炼铁炼钢、水泥制造、炼焦行业的普查对象数量分别减少 24%、36%、51%、50%、37% 和 62%，产品产量分别增加 61%、7%、89%、50%、71% 和 30%。农业源普查对象中，畜禽规模程度明显提高，养殖结构得到优化，生猪规模养殖场（500 头及以上）养殖量占比由 22% 上升为 41%。同时，生猪规模养殖场采用干清粪方式养殖量占比从 55% 提高到 81%。这些深刻反映了我国经济结构的重大变化，表明重点行业产业集中度提高，产业优化升级、淘汰落后产能、严格环境准入等结构调整政策取得积极成效。重点行

业产业结构调整既获得了规模效益和经济效益，同时取得了好的环境成效。

十年来，我国工业企业节能减排成效显著。两次普查相比，在工业源方面，废气、废水污染治理快速发展，治理水平大幅提升。2017 年废水治理设施套数比 2007 年提高了 135.47%，废水治理能力提高了 26.88%。脱硫设施数和除尘设施数分别提高了 226.88%、401.72%。十年间，总量控制重点关注行业排放量占比明显下降，化学需氧量、氨氮、二氧化硫、氮氧化物等四项主要污染物排放量分别下降 83.89%、77.56%、75.05%、45.65%。电力、热力生产和供应业二氧化硫、氮氧化物，造纸和纸制品业化学需氧量分别下降 86.54%、76.93%、84.44%。铜铅锌冶炼行业二氧化硫减少 78%。炼铁炼钢行业二氧化硫减少 54%。水泥制造行业氮氧化物减少 23%。表明全国各领域生态环境基础设施建设的均等化水平提升，污染治理能力大幅提高，污染治理效果显著。

另外，普查结果也显示当前生态环境保护工作仍然存在薄弱环节，全国污染物排放量总体处于较高水平。第二次全国污染源普查数据为下一步精准施策、科学治污奠定了坚实基础。

三、贯彻落实新发展理念　推动生态环境质量持续改善

习近平总书记强调，小康全面不全面，生态环境很关键。普查结果显示，在党中央、国务院的坚强领导下，经济高质量发展和生态环境高水平保护协同推动，依法治污、科学治污、精准治污方向不变、力度不减，扎实推进蓝天、碧水、净土保卫战，污染防治攻坚战取得关键进展，生态环境质量持续明显改善。从普查数据中也发现，当前污染防治攻坚战面临的困难、问题和挑战还很大，形势仍然严峻，不容乐观。我们既要看到发展的有利条件，也要清醒认识到内外挑战相互交织、生态文明建设"三期叠加"影响持续深化、经济下行压力加大的复杂形势。要以习近平新时代中国特色社会主义思想为指导，紧紧围绕统筹推进"五位一体"总体布局和协调推进"四个全面"战略布局，紧密围绕污染防治攻坚战阶段性目标任务，持续改善生态环境质量，构建生态环境治理体系，为推动生态环境根本好转、建设生态文明和美丽中国、开启全面建设社会主义现代化国家新征程奠定坚实基础。

深入贯彻落实新发展理念。深入贯彻落实习近平生态文明思想，增强各方面践行新发展理念的思想自觉、政治自觉、行动自觉。充分发挥生态环境保护的引导、优化和促进作用，支持服务重大国家战略实施。落实生态环境监管服务、推动经济高质量发展、支持服务民营企业绿色发展各项举措，继续推进"放管服"改革，主动加强环境治理服务，推动环保产业发展。

坚定不移推进污染治理。 用好第二次全国污染源普查成果，推进数据开放共享，以改善生态环境质量为核心，制定国民经济和社会发展"十四五"规划和重大发展战略。全面完成《打赢蓝天保卫战三年行动计划》目标任务，狠抓重点区域秋冬季大气污染综合治理攻坚，积极稳妥推进北方地区清洁取暖，持续整治"散乱污"企业，深入推进柴油货车污染治理，继续实施重污染天气应急减排按企业环保绩效分级管控。深入实施《水污染防治行动计划》，巩固饮用水水源地环境整治成效，持续开展城市黑臭水体整治，加强入海入河排污口治理，推进农村环境综合整治。全面实施《土壤污染防治行动计划》，推进农用地污染综合整治，强化建设用地土壤污染风险管控和修复，组织开展危险废物专项排查整治，深入推进"无废城市"建设试点，基本实现固体废物零进口。

加强生态系统保护和修复。 协调推进生态保护红线评估优化和勘界定标。对各地排查违法违规挤占生态空间、破坏自然遗迹等行为情况进行检查。持续开展"绿盾"自然保护地强化监督。全力推动《生物多样性公约》第十五次缔约方大会圆满成功。开展国家生态文明建设示范市县和"绿水青山就是金山银山"实践创新基地评选工作。

着力构建生态环境治理体系。 推动落实关于构建现代环境治理体系的指导意见、中央和国家机关有关部门生态环境保护责任清单。基本建立生态环境保护综合行政执法体制。构建以排污许可制为核心的固定污染源监管制度体系。健全生态环境监测和评价制度、生态环境损害赔偿制度。夯实生态环境科技支撑。强化生态环境保护宣传引导。加强国际交流和履约能力建设。妥善应对突发环境事件。

加强生态环境保护督察帮扶指导。 持续开展中央生态环境保护督察。持续开展蓝天保卫战重点区域强化监督定点帮扶，聚焦污染防治攻坚战其他重点领域，开展统筹强化监督工作。精准分析影响生态环境质量的突出问题，分流域区域、分行业企业对症下药，实施精细化管理。充分发挥国家生态环境科技成果转化综合平台作用，切实提高环境治理措施的系统性、针对性、有效性。坚持依法行政、依法推进，规范自由裁量权，严格禁止"一刀切"，避免处置措施简单粗暴。

充分发挥党建引领作用。 牢固树立"抓好党建是本职、不抓党建是失职、抓不好党建是渎职"的管党治党意识，始终把党的政治建设摆在首位，巩固深化"不忘初心、牢记使命"主题教育成果，着力解决形式主义突出问题，严格落实中央八项规定及其实施细则精神，进一步发挥巡视利剑作用，一体推进不敢腐、不能腐、不想腐，营造风清气正的政治生态，加快打造生态环境保护铁军。

编制说明

《第二次全国污染源普查档案管理方法与实践》共分为 7 个章节，分别由以下同志执笔：

1. 新时期专业档案工作概述：张华滨（国家档案局）；

2. 污染源普查档案管理总体情况：柳王荣、周潇云和王夏娇；

3. 国家级污染源普查档案管理实践：王莹、刘孝富（中国环境科学研究院）；

4. 省级污染源普查档案管理实践：杜利劳、杨兴发和邓宴郦（陕西省部分），程怡、邓楚洲和舒欣（湖北省部分），程平、胡芳芳和李启蓝（重庆市部分）；

5. 城市级污染源普查档案管理实践：徐志敏和曾艳霞（厦门市部分），孙宁宁和李慧（济南市部分），路平和孟丽杰（开封市部分）；

6. 区县级污染源普查档案管理实践：胡梅芬和肖平（桐乡市部分），田明红和郑欣（番禺区部分），郭精芳和李寒（米东区部分）；

7. 污染源普查档案管理常见问题释疑：柳王荣。

全书由毛玉如同志负责框架建立及终稿审核，柳王荣同志负责编写过程组织协调、初稿汇总审核、问题反馈、文档排版、校稿等工作。

目　录

1 新时期专业档案工作概述

1.1 专业档案的定义

（1）专业档案是什么？

目前，关于专业档案的定义，社会各界还有一些不同理解。国家档案局关于专业档案的定义，目前见诸文件的表述有两个：一个是《档案工作基本术语》，其对专业档案的解释是"反映专门领域活动的档案"；另一个是 2011 年《国家档案局办公室关于填报专业档案管理情况调查表的通知》（档办〔2011〕9 号）中明确提出，"专业档案是指各级党和政府机关及企事业单位履行专项业务活动中产生的、具有专业内容和管理形式并且没有列入机关文书档案归档范围和保管期限的档案"。二者结合起来，可以较为全面地理解专业档案的定义。

（2）什么是国家基本专业档案目录？

一般认为，被列入专业档案目录的档案即为专业档案。2011 年 10 月，根据《全国档案事业发展"十二五"规划纲要》和建立覆盖人民群众的档案资源体系的要求，国家档案局编制了《国家基本专业档案目录》第一批和第二批，并分两批公布了 100 种专业档案目录，明确规定所有列入目录的专业档案是满足各项事业和人民群众基本需求必须建立的档案种类，是国家档案资源的重要组成部分，各专业主管部门和各级档案行政管理部门要将其列入重点项目进行监管。

随着我国经济社会的快速发展，目前产生了很多新的专业档案，如精准扶贫档案、污染源普查档案、儿童福利机构业务档案等在原有专业档案目录中都没有列入；而且部分原来存在的专业档案现在已经不存在了。因此，国家档案局正在考虑对其进行更新，实现专业档案目录的动态化管理。

1.2 专业档案的特点

专业档案的特点一是与国家治理体系和治理能力现代化密切相关。如污染源普查档案、人民检察院和人民法院的诉讼档案、外汇业务档案、社保业务档案，这些都与国家治理关系极其密切。很多专业档案都是业务工作的重要抓手。二是与人民群众切身利益密切相关。很多档案都是民生档案，与人民群众有直接密切关系。如婚姻登记档案、学籍档案、精准扶贫档案、病历档案等。这种专业档案具有双重属性，对于政府机关而言是业务档案，对于老百姓而言是民生档案。三是种类和数量十分庞大。如公证档案、商标档案等，数量巨大。有的注册一个商标所形成的纸质档案摞起来能达到一人多高。四是情况十分复杂。每一个专业档案都有独特的要求，并且功能、作用都不一样，所承载内容、形式都有很大差别。专业档案是各行业主管机关履行职责形成的历史记录，其档案工作与业务工作密不可分，无法剥离。各行业的专业特殊性决定了每一类专业档案的管理必然具有本行业的突出特点，其独特性强，通用性弱，无论收集归档还是保管利用都有其各自的特征。

1.3 专业档案的分类

专业档案按照数量和层级分布情况，大致可以分为"正三角"和"倒三角"两种类型，这主要是根据专业档案产生的层级以及各层级专业档案的数量决定的。

所谓"正三角"，就是专业档案在县级以下机关事业单位产生的数量最多，越往上产生数量越少。比较有代表性的就是婚姻登记档案，根据《婚姻登记管理条例》的相关规定，内地居民办理婚姻登记的机关是县级人民政府民政部门或乡（镇）人民政府，省、自治区、直辖市人民政府可以按照便民原则确定农村居民办理婚姻登记的具体机关。中国公民同外国人，内地居民同香港特别行政区居民、澳门特别行政区居民、台湾地区居民、华侨办理婚姻登记的机关是省、自治区、直辖市人民政府民政部门或者省、自治区、直辖市人民政府民政部门确定的机关。这就决定了婚姻登记绝大多数是在县级人民政府民政部门，少量的涉外婚姻是在省级民政部门，民政部是不受理婚姻登记业务的，由此而产生的婚姻登记档案也随之呈现出明显的"正三角"形特点。

所谓"倒三角"，就是该领域专业档案产生的数量以中央一级机关事业单位为最多，省级以下机关事业单位逐渐减少，县级机关事业单位基本没有。这方面比较有代表性的就是商标注册档案。根据《中华人民共和国商标法》及国家有关商标注册的规定，目前商标注册只由国家知识产权局商标局负责，另在几个省会城市有派驻机构负责有关注册业务，地市及以下没有部门有商标注册职能。因此，商标注册档案数量和层级的分布就呈现出典型的"倒三角"形特点，中央这一级分布最多，地市级以下没有。

但总体而言，专业档案的分布还是以"正三角"形居多。除这种划分外，2011 年印发两批《国家基本专业档案目录》，将专业档案划分为人事、民生、政务、经济、文化五大类。

1.4 专业档案的重要作用

怎样让各门类专业档案充分发挥作用，专业档案能够在哪些方面发挥作用，这是需要深入思考的重大理论和现实问题。专业档案应当只有两种状态，一种是正在发挥作用的状态，另一种是准备发挥作用的状态。总之，发挥作用是档案管理工作的根本目的。

丁薛祥同志到中央档案馆调研时强调，随着国家治理体系和治理能力现代化的深入推进，档案工作发挥作用的空间越来越大，与老百姓的关系也越来越密切，社会信用体系、社会保障体系等都需要有高水平的档案管理作为支撑。这对帮助理解和认识专业档案工作的重要作用有很强的指导意义。其中，与社会信用体系、社会保障体系关系密切的信用档案、社保业务档案正是近几年档案管理工作的重点。

一般而言，档案有四项功能：存凭、留史、资政、育人。专业档案的作用也体现了这几个方面。但是，相较于其他档案，专业档案在发挥作用上有自己的突出特点。主要体现在越来越多的单位把专业档案作为业务工作的重要抓手和质量控制的重要手段。专业档案的这种功能发挥，往往是通过处于末端的档案工作对前端业务工作产生的倒逼作用来实现的。最典型的就是最高人民法院对诉讼档案工作实行的"不归档不结案"的规定，诉讼档案如果不符合要求，档案部门不同意归档，案子就结不了。诉讼档案工作的这一规定，对确保法院诉讼工作质量起到重要的倒逼作用。

83 儿童福利机构业务档案是福利院收留抚养孤残儿童情况的完整记录，一旦儿童出现非正常死亡等情况，民政部门就要马上调阅档案，了解相关情况，进行责任界定和追究。目前，全国 1 217 家儿童福利机构集中养育着 6.5 万名孤儿，这些孤儿是最需要社会关心的群体。儿童福利机构业务档案是保障这些孤儿合法权益的重要依据，儿童福利机构业务档案工作是民政部门监督和管理各地儿童福利机构业务工作的重要抓手。制定儿童福利机构业务管理方面的档案管理办法，体现了党和国家对收留抚养儿童的特殊关心和爱护，从这个意义上讲，儿童福利机构业务档案就是用档案为儿童撑起了保护伞。

原始记录和有利用价值是档案的两个根本属性，在日常专业档案工作实践中，社会公众对这两个方面的特点也有了更加深刻的认识。这两个根本属性也决定了档案在党和国家各项工作，特别是在服务国家治理体系和治理能力现代化中具有不可替代的重要基础性、支撑性作用。

精准扶贫档案是在精准扶贫工作中形成的，是对国家、社会有保存价值的文字、图表、音像、电子数据等各种形式和载体的历史记录。其既是档案工作直接服务于党和国家中心任务的一项重要工作，也是一项政治性、政策性和业务性都很强、公众关注度很高的工作。精准扶贫档案贯穿脱贫攻坚全过程，对脱贫攻坚起到"业务全渗透、结果全记载、过程全监督、数据大服务"的重要作用。精准扶贫档案在作用发挥上，主要有以下三个方面：一是确保脱贫攻坚成果经得起历史的检验。确保脱贫攻坚质量，为脱贫攻坚考核评估、普查验收、总结宣传、监督指导提供有效依据，推动精准扶贫档案资源可追溯、可查询、可评价，确保脱贫攻坚成果经得起历史的检验。二是确保脱贫攻坚成果经得起人民的检验。积极用精准扶贫档案维护贫困群众合法利益。说到底就是看人民群众特别是贫困群众满意不满意，贫困群众该享受的权益是否能享受到。目前各地利用精准扶贫档案在异地搬迁、来信来访、案件调查等方面解决了一系列历史"老大难"问题，有力地维护了人民群众的合法权益。三是记录脱贫攻坚的伟大历史，宣传我国显著的制度优势性。精准扶贫档案为大力宣传以习近平同志为核心的党中央带领全国各族人民打赢脱贫攻坚战取得的历史性成就和当代中国发展的显著制度优势提供档案资料。

1.5　专业档案的制度体系

目前，我国专业档案制度体系主要由以下几个方面组成。

在法律法规层面，《中华人民共和国档案法》是我国档案工作的基础性法律，也是专业档案工作最重要的法律依据。修改后的《中华人民共和国档案法》中的一些条目对专业档案工作具有十分重要的指导意义。例如，第九条第二款"中央国家机关根据档案管理需要，在职责范围内指导本系统的档案业务工作"。这一条款与专业档案工作关系非常密切。按照中央国家机关指导本系统业务工作的统一要求，与其密切关联的专业档案工作也必然具有统一性，需要进行统一部署、统一标准，统一要求。如《人民检察机关诉讼档案管理办法》都突出体现了这一特点。新修订的《中华人民共和国档案法》明确了有关要求，这也是确保专业档案工作实施"统一领导、分级负责"的重要的制度性规定、安排和保障。

《中华人民共和国档案法实施办法》第四条对专业档案管理作出明确要求，"国务院各部门经国家档案局同意，省、自治区、直辖市人民政府各部门经本级人民政府档案行政管理部门同意，可以制定本系统专业档案的具体管理制度和办法"。有两点必须要把握好，一是国务院各部门要经过国家档案局同意才能制定专业档案管理制度，不经过国家档案局同意制定的制度是不具有法律效力的；二是只有省级以上档案部门才拥有专业档案制度的审批权力。

在统一规章制度层面，有《国家专业档案目录》《关于加强民生档案工作的意见》和国家档案局发布的《机关档案管理规定》，这都是专业档案工作应遵循的重要规定。

在具体管理办法层面，除以上这些法规制度和依据外，我国还有 60 余部具体的专业档案管理制度，这也是依据《中华人民共和国档案法》有关要求制定的。初步统计，60 余部专业档案制度中，2000 年之前的有 10 余部，2000 年之后的有 47 部，其中 2012 年党的十八大以后制定的专业档案制度有 29 部。从这个数据不难看出，2000 年之后，特别是党的十八大以来，新制定的专业档案制度占了近一半的比例，这充分说明随着党和国家各项事业的快速发展，专业档案工作进入了快车道。另外，2000 年之前制定的专业档案制度，经过梳理发现很多已经不能满足新时期各项工作的开展需要，基本上都需要进行废止、修订，这些工作也十分紧迫、繁重。

1.6　专业档案制度建设的重点工作

抓好制度建设，使各项工作都有规可循。在专业档案制度建设方面主要是丰富专业档案制度设立形式，体现不同专业档案制度的层次性。例如，《人民检察院诉讼档案管理办法》是最高人民检察院和国家档案局于 2016 年联合印发的，这个管理办法在检察院业务档案工作中是主要的、起决定作用的制度规定。《人民检察院检察技术档案管理办法》《人民检察院检察技术文书材料立卷归档细则》是最高人民检察院办公厅向档案局报批，国家档案局正式批复后最高人民检察院办公厅于 2019 年印发的。《商标注册档案管理办法》也是由国家知识产权局向国家档案局报批，国家档案局正式批复后，国家知识产权局以公告形式印发的。下一步，将探索对各省（区、市）出台的专业档案制度进行备案管理的方式方法，目的是确保全国专业档案制度的合法合规，确保省级专业档案工作制度与国家档案局要求一致。此外，还要抓好重点专业档案工作，着力服务国家治理体系和治理能力现代化。2018 年全国档案馆局长馆长会议报告明确提出，要建立与国家治理现代化相匹配的专业档案工作体系。

1.7　专业档案工作面临的主要挑战

正确认识并概括当前专业档案工作面临的主要矛盾是做好今后各项工作的重要基础。现阶段专业档案工作存在以下几个方面的主要矛盾。

一是有限的档案馆库容纳量与庞大的专业档案数量之间的矛盾。随着形势和任务的发展，我国专业档案与人民群众的关系越来越密切，在国家治理体系和治理能力中的作用越来越重要，同时专业档案的种类越来越多、数量也越来越大（如公证档案、商标档案等）。现有的档案馆库容纳量越来越难以满足需要。解决档案馆库容纳量不足的重要方法和方向主要有两个：第一，推进档案工作信息化，实现档案的无纸化；第二，推进档案服务社会化，以购买服务的形式实现档案的社会化寄存。

二是基于属地管理和服务的档案工作模式与人民群众跨区域档案服务需求之间的矛盾。传统的档案工作模式局限于属地的管理和服务，越来越不能满足人民群众的需要，包括档案服务在内的各类公共服务越来越强调一体化布局和跨区域供给。例如，长三角地区的上海、江苏、浙江、安徽"三省一市"大力开展的"长三角档案一体化"实现了档案工作的跨区域供给，已经取得了很好的效果。解决这方面问题，最重要的就是要对档案工作统筹规划、统一布局，出台统一标准，搭建统一平台，推进民生档案资源实现更广范围、更高效率地共享，实现档案服务的跨区域、跨部门供给。

三是专业档案基础性、支撑性的重要作用与档案意识、档案人才缺乏之间的矛盾。一方面，很多专业档案都是业务档案，与各单位业务工作有密切关系，是各部门业务工作重要抓手，发挥着重要的基础性、支撑性、检验性作用。专业档案工作的后端介入对业务工作规范化起到了很好的倒逼作用。另一方面，很多部门工作人员仍然存在档案意识淡薄的问题，因此缺乏既熟悉业务工作又熟悉档案工作的专业档案人才，业务工作与专业档案工作"两张皮"的问题比较突出。解决这方面的问题，最重要的就是继续加大宣传和培训力度，让从事业务工作的人多了解档案，让从事档案工作的人多熟悉业务；最根本的就是让专业档案工作的重要作用得到挖掘，使人民群众在专业档案工作中的获得感得到不断增强。只要专业档案工作不可替代的作用得到实实在在的发挥，那么相关单位和个人就会自觉加强对专业档案的重视程度。

1.8　新时期专业档案工作的新要求

新时期专业档案工作存在以下几个方面的新要求。

一是必须深入了解有关业务工作。专业档案工作需要既懂业务又懂档案的人来做，两项技能缺一不可。要把档案工作与业务工作紧紧融合在一起，要深入了解有关部门业务工作情况。例如，研究制定儿童福利机构业务档案应当知道儿童福利机构的主要业务内容，了解我国孤弃儿童保障、儿童收养、儿童救助保护政策，清楚儿童福利机构的主要业务流程。再如，修订《人民检察院检察技术档案管理办法》就必须要了解我国检察业务从"三驾马车"到"四驾马车"的转换，必须了解新时期人民检察院刑事、民事、行政和公益诉讼"四大检察"业务基本情况。特别是新增加的公益诉讼检察职能体现了新时期人民检察院工作的有关导向，这些都要及时掌握并在专业档案管理办法当中予以体现。如果不了解这些业务，不适应这些新情况，那么档案管理部门制定的制度可能就不符合实际需要和时代要求而成为一纸空文。

二是必须积极引入部门协作机制。精准扶贫和污染源普查等专业档案管理实践证明，积极引入部门协作机制具有事半功倍的效果。依托部门协作机制推动专业档案管理工作，能够更加高效和规范地组织开展专业档案的整理归档，对专业档案的查阅利用和安全保管等也有重要意义。

三是必须加大宣传工作力度。应当加强专业档案工作的宣传，将有关地区或部门专业档案工作中的好经验、好做法及时进行推广和复制。制度具有天然的公开性，制度制定出来就是让相关单位和工作人员遵守的，如果连制度内容是什么都不知道也就谈不上去遵守，所以，应当加强专业档案制度宣传力度。必须通过宣传提升专业档案意识、讲好专业档案故事，引导和鼓励有关单位和个人遵守专业档案制度，努力做好新时期专业档案工作。

2 污染源普查档案管理总体情况

2.1 背景概述

全国污染源普查是依法开展的重大国情调查，是生态环境保护的基础性工作。《全国污染源普查条例》第三十三条明确规定："污染源普查领导小组办公室应当建立污染源普查资料档案管理制度。污染源普查资料档案的保管、调用和移交应当遵守国家有关档案管理规定。"因此，在第一次全国污染源普查时，国家环境保护总局和国家档案局根据《中华人民共和国档案法》和《全国污染源普查条例》，结合污染源普查档案工作特点，于 2007 年 12 月印发了《污染源普查档案管理办法》（环发〔2007〕187号），明确了污染源普查档案的收集、整理、归档和移交等工作规范。2008 年 6 月，环境保护部依据《环境保护档案管理办法》《污染源普查档案管理办法》等有关规定，印发了《关于加强全国污染源普查档案管理工作的通知》（环办〔2008〕39 号），其中明确规定了《污染源普查专项档案归档整理方法》，为污染源普查文件材料的整理归档提供了技术规范，保证了第一次全国污染源普查档案的完整性、准确性、系统性和安全性。

《全国污染源普查条例》规定，每 10 年开展一次全国污染源普查工作。2016 年 10 月，国务院印发《国务院关于开展第二次全国污染源普查的通知》（国发〔2016〕59 号），并决定于 2017—2019 年开展第二次全国污染源普查。在第二次全国污染源普查过程中，各级普查机构高度重视普查档案管理工作，充分借鉴第一次全国污染源普查档案管理的经验，进一步做实、做细第二次全国污染源普查档案管理工作。规范管理的第一次全国污染源普查档案为第二次全国污染源普查工作提供了重要参考，在普查各个阶段都发挥了重要的参考借鉴作用，使得第二次全国污染源普查各项工作得以顺利开展和有序推进。

考虑到过去 10 年生态环境事业与档案管理水平的巨大提升，2018 年生态环境部和国家档案局依据《中华人民共和国档案法》（2016 年修订版）、《归档文件整理规则》（DA/T 22—2015）、《环境保护档案管理办法》（环境保护部　国家档案局令第 43 号）和《电子文件归档与电子档案管理规范》（GB/T 18894—2016）等规定，结合第二次全国污染源普查方案的要求，对 10 年前制定的《污染源普查档案管理办法》进行修订。修订后的《污染源普查档案管理办法》于 2018 年 5 月由生态环境部与国家档案局联合印发（下文《污染源普查档案管理办法》均指修订后的版本）。《污染源普查档案管理办法》包含两个附件：一个是《污染源普查文件材料归档范围与保管期限表》，详细罗列了各类需要归档的文件材料清单及其对应保管期限；另一个是《污染源普查纸质文件材料整理技术规范》，按档案整理的主要步骤详细规定了纸质文件材料整理的技术要求。这些文件对普查资料的归档范围、保管期限、整理归档、保管移交等提出了明确的要求，为全面做好第二次全国污染源普查档案管理工作提供了技术规范。

2.2 污染源普查档案的特点

污染源普查档案是指各级污染源普查机构在污染源普查工作中形成的具有保存价值的文字、图表、声像、电子及实物等各种形式和载体的历史记录。作为环境保护档案的重要组成部分，污染源普查档案兼具环境保护档案和普查档案双重特点，具体来说，主要具有以下五个特点。

（1）档案来源广、数量多

污染源普查档案的来源十分广泛，包括各级普查领导小组成员单位及普查机构、相关技术支持单位、第三方参与机构以及广大填报对象等。其中，第二次全国污染源普查工作的填报对象涉及产生污染物的企业单位、个体经营户及各级掌握相关统计数据的部门。

根据《第二次全国污染源普查公报》，全国普查对象数量为 358.32 万个（不含移动源），一个调查对象需要形成一套资料档案，包含纸质档案和电子档案。此外，普查过程中还产生了大量的综合汇总表、行政管理方面的档案资料，因此档案数量巨大。

（2）内容专业性强

污染源普查档案作为污染源普查工作的真实历史记录，产生并形成于生态环境保护这一特定的专业领域内，它的内容性质是关于生态环境保护领域特定的知识内容。污染源普查范围包括工业源、农业源、生活源、集中式污染治理设施、移动源等，有很强的知识领域的交叉，同时污染源普查档案不仅包括常规的管理档案和普查表，还包含产排污系数制定及其结果核算等相关档案。因此，与其他普查档案相比，污染源普查档案具有更强的专业性。

（3）形成具有时间性

污染源普查档案形成的时间性包括两个方面。首先，同其他普查档案一样，污染源普查档案的形成具有一定的阶段性和周期性。第一次全国污染源普查工作开展时间为 2007—2009 年，档案最终形成在 2010 年；第二次全国污染源普查工作开展时间为 2017—2019 年，档案最终形成在 2020 年。其次，根据《第二次全国污染源普查方案》，污染源普查数据形成包括清查建库、入户调查、数据采集、数据审核等阶段，这就决定了每个污染源的档案都不是一次性形成的，而是经过一些过程、分时段逐步形成的。

（4）档案内容机要性

《全国污染源普查条例》中规定，普查对象提供的资料和污染源普查领导小组办公室加工、整理的资料属于国家秘密的，应当注明秘密的等级，并按照国家有关保密规定处理。此外，污染源普查过程中可能会知悉普查对象的商业秘密，条例中也严格要求按照保密规定执行。这些情况决定了污染源普查档案的机要性，也决定了污染源普查档案在开放利用上必须持谨慎态度。必须妥善处理好开发利用和保密的关系。

（5）保管主体变更性

全国污染源普查工作每 10 年开展一次，目前，各级污染源普查领导小组和办公室都是在普查年份为开展污染源普查工作组建的临时性机构，污染源普查工作结束后自行撤销。各级污染源普查机构需要在普查工作中做好档案的分类整理，并在撤销前按照规定向本部门档案管理机构移交档案。普查机构的临时性决定和要求；在档案管理过程中，必须加强对档案工作重要性的认识，防止档案丢失、被个人据为己有等情况发生。

2.3 污染源普查档案管理原则

在普查工作初期，生态环境部第二次全国污染源普查工作办公室（以下简称部普查办）对档案管理工作开展前期调研，发现部分地区的普查机构，尤其是县级普查机构对污染源普查档案管理工作不够重视，具体表现为管理制度不够完善，缺乏必要的人力、物力和财力投入，档案管理水平较为落后，疏于开发及利用信息化建设，对污染源普查档案的后续支撑作用认识不足等。因此需要普查档案管理部门依据管理原则，创新管理方式，科学制订管理办法，规范污染源普查档案管理工作。

《中华人民共和国档案法》总则指出，我国档案工作的基本原则是"档案工作实行统一领导、分级管理的原则，维护档案完整与安全，便于社会各方面的利用"。在制定《污染源普查档案管理办法》时，结合《全国污染源普查条例》和第二次全国污染源普查工作实际，实践以下三个原则。

（1）分级管理原则

《污染源普查档案管理办法》第三条规定"污染源普查档案工作由国务院全国污染源普查领导小组办公室统一领导，实行分级管理。各级污染源普查机构负责本级污染源普查档案管理工作，接受同级档案行政管理部门和上级普查机构的监督和指导"。

在国务院全国污染源普查领导小组统一领导下，普查办作为国务院全国污染源普查领导小组办公室工作机构，负责制度制定、对省级档案管理工作指导和监督、生态环境部污染源普查档案归档工作。2018 年 5 月，生态环境部与国家档案局联合印发《关于印发〈污染源普查档案管理办法〉的通知》（环普查〔2018〕30 号），为普查档案管理工作提供了指南。为指导和监督省级污染源普查机构开展污染源普查档案管理工作，部普查办组织举办了普查档案管理专题培训班，向省级普查机构进行制度解读和整理归档流程介绍；组织有关机构录制了普查档案管理操作系列视频；在普查工作验收时，对档案管理工作进行同步规范性审核。第二次全国污染源普查工作办公室组织生态环境部各有关单位对第二次全国污染源普查中形成的文件等材料进行收集、整理和归档。

县级以上地方普查机构负责本级污染源普查档案管理工作，省、市两级在对下级普查机构进行监督和指导的同时，接受同级档案行政管理部门和上级普查机构的监督和指导。在第二次全国污染源普查工作中，各级地方普查机构将档案工作纳入污染源普查工作规划，保障档案工作经费，结合地方实际补充完善污染源普查档案资料管理制度和实施细则，参照国家培训内容和模式组织开展普查档案管理培训，对本级档案进行归档。在档案验收工作中，要求按照"以省为主、自下而上、逐级检查"的原则进行，省级污染源普查机构负责制定本行政区域内污染源普查档案检查验收标准。

（2）维护普查档案的完整性和安全性

为了保证污染源普查档案的完整性和安全性，《污染源普查档案管理办法》中规定"污染源普查档案应当按规定集中统一管理，参加污染源普查工作的各有关机构和个人有保护污染源普查档案的义务，任何单位和个人不得据为己有或者拒绝归档"，验收工作应"重点检查污染源普查档案的完整性、系统性、规范性和安全性"。整理、归档和保存工作相关规定中，对保证档案的完整性和安全性也提出了具体要求，包括污染源普查档案库房应当符合国家有关标准，具备防火、防盗、防高温、防潮、防尘、防光、防磁、防有害生物、防有害气体等保管条件，确保档案安全；要求纸质文件分类要遵循普查文件材料的形成规律和特点，保持文件材料之间的有机联系，装订文件材料应牢固、安全、平整，做到不损页、不倒页、不掉页、不压字、不影响阅读，有利于保护和管理；归档的电子文件（含电子数据）应当真实、完整，和纸质文件保持一致；违反国家档案管理规定，造成损毁、泄密、丢失的，依法追究相关人员的责任。

（3）促进普查档案后续利用

《污染源普查档案管理办法》第十五条规定"应当积极开发污染源普查档案信息资源，建立健全档案利用制度，依法依规向社会提供利用服务"，鼓励积极开发档案信息化建设，推动污染源普查档案的后续利用。在文件材料整理归档过程中，要求将便于污染源普查档案的有效利用作为原则，根据归档对象的保管利用价值等因素判定其重要性，确定保管期限。为了方便污染源普查档案的查阅利用，各地普查机构制定了查阅利用制度，对归档的普查文件材料实行集中统一管理，严格落实借阅登记有关要求。对重要的档案资料进行扫描，及时录入档案管理系统，以便妥善安全管理有关档案，同时方便相关部门的后续利用，促进第二次全国污染源普查成果转化，作为创新工作思路的有力借鉴，这是污染源普查档案管理工作的根本目的。

2.4　污染源普查档案管理目标

污染源普查档案是环境保护档案的重要组成部分，真实记录全国污染源普查工作的全过程以及每个普查对象的资料信息和原始数据，是实行环境管理和决策科学化的重要依据。污染源普查档案是普查工作的第一手资料，是普查工作的一项重要成果，具有十分重要的参考价值和史料价值。其不仅可以为污染源普查工作本身的进度考核、质量核查、总结验收、成果发布等提供依据，还可以为今后的生态环境监管与宏观决策提供支撑，为后续普查及历史研究等提供借鉴。

新修订和实施的《污染源普查档案管理办法》，目的在于根据最新的档案管理要求，逐步完善污染源普查档案管理制度建设，进一步明确污染源普查档案管理要求，明确各级部门污染源档案管理分工，规范污染源普查文件材料整理归档工作流程，确保普查档案资料的完整性、准确性、系统性和安全性，为污染源普查档案的有效利用提供便利和保障。

2.5　污染源普查档案管理内容

污染源普查档案管理内容主要是对普查纸质文件材料和电子文件材料（含数据库）的收集分类、整理归档等全过程进行组织管理和服务支持，具体包括制度建设、宣传培训、技术指导、现场调研、调度督办、检查验收、经验总结等有关内容。

污染源普查文件材料可分为管理类、污染源类、财务类、声像实物类及其他类五大类。其中管理类和污染源类档案是污染源普查档案工作的重要管理对象。

管理类档案主要包括各级普查机构在污染源普查工作过程中产生的相关通知、请示、报告、批复，工作规章制度、计划、总结、简报、调研报告，会议纪要、重要讲话、大事记，质控、检查、验收、总结等工作而产生的相关文件材料，培训、宣传材料，以及其他与污染源普查管理工作相关的文字、声像、实物资料等。

污染源类档案可分为工业污染源、农业污染源、生活污染源、集中式污染治理设施和移动污染源五类，主要包括在污染源普查入户调查时填报的清查表、普查表、填表说明及提供的佐证材料，各级部门填报的汇总统计表，各类污染源产排污系数手册，各类污染源名录库和数据库，以及其他与污染源相关的文字、数据材料等。

2.6　污染源普查档案管理方法

在国家档案局和生态环境部办公厅的悉心指导下、在各级普查机构的大力支持下，生态环境部普查办（以下简称部普查办）在普查档案管理过程中认真研究、科学谋划、敢于创新，探索出了一套卓有成效的普查档案管理方法。

2.6.1　印发管理办法，统一技术规范

《全国污染源普查条例》第三十三条明确规定："污染源普查领导小组办公室应当建立污染源普查资料档案管理制度。"2007 年第一次全国污染源普查时，国家环境保护总局与国家档案局联合印发了《关于印发〈污染源普查档案管理办法〉的通知》（环发〔2007〕187 号）。为适应最新的档案管理需求，第二次全国污染源普查工作启动之初，部普查办就安排专人负责污染源普查档案管理工作，根据相关规定对原《污染源普查档案管理办法》进行修订。修订过程中，国家档案局馆室司和生态环境部办公厅文档处全程指导，并就有关问题参与了两次专题调研，提出了很多宝贵意见。部普查办根据有关意见编制形成征求意见稿，经广泛征求意见和修改完善，2018 年 5 月 2 日，新修订的《污染源普查档案管理办法》（环普查〔2018〕30 号）由生态环境部和国家档案局联合印发。该办法提出了污染源普查档案管理有关要求，明确了文件材料归档范围与保管期限，统一了纸质文件材料整理技术规范，为全国各地开展污染源普查档案管理工作提供了指导性文件。

以《污染源普查档案管理办法》为依据，各省级普查机构和部分市级普查机构结合地方实际，在当地档案管理部门的悉心指导和大力支持下，进一步补充和完善污染源普查档案资料管理制度和实施细则。据统计，全国各级普查机构共制定印发普查档案管理文件约 4 500 份，对全国各地有序推进普查档案管理工作发挥了重要指导作用。

2.6.2　强化技术培训，提升业务水平

为了提高各级档案管理人员的业务素质和专业技能，规范第二次全国污染源普查档案管理，部普查办组织举办了两次全国污染源档案管理专题培训班。第一次培训班于 2018 年 5 月 14—16 日在重庆举办，省级普查机构及试点地区档案管理人员和培训师资共计 130 余人参加了培训（图 2-1）。在培训班上，国家档案局、国家统计局、北京市档案局和生态环境部办公厅有关档案专家就民生档案工作、全国农业普

查档案管理工作、《污染源普查档案管理办法》、污染源普查纸质材料整理技术规范等内容进行系统讲解，进一步明确了污染源普查档案资料管理的有关要求；同时邀请了档案管理工作做得比较好的地方普查机构负责同志交流了当地普查档案管理的主要做法和工作经验。

图 2-1　部普查办和国家档案局馆室司联合举办第一次普查档案管理培训班

第二次培训班分两期 3 个会场于 2019 年 7 月 17—23 日在青海省西宁市和辽宁省兴城市（两个会场）举办，省、市两级普查机构和档案管理部门有关人员共计 600 余人参加了培训。举办培训班前，部普查办深入基层一线调查研究，了解基层档案管理工作需求，精心设计方案，安排培训课程，挑选授课专家，组织课前试讲，保证授课质量。在培训班上，湖北、湖南和福建省档案局（馆）专家重点讲授了普查档案管理的组织实施、工作方法、检查验收及有关注意事项；陕西省普查办和河南省开封市普查办有关负责同志介绍了本地区普查档案整理工作开展情况，交流了工作中的经验与体会，为其他地方的普查档案管理工作提供了参考借鉴。

每次培训班结束之后，各省（区、市）和大多数地市普查机构都参照国家培训内容和模式组织开展普查档案管理培训，培训对象直接覆盖到区县级，保证各级普查机构档案管理人员都经过专业培训，切实提高了普查档案管理业务水平。根据 2019 年年底调度数据，全国 31 个省（区、市）和新疆生产建设兵团共组织举办档案管理培训 5 765 班次，共计培训 11.42 万人次。

2.6.3　选聘第三方公司，充实专业力量

普查工作过程中，各级普查机构都会形成大量的普查文件材料，尤其是区县一级会产生数以万计的普查表和相关佐证材料，整理归档工作任务艰巨，而大多数普查机构人员较少，专业档案整理人员更是缺乏；另外，文件材料整理归档是一项专业要求高、技术标准严的专项任务。因此，为提升文件材料整理归档工作质量，部分地区普查机构严格按照《关于做好第三方机构参与第二次全国污染源普查工作的通知》（国污普〔2017〕11 号）的要求，选聘了第三方档案公司对本级污染源普查文件材料进行收集分

类和整理归档，充实了大量专业技术人员，在保证工作质量的同时有效提高了工作效率。

2.6.4   纸质、电子同步归档，重要数据及时备份

为推进文档一体化管理，实现资源数字化、利用网络化、管理智能化，大多数省（区、市）都要求将保管期限为 30 年和永久的纸质文件材料进行扫描［部分省（区、市）要求全部扫描］，扫描完成后与电子档案一起挂接档案管理系统或以光盘、硬盘等介质存档备份。各级普查机构严格按要求做好普查档案的数字化建设，同时安排专门的管理人员做好日常维护、信息录入、借阅登记等有关工作，确保档案资料可安全保管和高效查阅。据统计，全国有 3 000 余家普查机构自行开发或购置了普查专用的档案管理系统，其他大多数地区直接利用当地生态环境厅（局）的档案管理系统；同时安排专门的管理人员，做好日常维护、信息录入、借阅登记等有关工作，确保档案资料的安全保管和高效查阅。针对重要的普查数据，部普查办构建了全国污染源信息数据库，包含所有普查对象名录，入户调查数据、核算数据，普查空间信息及相关照片等；同时在广州建立了异地灾备中心进行数据备份。工作过程中，部普查办要求各级普查机构对重要节点的数据库进行备份，有效保证普查数据的安全保管和有效利用。

2.6.5   全程调研指导，及时解决问题

在污染源普查档案管理整个工作过程中，部普查办组织了多批次的专题调研，及时指导解决有关困难和问题。普查档案管理前期，部普查办会同国家档案局馆室司和生态环境部办公厅文档处到江苏省南京市、江阴市及北京市海淀区进行现场调研（图 2-2），全面了解污染源普查工作及其档案资料的产生、归档、管理和利用等情况，有效指导了《污染源普查档案管理办法》的修订工作。普查档案管理中后期，结合"不忘初心、牢记使命"主题教育活动，部普查办领导带队，分片区、分地域、分行业地开展档案管理专题调研，组织技术骨干赴福建、湖北、重庆、陕西、山东、河南、黑龙江等省份，深入基层一线进行调研指导，了解普查档案管理工作现状及进展，找准存在的突出问题和原因，及时研究并提出解决方案。日常工作过程中，部普查办也会结合清查检查、质量核查以及其他专题调研进行现场指导，同时通过微信、QQ、电话等方式实时解决地方咨询的各种问题。根据现场调研和问题咨询情况，部普查办编制印发了《污染源普查档案管理工作中的关键问题及处理方式》（含 15 个关键问题），针对性地指导地方解决有关问题。另外，通过西藏专题班讲课指导、邀请参加调研学习等形式大力支持西藏自治区、新疆维吾尔自治区和新疆生产建设兵团的普查档案管理工作。

普查档案管理后期，部普查办结合工作调研、检查验收、视频摄制等工作，安排专人赴新疆、云南、陕西等地进行调研，了解普查资料整理归档及检查验收工作情况，及时发现和解决有关问题。同时，全面总结前期工作情况，梳理形成了课件《污染源普查文件材料整理归档有关问题释疑》，其中包含了 40 余个常见问题及答案。2019 年 12 月 8—14 日的普查成果编制培训班（3 期）对该课件进行讲授答疑，直接培训到地市级，为指导各级普查机构有序推进文件材料整理归档工作发挥了重要作用。

（a）赴江苏省南京市调研　　　　　　　（b）赴北京市海淀区调研

图 2-2　部普查办、生态环境部办公厅和国家档案局联合调研档案管理工作

2.6.6　注重经验总结，加强宣传交流

各级普查机构严格按照《污染源普查档案管理办法》的要求，建立相关工作制度和实施细则，将档案工作纳入日常管理，对普查档案管理人员进行系统培训，按照"一源一档"原则，分类收集纸质、电子文档及声像等普查资料，认真审核后对其进行排列、装订、编号、盖章、编目、归档，做到了档案及时整理、真实完整、分类有序、安全存放。

工作过程中，各级普查机构都十分注重工作经验的总结交流。陕西省、湖南省、湖北省、福建省、重庆市北碚区、江苏省江阴市、河南省开封市等作为典型地区在全国档案管理培训班上进行了经验交流。部分普查机构也及时梳理总结典型做法或工作经验，形成宣传文章，通过"第二次全国污染源普查"官方微信（以下简称普查官微）、《中国环境报》《中国档案报》等媒体平台公开发布，为其他地区开展普查档案管理工作提供参考借鉴。部普查办综合（农业）组组长毛玉如同志写了《边采集建档　边归档利用》和《规范污染源普查档案　服务污染防治攻坚战》两篇文章，分别发表在《中国环境报》和《中国档案报》上，为各地如何做好普查档案管理工作指明了方向，提出了要求。据统计，普查期间，各级普查机构公开发布的污染源普查档案管理方面的文章共计 40 余篇。

2019 年年底开始，污染源普查文件材料整理归档进入攻坚阶段，部普查办组织陕西省、新疆维吾尔自治区、湖南省、浙江省、福建省、重庆市、四川省、山东省、广东省、湖北省等以及中国石油天然气集团公司摄制了 16 个污染源普查档案管理视频，全面总结了本地区/公司普查档案管理亮点做法以及普查文件材料整理归档的先进经验。所有视频通过生态环境部官网"第二次全国污染源普查"专栏、普查官微及全国环保网络学院公开发布，总浏览次数达 3 万余次。这些视频的发布和传播，为全国各地加快开展普查文件材料整理归档工作提供了方法借鉴。

边采集建档 边归档利用

2019 年 2 月 11 日   作者：毛玉如   来源：《中国环境报》

全国污染源普查涉及范围广，普查对象和内容众多，在普查工作过程中会形成大量的文件、数据、图表、声像等档案资料。这些历史记录是普查工作成果的最终体现，具有十分重要的参考价值和史料价值，不仅可以为污染源普查工作本身的进度考核、质量核查、总结验收、成果发布等提供依据，还可以为生态环境监管与决策提供支撑，为后续的污染源普查及其他普查提供借鉴。

污染源普查档案具有来源广泛性、形式多样性、数量庞大性、内容保密性和保管主体变更性等特点，这使得进一步加强和规范污染源普查档案管理，确保普查档案资料的完整、准确、系统、安全和有效利用的意义更加重要。

边普查边建设

第二次全国污染源普查明确将档案工作纳入普查工作规划，与普查工作实行同部署、同管理、同验收，做到任务、时间、人员和经费"四落实"。在普查工作准备阶段，大多数普查机构都明确了专职档案管理员，设置了专用档案管理室，落实了专用工作经费等，为普查档案整理工作做好准备。

随着污染源普查工作持续开展，各级普查机构都产生了大量的普查档案，包括管理类的各种文书材料，各类污染源的表册、图册、数据等普查资料，以及普查工作产生的各种财务资料以及声像、实物等。各级普查机构和有关部门都严格按照《污染源普查档案管理办法》有关要求，认真进行整理归档。

比如，陕西省生态环境厅和省档案局联合制定了《陕西省第二次全国污染源普查档案管理实施细则》，对全省各市、县档案管理工作提出了"齐全完整、规范管理、安全保管、便于利用"等具体要求。陕西省普查办成立了档案组，专门负责各类普查档案资料的管理工作，并聘请省档案局专家全程指导，立足收集、分类、整理、统计、利用等各个环节，及时制定《档案归档范围和保管期限》等 8 项管理制度，实现了制度的全覆盖和管理的规范性。

边采集边建档

污染源普查档案管理工作应当贯穿污染源普查的整个过程，各级普查机构应当对各类普查资料及时进行建档整理，将处于零乱的和需要进一步条理化的档案，进行基本的分类、组合、排列、编号、编制目录、建立全宗等，避免造成资料混乱和丢失。

然而，由于普查工作繁忙，真正做到及时整理的并不多。档案管理人员要加强与普查员和普查指导员的密切配合，深入现场进行档案业务指导，制定详尽的档案资料整理、分类、编目制度，做好污染源普查各阶段形成的文件、报告、报表等系列资料的收集整理，然后对全部普查资料进行认真分类和归档，切实做到齐全完整、分类科学、组卷合理、排列有序、内容准确。

要建立档案卷级、文件级目录数据库和重要文件全文数据库，全面反映污染源普查工作的实际情况。比如，江西省赣州市普查办整理制定了"可正常采集数据企业报表情况及佐证材料汇总目录"，全市各普查机构统一资料归档标准，提高各项纸质报表和佐证材料的规范性，做到"一企一档、规范完整、逻辑合理、保管有序"。

边归档边利用

各级普查机构和有关方面都应该抓紧时间，及时进行各类普查资料的跟踪收集、分类、整理，并严格按照《污染源普查档案管理办法》有关要求进行规范归档。同时，基于档案整理工作，编制普查资料汇编、普查大事记等资料，为后期普查工作检查验收、普查成果总结发布和开发利用等工作做好保障。

所有档案资料都应该按要求录入生态环境主管部门的档案管理系统，并保证能够被有效检索和利用；一些重要的或常用的档案资料，还应该同时电子化存档，方便查阅、传递和高效利用；对于一些敏感档案资料的使用，应该严格按照有关要求执行；对于普查中获得的能够识别或者推断单个普查对象身份的资料，任何单位和个人不得对外提供、泄露，不得用于普查以外的目的。在档案资料利用过程中，应该按照本部门的档案管理制度要求，严格进行登记备案，确保档案资料安全和有效利用。

规范污染源普查档案　服务污染防治攻坚战

原载于《中国档案报》2019 年 5 月 9 日 总第 3370 期 第三版

作者：毛玉如　　　来源：《中国档案报》

　　开展第二次全国污染源普查是党中央、国务院为贯彻落实习近平新时代中国特色社会主义思想、加快推进生态文明建设而做出的重大决策部署，是在我国步入全面建成小康社会决胜阶段，下决心去产能调结构、补齐生态环境突出短板、打赢污染防治攻坚战的大背景下进行的一次重大国情调查，是全面摸清建设"美丽中国"环境家底的一次实际行动。《全国污染源普查条例》中规定，每 10 年开展一次全国污染源普查工作。2016 年 10 月，国务院印发了《关于开展第二次全国污染源普查的通知》，决定于 2017—2019 年开展第二次全国污染源普查。

　　做好第二次全国污染源普查工作，掌握各类污染源的数量、行业和地区分布情况，了解主要污染物产生、排放和处理情况，建立健全重点污染源档案、污染源信息数据库和环境统计平台，对于准确判断我国当前环境形势，制定、实施有针对性的经济社会发展和环境保护政策、规划，不断改善环境质量，有效推进环境治理体系和治理能力现代化，加快推进生态文明建设，补齐全面建成小康社会的环境短板具有重要意义。生态环境部普查办按照"全国统一领导、部门分工协作、地方分级负责、各方共同参与"的原则组织实施普查工作，顺利完成了普查前期准备、清查建库、普查试点以及入户调查等重点任务，为确定全国污染源普查对象名录库、建立普查数据库、产出"一套数""一张图""一套核算方法"奠定了基础。2018 年 12 月 12 日，各地区完成入户调查数据上报，全国入户普查对象为 333.6 万家。

　　全国污染源普查是一项庞大的系统工程，涉及范围广、普查对象和内容众多，在普查工作中将会形成大量的文件、数据、图表、音视频等档案资料。这些档案资料是污染源普查工作成果的最终体现，具有十分重要的参考价值和史料价值，不仅可以为污染源普查工作的进度考核、质量核查、总结验收、成果发布等提供依据，而且可以为今后的环境监管与决策提供支撑和借鉴。以污染源普查为契机，生态环境管理就可以向"严、真、细、实、快"的方向再进一步，从而进一步提高生态环境管理的有效性和针对性。

　　污染源普查档案是各级污染源普查机构在工作中形成的具有保存价值的文字、图表、声像、电子及实物等各种形式和载体的历史记录，具有来源广泛性、形式多样性、数量庞大性等特点。目前，加强污染源普查档案管理的主要做法包括以下几方面。

建章立制，出台管理办法

　　生态环境部普查办联合国家档案局馆室司对江苏、北京等地污染源普查工作及其档案资料的产生、管理和利用等情况进行了调研，根据《归档文件整理规则》《环境保护档案管理办法》《电子文件归档与电子档案管理规范》等档案管理有关要求，经过认真修订后，《污染源普查档案管理办法》由生态环境部和国家档案局联合印发，涵盖了污染源普查文件材料归档范围、保管期限和纸质文件材料整理技术规范等主要内容。各地也相应制定了一些规定，例如，陕西省环境保护厅和省档案局联合制定了实施细则，对全省各市、县档案管理工作提出了"齐全完整、规范管理、安全保管、便于利用"的具体要求；陕西省普查办成立了档案组专门负责各类普查档案资料的管理工作，立足收集、分类、整理、保管、统计和利用等各个环节，制定了 8 项管理制度，基本实现了制度的全覆盖和管理的规范性。生态环境部普查办以及各级普查机构陆续组织开展了污染源普查档案管理培训工作。

创新方法，夯实档案管理工作基础

第二次全国污染源普查工作明确将档案工作纳入工作规划，以档案支撑污染源普查和环境管理为目的，与普查工作实行同部署、同管理、同验收，坚持边普查边建设、边归档边利用，力争做到事前有准备、事中有收集、事后有整理。在普查工作准备阶段，大多数普查机构都明确了专职档案管理员，设置了档案管理室，落实了专项工作经费，购置了档案专用设备，为普查档案整理工作做好准备。污染源普查档案管理工作贯穿污染源普查的全过程，各级普查机构将零乱的资料进行分类、组合、排列、编号、编制目录、建立全宗等，建立有序的体系，避免造成资料混乱和丢失。档案管理人员加强与普查人员的密切配合，深入现场进行档案业务指导，制定详尽的档案资料整理、分类、编目制度，做好污染源普查各个阶段形成的文件、报告、报表等资料的收集整理工作，然后对全部普查资料进行认真分类和归档，切实做到齐全完整、分类科学、组卷合理、排列有序、内容准确，全面反映普查工作的实际情况。浙江省温州市和天津市南开区针对企业相关佐证材料较多、难以完整提供的问题，自主开发了普查档案存储辅助 App，企业按照文件清单，对相关佐证材料进行拍照上传。

提前谋划，提升普查档案利用水平

强化普查成果与管理需求对接，深化普查成果应用，以污染源普查成果应用拓展为导向，坚持"查用结合，为用而查，边查边用"。在普查方案设计阶段充分考虑国家与地方需求、不同业务部门需求以及不同领域污染治理、风险防控和精细化管理等需求，将能够直接支撑上述需求的数据库、排放清单、污染源地图、决策分析报告等作为普查直接产出，围绕产出制订普查成果开发计划。强化普查结果与经济数据、人口分布及相关基础地理信息数据的综合对比分析，结合数据挖掘和可视化技术发展，加强普查成果开发应用，面向管理部门和公众提供有效服务。各级普查机构和有关方面应及时对各类普查资料进行跟踪收集、分类、整理，同时，在档案整理工作的基础上，编制普查资料汇编、普查大事记等，为后期普查工作检查验收以及普查成果总结发布等工作提供保障。所有的档案资料都应该按要求录入生态环境主管部门的档案管理系统，并保证能够被有效地检索；一些重要的或常用的档案资料还应该进行电子化存档，方便查阅和利用；对于一些敏感档案资料的使用，应该严格按照《关于加强第二次全国污染源普查保密管理工作的通知》中的有关要求执行；在档案资料利用过程中，应该按照本部门的档案管理制度要求，严格进行登记备案，确保档案的安全和有效利用。

目前，第二次全国污染源普查工作进展顺利，即将进入收官阶段。前期普查工作中已经产生了大量的档案资料，各级普查机构需要进一步加强污染源普查档案管理，及时将普查资料进行整理归档，保证污染源普查档案的完整性、准确性和安全性。

2.6.7　适时调度督办，加快工作进度

为及时了解全国各地污染源普查档案管理工作进展情况，2019 年 5 月，部普查办安排专人设计调度表，对省、市、县三级普查机构的档案管理制度制定情况、培训情况，经费、人员、设备等保障情况进行调度。根据各省（区、市）反馈的调度表，部普查办认真总结各地工作进展、分析当前存在的问题、提出下步工作计划。对于工作进展较慢的地区，通过电话和微信等方式进行督办。本次调度对各地档案管理设备购置、整理归档方法制定、检查验收标准印发等工作起到了很好的督促作用，有效推动了全国污染源普查档案管理工作的有序开展。为全面总结第二次全国污染源普查工作，2019 年 12 月，部普查办安排专人设计了 15 张调度表，全方位调度各省（区、市）普查工作开展情况，其中有一张表专门针对各省（区、市）普查档案管理工作进展及其成效，调度内容包括印发的档案管理文件制定数量、培训班次和人数、档案管理系统配置数量以及各类普查档案整理归档数量等。

2.6.8　严格检查验收，保障归档质量

各省级普查机构按照《污染源普查档案管理办法》的要求，及时制定印发本行政区域的普查档案检查验收标准，明确检查内容、工作要求及赋分标准；严格按照验收标准要求，会同本级档案管理部门认真组织开展检查验收工作，对各项检查内容逐项打分，客观公正地给出验收和整改意见，有效保障了归档材料的质量。大多数地区普查档案的检查验收都与普查工作的检查验收同步进行，基本上做到了档案工作与普查工作同部署、同管理、同验收，即便是部分地区因为受到新型冠状病毒肺炎疫情影响，档案工作稍微滞后，但是在普查工作检查验收时，这些地区都对档案工作进行了预验收，后期再进行复核验收。

普查验收工作自下而上逐级进行。部普查办对省级普查工作进行验收时，正值新型冠状病毒肺炎疫情防控的关键期，所以只能通过视频组织开展验收工作，虽是采用视频方式验收，但检查验收标准丝毫未降低。普查档案验收方面，部普查办安排专人设计了《普查文件材料分类整理情况说明》模板，其中要求各省（区、市）全面总结本行政区普查档案管理及文件材料整理归档工作情况，并详细列出本级形成的归档文件目录清单，详细展示本级普查档案建设情况以及文件材料（含电子件）整理归档相关证明照片和截图。视频验收会议前，各省（区、市）普查机构要将相关材料提交专人审核，未达到验收标准的需根据反馈意见认真修改，直到满足验收要求才能召开视频验收会议。各省（区、市）普查机构针对验收组提出的意见建议还需进一步修改完善，以保证归档的普查文件材料完整、准确、系统、安全和有效利用。

2.7　污染源普查档案管理要求

《污染源普查档案管理办法》中明确规定，污染源档案管理工作应当纳入污染源普查工作规划，与普查工作实行同部署、同管理、同验收。各级普查机构应当参照《污染源普查档案管理办法》，制定相关工作制度和实施细则，将档案工作纳入日常管理，对普查档案管理人员进行系统培训。要求各级普查机构对普查对象提供的资料和填报的原始数据，以及入户调查过程中采集的其他数据、图像资料等

进行完整收集，审核无误后进行排列、装订、编号、盖章、编目、归档，做到齐全完整、分类清楚、排列有序。

2.7.1　污染源普查档案管理组织实施要求

2.7.1.1　明确职责分工

污染源普查档案工作由国务院全国污染源普查领导小组办公室统一领导，实行分级管理。各级污染源普查机构负责本级污染源普查档案管理工作，接受同级档案行政管理部门和上级普查机构的监督和指导。

各级污染源普查机构委托第三方机构参与普查工作产生的文件材料，由被委托方负责收集、整理，并按规定移交委托方归档，委托方应当进行相关业务指导。

各级普查机构、技术支持单位及第三方机构都应当对普查对象提供的资料和填报的原始数据，以及入户调查过程中采集的其他数据、图像资料等进行完整收集，审核无误后进行排列、装订、编号、盖章、编目、归档，做到齐全完整、分类清楚、排列有序。

2.7.1.2　建立工作制度

各级污染源普查机构应当根据国家档案管理有关规定，结合本级普查工作实际，建立健全污染源普查档案管理工作制度，国家级普查机构应该制定《污染源普查档案管理办法》，明确总体要求和技术规范，地市和区县级普查机构应当参照《污染源普查档案管理办法》，制定相关工作制度和实施细则，指定专人负责普查档案管理工作，有条件的地方可以委托专业的档案公司进行文件材料的整理归档工作，全面加强日常管理，并对所有档案管理人员及档案公司人员进行系统培训。

2.7.1.3　保障工作经费

各级污染源普查档案工作所需经费应当列入本级污染源普查经费预算，统筹解决，保证污染源普查档案管理工作所需经费支出。具体费用支出主要包括组织宣传培训、聘用第三方档案公司、开发或购置档案管理系统、购置整理归档设备，如专用档案盒、档案柜（密集柜）、光盘、打孔机、打印机等。

2.7.1.4　落实归档义务与保密责任

污染源普查档案应当按规定集中统一管理，参加污染源普查工作的各有关机构和个人有保护污染源普查档案的义务，任何单位和个人不得将污染源普查档案据为己有或拒绝归档。

各级污染源普查机构应当按照国家保密工作规定，加强污染源普查档案的保密管理，严防国家秘密、商业秘密和个人隐私泄露。

2.7.1.5　实行奖励及惩罚

国家和省级普查机构应当依照国家有关规定对在污染源普查档案工作中做出显著成绩的单位和个人，给予表扬或奖励。

违反国家档案管理规定，造成污染源普查档案失真、损毁、泄密、丢失的，依法追究相关人员的责任；涉嫌犯罪的，移交司法机关依法追究刑事责任。

2.7.1.6　严格检查验收

各级污染源普查机构应当将档案工作纳入污染源普查工作规划，与普查工作实行同部署、同管理、同验收。

　　污染源普查档案检查验收工作应当吸收同级环境保护主管部门档案工作机构和档案行政管理部门的相关人员参加，按照"以省为主、自下而上、逐级检查"的原则进行，包括地（市）级及以下污染源普查机构应自查、省级污染源普查机构核查和国家级污染源普查机构应组织验收，同时重点检查污染源普查档案的完整性、系统性、规范性和安全性。

　　国家级污染源普查机构应当加强对省级污染源普查机构污染源普查档案检查验收工作的监督和指导。省级污染源普查机构负责制定本行政区域内污染源普查档案检查验收标准。检查验收时，严格按照省级污染源普查档案检查验收标准执行。

2.7.2　污染源普查文件材料整理归档要求

2.7.2.1　确定归档范围与保管期限

　　污染源普查档案的保管期限分为永久和定期两种，定期分为30年和10年。具体按照《污染源普查文件材料归档范围与保管期限表》（表2-1）执行。各级污染源普查机构可结合工作实际，进行相应调整。

表2-1　污染源普查文件材料归档范围与保管期限

序号	归档文件材料	保管期限
1	管理类	
1.1	各级党政机关有关污染源普查工作的通知、意见及批复等	永久
1.2	各级党政领导有关污染源普查工作的重要讲话、批示、题词等	永久
1.3	各级污染源普查机构的请示、批复、报告、通知等	重要的永久，一般的30年
1.4	各级污染源普查机构规章制度、工作计划、工作总结、工作简报、调研报告、大事记等	30年
1.5	污染源普查工作会议的报告、讲话、总结、决议、纪要等	永久
1.6	各级污染源普查机构召开的专业会议相关文件材料	30年
1.7	各级污染源普查机构进行第三方委托而产生的相关文件材料	重要的30年，一般的10年
1.8	各级污染源普查机构进行质控、检查、验收、总结等工作而产生的相关文件材料	重要的30年，一般的10年
1.9	污染源普查有关管理办法、指导意见、实施方案、技术规定等	永久
1.10	污染源普查培训相关文件材料	10年
1.11	污染源普查文件汇编	永久
1.12	污染源普查公报和成果图集	永久
1.13	污染源普查技术报告、系数手册、数据集等相关材料汇编	重要的30年，一般的10年
1.14	公开出版或内部编印的污染源普查材料	重要的30年，一般的10年
1.15	污染源普查宣传方案、宣传材料、宣传画和报纸杂志发表的有关社论、评论和报道等	10年
1.16	各级污染源普查机构接待来宾的日程安排、来宾名单、谈话记录	重要的30年，一般的10年

序号	归档文件材料	保管期限
1.17	各级污染源普查机构设置、人事任免、工作人员名单	永久
1.18	污染源普查表彰决定，先进集体、个人名单	永久
1.19	行政区划代码本、地址编码本及相应电子数据	30 年
1.20	污染源普查使用的计算机应用程序软件及说明等	30 年
1.21	污染源普查相关的图册，水文、气象等数据资料及相应电子文件	重要的 30 年，一般的 10 年
1.22	其他与管理相关的文件材料	重要的 30 年，一般的 10 年
2	污染源类	
2.1	污染源普查清查表、填表说明及相应电子文件	永久
2.2	污染源普查入户调查表、填表说明及相应电子文件	永久
2.3	各类污染源产排污系数手册	10 年
2.4	各类污染源名录库	30 年
2.5	各类污染源普查数据	10 年
2.6	各类污染源普查清查产生的相关文件材料	10 年
2.7	各类污染源普查试点产生的相关文件材料	10 年
2.8	其他与污染源相关的文件材料	重要的 30 年，一般的 10 年
3	财务类	
3.1	各级污染源普查机构的会计凭证、会计账簿	30 年
3.2	各级污染源普查机构的月度、季度、半年度财务会计报告，银行对账单，纳税申报表	10 年
3.3	各级污染源普查机构的年度财务会计报告	永久
3.4	各级污染源普查机构的年度预算及预算执行情况报告	30 年
3.5	各级污染源普查机构的审计报告	永久
3.6	其他相关的财务类文件	重要的 30 年，一般的 10 年
4	声像实物类	
4.1	污染源普查工作（含会议）照片、录音、录像等	永久
4.2	污染源普查工作标志、奖牌、锦旗等	10 年
4.3	污染源普查机构印章	永久
4.4	其他相关的照片、音像、实物	重要的 30 年，一般的 10 年
5	其他类	重要的 30 年，一般的 10 年

2.7.2.2 明确归档时限

污染源普查文件材料归档时限如下：

（1）文书材料应当在文件办理完毕后及时归档；

（2）重大会议和活动等文件材料，应当在会议和活动结束后 1 个月内归档；

（3）一般仪器设备的随机文件材料，应当在开箱验收或安装调试后 7 日内归档，重要仪器设备开箱验收应当由档案管理人员现场监督随机文件材料归档；

（4）其他污染源普查文件材料应当于次年 3 月底前完成归档。

2.7.2.3　提出归档要求

污染源普查文件材料归档要求如下：

（1）归档的文件材料应当为原件；

（2）归档的纸质文件材料应当做到字迹工整、数据准确、图样清晰、标识完整、手续完备、书写和装订材料符合档案保护的要求；

（3）归档的电子文件（含电子数据）应当真实、完整，以开放格式存储并能长期有效读取，可采用在线或离线方式归档，并在不同存储载体和介质上储存备份两套；

（4）归档电子文件应当和纸质文件保持一致，并与相关联的纸质档案建立检索关系。具有重要价值的电子文件应当同时转换为纸质文件归档。

2.7.2.4　指定整理归档方法

污染源普查文件材料的整理归档方法如下：

（1）纸质文件材料的整理归档，依照《归档文件整理规则》（DA/T 22—2015）和《污染源普查纸质文件材料整理技术规范》（详见附件 1 的附 2）的有关规定执行；

（2）电子文件（含电子数据）的整理归档，依照《电子公文归档管理暂行办法》（国家档案局令　第 6 号）、《电子文件归档与电子档案管理规范》（GB/T 18894—2016）、《CAD 电子文件光盘存储、归档与档案管理要求》（GB/T 17678.1—1999）等文件的有关规定执行；

（3）财务类文件材料的整理归档，依照《会计档案管理办法》（中华人民共和国财政部、国家档案局令　第 79 号）的有关规定执行；

（4）照片资料的整理归档，依照《照片档案管理规范》（GB/T 11821—2002）、《数码照片归档与管理规范》（DA/T 50—2014）、《电子文件归档与电子档案管理规范》（GB/T 18894—2016）等文件的有关规定执行；

（5）录音、录像资料的整理归档，依照《磁性载体档案管理与保护规范》（DA/T 15—95）、《电子文件归档与电子档案管理规范》（GB/T 18894—2016）等文件的有关规定执行；

（6）其他类材料的整理归档，参照上述文件类别的整理方法及相关规定执行。

2.7.2.5　按规范进行销毁和移交

对保管期满的污染源普查档案应当及时进行鉴定并形成鉴定报告。对保管期满、不再具有保存价值、确定销毁的档案，应当清点核对并编制档案销毁清册，经过必要的审批程序后，按照规定销毁。销毁档案现场应当有 2 人以上进行监督，监督人员应当在清册上签名，并注明销毁的方式和时间。销毁清册需要永久保存。未经鉴定、未履行销毁审批手续的档案，严禁销毁。

国家和省级污染源普查机构应当在污染源普查工作完成后 1 年内，地（市）级及以下污染源普查机构应当在污染源普查工作完成后 6 个月内，将污染源普查档案向同级环境保护主管部门移交。各级环境保护主管部门应当按照有关规定，将污染源普查档案向同级国家综合档案馆移交。档案移交时，双方应当对移交档案进行认真检查并办理移交手续。

2.7.2.6 加强档案保管及利用

污染源普查档案库房应当符合国家有关标准，具备防火、防盗、防高温、防潮、防尘、防光、防磁、防有害生物、防有害气体等保管条件，确保档案安全。

各级污染源普查机构应当加强档案信息化建设，开发应用电子档案管理系统，推进文档一体化管理，实现资源数字化、利用网络化、管理智能化。应当积极开发污染源普查档案信息资源，建立健全档案利用制度，依法依规向社会提供利用服务。

2.8 污染源普查档案管理工作成效

为了更好地支撑污染源监管，大多数地方按照"一源一档"原则对各个污染源相关文件材料进行整理归档。据统计，在第二次全国污染源普查期间，地方各级普查机构共印发档案管理文件 4 492 份，建立档案管理系统 3 016 套，整理普查档案 136.45 万盒，其中管理类档案 8.26 万盒，污染源类档案 119.44 万盒，财务类档案 1.19 万盒，声像实物类档案 2 万盒，其他类档案 5.56 万盒；形成普查信息数据库和电子地理信息"一张图"，共 1 800 余张数据库表，1.5 万余个数据字段、1.5 亿条数据记录、18 级基础地理底图图层、22 个普查业务数据图层和 900 万张图片信息，为建设固定污染源统一数据库、实现生态环境执法与监管数字化和可视化创造了条件。各类污染源普查档案对污染源普查工作本身、生态环境保护工作乃至其他普查工作都能发挥重要作用。

一是完整记录污染源普查工作全过程。全国范围内开展污染源普查工作是一项对象多、耗时长、程序杂、要求高的系统工程。三年多的工作过程中，形成了大量的、不同形式的文件、数据、图表、软件、著作、声像、实物等档案资料，这些资料完整地记录了污染源普查工作全过程，可以为前期准备、清查建库、普查试点、入户调查、质量核查、数据审核、成果分析、总结发布等工作过程提供原始依据；同时安全留存的一些珍贵的档案资料还具有十分重要的纪念意义。

二是监督控制污染源普查数据质量。数据质量是污染源普查工作的生命线，而普查档案资料对监督控制普查数据质量发挥了不可替代的重要作用。普查工作中产生的技术文件、普查表格、佐证材料、质控清单、问题清单、整改说明等都是监督控制普查数据质量的重要材料，因此及时完整地收集保存这些档案资料可以为后期普查数据审核、质量提升、结果分析等工作提供重要的一手资料，实现普查数据可查考、可溯源，确保普查结果真实、准确、全面。

三是有力指导下次污染源普查。本次污染源普查工作全程需要经常调阅第一次全国污染源普查档案资料，认真学习这些档案资料有助于吸取经验教训、优化工作思路、创新工作方法、提高工作效率。因此，本次污染源普查工作形成的档案资料同样具有重要的参考价值和史料价值，有必要按要求认真收集分类、整理归档，以便为下一次污染源普查提供参考借鉴。

四是全面支撑生态环境保护工作。本次污染源普查建立了重点污染源档案及污染源信息数据库，形成了"一套数""一张图""一套核算方法"，能够为加强污染源监管、改善环境质量、防控环境风险、服务环境与发展综合决策提供依据。污染源普查对象名录、入户调查数据等重要档案资料在普查工作过程中就已经被有关业务部门应用于排污许可证核发、"三线一单"编制、生态环境准入、高风险企业筛查、高污染行业清理整顿、大气污染综合治理与强化监督、市政入河（海）排污口排查整治、机动车管理和柴油车达标整治、固废和危废监管等工作，切实做到了"边采集建档，边归档利用"。后期工作中，还将进一步发掘普查档案资料的价值，深入分析普查数据成果，为重点污染源监管、"十四五"生态环境保护规划、"水、气、土"污染环境整治等工作提供支撑，为坚决打好打赢污染防治攻坚战奠定基础。

五是为其他普查工作提供参考借鉴。本次污染源普查档案管理方法创新、工作扎实、成效显著，各级普查机构都整理归档了丰富的档案资料，完整记录了普查工作全过程，其中包含了很多科学的普查思路、有效的调查方法、可靠的质控手段等，可以为其他普查工作提供参考借鉴。

一图一故事 ｜ 情系绿水青山　建好污普档案

2008 年第一次全国污染源普查清查工作档案检查　　2018 年第二次全国污染源普查清查工作现场核对档案

2018 年 6 月 9 日是第 11 个国际档案日，国家档案局将 2018 年国际档案日的宣传活动主题定为"档案见证改革开放"，要求利用档案大力宣传我国改革开放的历史进程、伟大成就和宝贵经验，特别是党的十八大以来的历史性成就、历史性变革。这让笔者回忆起了两次参加全国污染源普查、整理相关档案的前前后后，深切体会建好管好用好污染源档案的重要意义。工业污染源、农业污染源、生活污染源、集中式污染治理设施和移动源都是普查对象，普查员上企业、进养殖场、看入河排污口，了解生产经营情况，查找排污环节，查看治理设施运行情况，核算污染物排放，比对档案资料，认真核对填报，一份份普查报表生动地记录了污染源的真实情况，一盒盒档案承载了污染源普查的艰辛工作过程和取得的巨大成果。目前，第二次全国污染源普查清查工作正在进行，作为参与者，我们将牢记使命职责，扎实做好污染源普查档案工作，让普查的文字、图表、声像、电子及实物等完整保存、科学应用，为改善环境质量，推进生态文明建设，补齐全面建成小康社会生态环境短板做好服务支撑。

（供稿　生态环境部第二次全国污染源普查工作办公室　毛玉如）

来源：《中国环境报》

3 国家级污染源普查档案管理实践

3.1 基本情况概述

3.1.1 国家级污染源普查档案基本情况

国家级污染源普查档案是指生态环境部第二次全国污染源普查工作办公室在普查工作中形成的具有保存价值的文字、图表、声像、电子及实物等各种形式和载体的记录。按照普查档案"谁形成，谁负责收集整理"的原则，根据普查工作的任务主体，国家级污染源普查档案主要包括部普查办本级普查工作推进和管理中形成的文件材料，生态环境部直属单位在普查技术支撑中形成的成果、重要文件、资料以及部普查办本级直接委托第三方服务机构所形成的资料、数据。进行归纳整理后，形成国家级污染源普查档案库，最后移交生态环境部办公厅统一保管。

3.1.2 国家级污染源普查档案特点

3.1.2.1 以管理类为主

部普查办的主要职能为指导、监督和管理，不涉及具体的报表填表，因此部普查办的档案以管理类档案为主，包括各类通知、函、签报、技术报告等，不涉及报表填报的"一企一档"。

3.1.2.2 时间跨度最长

部普查办成立后，各级普查机构才相应成立，普查主体工作结束后，还涉及一系列数据的发布和出版，因此普查档案形成的时间跨度为 2017—2020 年，而档案整理的工作则持续到 2021 年。

3.1.2.3 责任主体较多

部普查办负责领导和协调全国污染源普查工作，在指导、监督和管理全国普查工作的同时，委托生态环境部直属单位和第三方服务机构为全国污染源普查工作提供技术支撑，生态环境部直属单位和第三方服务机构也成为普查档案整理形成的责任主体。

3.2 主要做法

3.2.1 国家级污染源普查档案整理实施方案

3.2.1.1 国家级污染源普查档案整理原则

（1）全面性

部普查办各组在整个普查工作中涉及的所有具有保存价值的文字、图表、声像、电子及实物等各种形式的文件材料都应纳入档案整理范围。

（2）规范性

严格按照档案整理技术规范标准及《污染源普查档案管理办法》将文件分为管理类、污染源类、财务类、声像实物类和其他类五大类，并对文件材料进行整理、归档和移交。

（3）便捷性

按照普查文件材料的形成规律和特点，根据文件材料之间的有机联系及保存价值进行归档整理，同时建立电子档案库，便于档案资料的查阅和利用。

3.2.1.2　国家级污染源普查档案整理内容

为保证普查档案整理的纸质档案与电子档案相互补充、相互印证，实现档案的数字化，方便查阅利用，档案整理内容主要包括以下五个方面：一是将纸质文件材料（含打印的照片）分类、分件、排列、装订、编号、盖章、编目、填写备考表、装盒；二是对纸质文件进行数字化处理；三是将电子档案及数字化的纸质材料，分类编号存入档案专用光盘；四是建立具有简单查询向导功能的电子档案数据库；五是将电子档案及数字化的纸质档案录入生态环境部档案系统，并按程序完成移交，见图 3-1。普查资料整理归档的具体流程如图 3-2 所示。

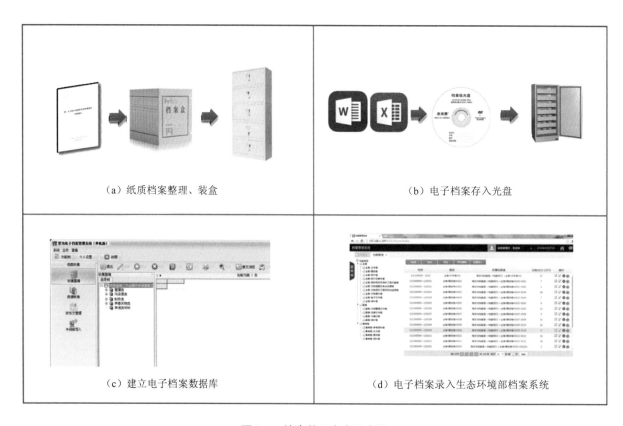

（a）纸质档案整理、装盒　　　　　　　　　　（b）电子档案存入光盘

（c）建立电子档案数据库　　　　　　　　　　（d）电子档案录入生态环境部档案系统

图 3-1　档案整理内容示意图

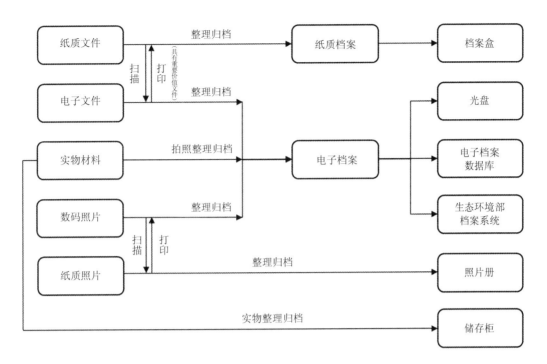

图 3-2　普查档案整理归档流程

3.2.1.3　国家级污染源普查档案实施路径

普查档案整理技术路线如图 3-3 所示。

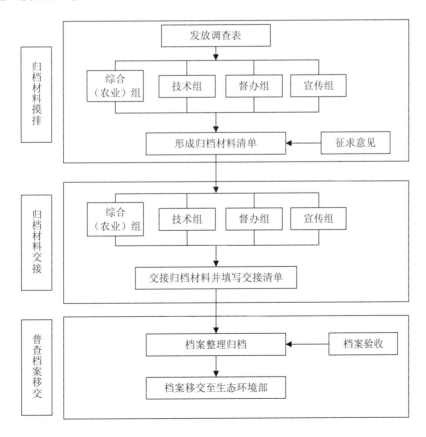

图 3-3　普查档案整理技术路线

3.2.2　国家级污染源普查档案归档范围

3.2.2.1　管理类

管理类文件材料主要是指在普查工作过程中形成的用于管理和指导普查工作开展的相关文件材料。归档范围包括有关污染源普查的通知文件、请示报告；会议文件材料；技术指导材料；普查成果和阶段性总结报告；宣传、人事、表彰材料等，详见表 3-1。

表 3-1　部普查办管理类文件材料归档范围

序号	归档文件材料	材料提供组	保管期限
1	①党中央、国务院印发的有关污染源普查工作的通知、文件等；②党中央、国务院意见及批复的正式打印件、签发底稿和重要公文的修改稿	综合（农业）组	永久
2	党和国家领导人对第二次污染源普查工作的重要讲话、批示、题词和相关报道等材料	综合（农业）组、宣传组	永久
3	①部普查办向生态环境部提交的请示、报告等材料；②生态环境部给予部普查办的批复	综合（农业）组	重要的 30 年，一般的 10 年
4	普查领导小组的各类发文、通知等材料	综合（农业）组	重要的永久，一般的 30 年
5	部普查办与其他部门业务工作往来的各类函等材料	综合（农业）组	重要的 30 年，一般的 10 年
6	地方各级污染源普查机构提交部普查办的请示、报告等材料	综合（农业）组	重要的 30 年，一般的 10 年
7	第二次全国污染源普查文件汇编	综合（农业）组	永久
8	部普查办相关规章制度、工作计划	综合（农业）组	重要的 30 年，一般的 10 年
9	污染源普查工作会议的报告、讲话、总结、决议、纪要等	综合（农业）组	重要的永久，一般的 30 年
10	部普查办召开的专业会议文件及相关材料，主要包括：①召开的需要贯彻执行的会议主要文件材料，主要包括领导讲话及宣贯文件；②召开的综合性和专业性工作会议材料，主要包括会议记录；③其他反映各项工作的专业性的文件材料	技术组、综合（农业）组、督办组、宣传组	重要的 30 年，一般的 10 年
11	第二次全国污染源普查技术培训相关文件材料，主要包括培训通知、培训材料、培训课件、参训人员名单等	技术组、综合（农业）组、督办组、宣传组	10 年
12	部普查办进行第三方委托而产生的相关文件材料，主要包括：①招标采购的相关文件材料；②第三方提供的服务或相关成果材料；③第三方成果验收相关材料	技术组	重要的 30 年，一般的 10 年
13	部普查办各技术支撑单位提供的技术支撑相关文件材料，主要包括：①技术支撑任务书；②技术支撑的成果材料；③技术支撑相关成果验收材料	综合（农业）组	重要的 30 年，一般的 10 年
14	第二次全国污染源普查有关管理办法、指导意见、实施方案、实施细则、技术规定等	技术组、综合（农业）组	重要的永久，一般的 30 年
15	部普查办阶段性工作总结、工作简报、调研报告、大事记等	综合（农业）组、督办组	重要的 30 年，一般的 10 年
16	部普查办开展清查、普查质量核查、验收等工作而产生的核查报告、验收报告等相关文件材料	督办组	重要的 30 年，一般的 10 年
17	第二次全国污染源普查技术报告相关材料，包括清查数据审核报告、试点片区汇总数据审核报告、集中审核报告、数据分析报告等	综合（农业）组、督办组、技术组	重要的 30 年，一般的 10 年

序号	归档文件材料	材料提供组	保管期限
18	第二次全国污染源普查公报和成果图集	综合（农业）组	永久
19	公开出版或内部编印的第二次全国污染源普查材料（普查丛书、图集、数据集、专题报告等）	技术组、综合（农业）组、督办组、宣传组	重要的30年，一般的10年
20	第二次全国污染源普查宣传方案、宣传材料、宣传画和报纸杂志发表的有关社论、评论和报道等	宣传组	10年
21	部普查办接待来宾的日程安排、来宾名单、谈话记录	综合（农业）组	重要的30年，一般的10年
22	国家普查机构设置、人事任免、工作人员名单	综合（农业）组	永久
23	第二次全国污染源普查表彰决定、先进集体、先进个人名单	综合（农业）组	永久
24	全国行政区划代码本、地址编码本及相应电子数据	技术组	30年
25	第二次全国污染源普查使用的计算机应用程序软件及说明等	技术组	30年
26	第二次全国污染源普查相关的图册，水文、气象等数据资料及相应电子文件	技术组	重要的30年，一般的10年
27	其他与管理相关的文件材料	技术组、综合（农业）组、督办组、宣传组	重要的30年，一般的10年

3.2.2.2 污染源类

污染源类文件材料主要是指普查过程中产生的各类表格、数据汇集及相关文件材料。归档范围包括普查填报表格、产排污系数手册、污染源名录库、普查数据汇总表等，详见表3-2。

表3-2 部普查办污染源类文件材料归档范围

序号	归档文件材料	材料提供组	保管期限
1	清查表、填表说明及相应电子文件	技术组	永久
2	入户调查表、填表说明及相应电子文件	技术组	永久
3	工业源产排污系数手册及相应电子文件	技术组	10年
4	农业源产排污系数手册及相应电子文件	技术组	10年
5	生活源产排污系数手册及相应电子文件	技术组	10年
6	集中式污染治理设施产排污系数手册及相应电子文件	技术组	10年
7	移动源产排污系数手册及相应电子文件	技术组	10年
8	各类污染源名录库，包括国家下发的污染源名录库、普查单位基本名录库（清查定库名录库）、普查名录库	技术组	30年
9	工业源普查数据汇总表及电子数据	技术组	10年
10	农业源普查数据汇总表及电子数据	技术组	10年
11	生活源普查数据汇总表及电子数据	技术组	10年
12	集中式污染治理设施普查数据汇总表及电子数据	技术组	10年
13	移动源普查数据汇总表及电子数据	技术组	10年
14	工业源清查数据汇总表及电子数据	技术组	10年
15	农业源清查数据汇总表及电子数据	技术组	10年
16	生活源清查数据汇总表及电子数据	技术组	10年
17	集中式污染治理设施清查数据汇总表及电子数据	技术组	10年
18	移动源清查数据汇总表及电子数据	技术组	10年
19	工业源普查试点产生的文件材料及相关电子数据	技术组	10年

序号	归档文件材料	材料提供组	保管期限
20	农业源普查试点产生的文件材料及相关电子数据	技术组	10 年
21	生活源普查试点产生的文件材料及相关电子数据	技术组	10 年
22	集中式污染治理设施普查试点产生的文件材料及相关电子数据	技术组	10 年
23	移动源普查试点产生的文件材料及相关电子数据	技术组	10 年
24	其他与第二次全国污染源普查相关的文件材料	技术组、综合（农业）组、督办组、宣传组	重要的 30 年，一般的 10 年

3.2.2.3　财务类

财务类文件材料主要是指部普查办在处理相关经济业务时形成的具有保存价值的文字、图表等各种形式的会计资料，包括通过计算机等电子设备形成、传输和存储的电子会计档案等。国家级污染源普查档案财务类文件材料主要为普查经费年度预算及预算执行情况报告和普查经费审计报告等，归档范围详见表 3-3。

表 3-3　部普查办财务类文件材料归档范围

序号	归档文件材料	材料提供组	保管期限
1	普查经费年度预算及预算执行情况报告	综合（农业）组	30 年
2	普查经费审计报告	综合（农业）组	永久
3	普查经费其他相关的财务类文件	综合（农业）组	重要的 30 年，一般的 10 年

3.2.2.4　声像实物类

声像实物类文件材料是指部普查办在普查工作过程中形成的具有保存价值的照片、录音、录像、实物等材料，声像实物类文件材料归档范围详见表 3-4。

表 3-4　部普查办声像实物类文件材料归档范围

序号	归档文件材料	材料提供组	保管期限
1	污染源普查工作（含会议）照片、录音、录像等	宣传组	永久
2	领导来部普查办检查工作照片、录音、录像等	宣传组	永久
3	部普查办到地方调研、检查工作照片	技术组、综合（农业）组、督办组、宣传组	永久
4	普查工作教学、宣传录像	宣传组、综合（农业）组	永久
5	普查宣传活动照片	宣传组	永久
6	污染源普查工作证书、标志、奖牌、锦旗等	综合（农业）组	10 年
7	第二次全国污染源普查工作办公室印章	综合（农业）组	永久
8	其他相关的照片、声像、实物等	技术组、综合（农业）组、督办组、宣传组	重要的 30 年，一般的 10 年

3.2.2.5　其他类

部普查办在普查工作中形成的不属于管理类、污染源类、财务类、声像类、实物类的其他文件材料，归为其他类。

3.2.3　国家级污染源普查归档材料摸排

在对归档材料整理前，通过发放归档材料调查表的方式对需要归档的文件材料进行摸排，厘清需要归档的文件材料类型、文件材料的名称和主要内容、文件材料的格式、文件材料的关键词、文件材料的负责单位、文件材料的负责人等信息，整理归档材料清单。归档文件材料调查表如表 3-5 所示。普查档案的收集整理责任方应该为文件材料的形成方，按照"谁形成，谁负责收集整理"的原则，各责任人应按照要求填写归档材料调查表，并按规定移交档案管理员归档。

表 3-5　需归档文件材料调查表

责任单位（部门）				责任组			
负责人			联系电话		文件材料形成年度		
需归档文件材料目录							
序号	文件材料名称	主要内容	文件材料格式	关键词	档案类别	文件材料价值鉴定级别	拟归档时间

填写说明：

1. "文件材料格式"一栏请填写："纸质类""电子类""实物类"；
2. "档案类别"一栏请填写："管理类""污染源类""财务类""声像类""实物类""照片类""其他类"；
3. "文件材料价值鉴定级别"一栏请填写："重大""重要""一般"；
4. 调查表根据文件材料的形成年度分开填写。

以部普查办技术组工作人员为例，根据其负责的工作，填写调查表如表 3-6 所示。

表 3-6　需归档文件材料调查表填写示例

责任单位（部门）		部普查办技术组		文件材料形成年度		2019 年
文件材料负责人		王××		联系电话		138××××××××
需归档文件材料目录						
序号	文件材料名称	主要内容	文件材料格式	关键词	档案类别	文件材料价值鉴定级别
1	四川省质量核查报告	部普查办组织的对四川省开展的普查质量核查报告	纸质类	四川、质量核查	管理类	重要
2	四川省质量核查问题清单	部普查办组织的对四川省开展的普查质量核查问题清单	电子类	四川、质量核查	管理类	重要
3	四川省质量核查现场照片	部普查办组织的对四川省开展的普查质量核查现场工作照片	电子类	四川、质量核查	声像类	重要

通过摸排汇总后，共形成 1 422 份档案整理基表，其中部普查办各组摸排表有 199 份（图 3-7），技术支撑单位摸排表有 1 077 份（图 3-8），第三方机构摸排表有 146 份（图 3-9）。

表 3-7　部分部普办各组摸排表

序号	责任单位（部门）	责任组	责任人	联系电话	文件材料形成年度	档案类别	文件材料名称	主要内容	文件材料格式	关键词	保管期限	拟归档时间
1	普查办	综合组		427	2017	管理类	第二次全国污染源普查工作办公室机构建制	第二次全国污染源普查工作办公室机构建制	电子类	普查工作办公室、机构制度	永久	2020年10月31日前
2	普查办	综合组		307	2019	管理类	领导小组办公室会议记要第3期	第3期	纸质类	会议记要	30年	2020年7月31日前
3	普查办	综合组		307	2019	管理类	领导小组办公室会议记要第4期	第4期	纸质类	会议记要	30年	2020年7月31日前
4	普查办	综合组		307	2019	管理类	领导小组办公室会议记要第5期	第5期	纸质类	会议记要	30年	2020年7月31日前
5	普查办	综合组		377	2018	管理类	2017年各省上报材料	地方各级污染源普查机构建文报普查办的清示、报告	纸质类	地方审查机构、公报	10年	2020年7月31日前
6	普查办	综合组		377	2018	管理类	2018年各省上报材料	地方各级污染源普查机构建文报普查办的清示、报告	纸质类	地方审查机构、公报	10年	2020年7月31日前
7	普查办	综合组		777	2019	管理类	2019年各省上报材料	地方各级污染源普查机构建文报普查办的清示、公报	纸质类	地方审查机构、公报	10年	2020年7月31日前
8	普查办	综合组		777	2019	管理类	技术支撑单位验收材料	普查办各技术支撑单位的技术支撑相关文件	纸质类	验收相关材料	10年	2020年7月31日前
9	普查办	综合组		777	2019	财务类	普查经费年度预算执行情况报告	普查经费预算及年度执行情况报告	纸质类	审计执行报告	30年	2020年7月31日前
10	普查办	综合组		777	2019	财务类	普查经费审计报告	普查办审计报告	电子类	审计报告	永久	2020年7月31日前
11	普查办	综合组		777	2019	财务类	其他部务类文件	普查其相关的财务类文件	纸质类	其他财务类文件	永久	2020年7月31日前
12	普查办	综合组		27	2020	管理类	《第二次全国污染源普查公报及大事记》	包括普查公报以及2016年10月以来普查总体成果	纸质类	普查公报、大事记	永久	2020年10月31日前
13	普查办	综合组		27	2020	管理类	《第二次全国污染源普查文献汇编》	2017—2020年普查办工作发文，包括领导讲话、	纸质类	普查、文献汇编	永久	2020年10月31日前
14	普查办	综合组		27	2020	管理类	《第二次全国污染源普查工作总结报告》	普查工作总结及31个省（区、市）及解释生产建设	纸质类	普查、工作总结报告	永久	2020年10月31日前
15	普查办	综合组		27	2020	管理类	《第二次全国污染源普查数据集》	普查培典制度及技术规定	纸质类	普查、数据集	永久	2020年10月31日前
16	普查办	综合组		27	2020	管理类	《第二次全国污染源普查数据图集》	污染源及普查数据概况	纸质类	普查、数据概况	永久	2020年10月31日前
17	普查办	综合组		27	2020	管理类	《第二次全国污染源普查空间分布专题地图册》	普查成果群组的空间分布专题地图展示	纸质类	普查、照片	永久	2020年10月31日前
18	普查办	综合组		7	2020	管理类	《第二次全国污染源普查产排系统手册》	工业源、农业源、主业源、集中式污染治理设施等	纸质类	产排污系统、工作手册	永久	2020年10月31日前
19	普查办	综合组		7	2020	管理类	《第二次全国污染源普查入户调查工作手册》	结合污染源普查入户调查的具体需求、阐述	纸质类	普查、入户调查、工作手册	永久	2020年10月31日前
20	普查办	综合组		226	2020	管理类	《第二次全国污染源普查技术报告》	分析了第二次全国污染源普查技术路线及分布	纸质类	普查、技术报告	永久	2020年10月31日前
21	普查办	综合组		226	2020	管理类	《污染源普查方法与实践》	介绍了本普查多阶段和多项工作中的重要技术方法	纸质类	普查、方法、实践	永久	2020年10月31日前
22	普查办	综合组		226	2020	管理类	《第二次全国污染源普查质量管理体系建设与实践》	归纳总结了国家层面上质量制度等、全面	纸质类	质量管理、体系建设、实践	永久	2020年10月31日前
23	普查办	综合组		26	2020	管理类	《第二次全国污染源普查数据平台设计》	阐述了第二次全国污染源普查数据平台应用过程	纸质类	普查、数据平台设计	永久	2020年10月31日前
24	普查办	综合组		36	2020	管理类	《第二次全国污染源普查数据处理应用与实践》	全面介绍了第二次全国污染源普查数据处理应用	纸质类	数据处理、应用、理论、实践	永久	2020年10月31日前
25	普查办	综合组		7	2020	管理类	《第二次全国污染源普查档案管理方法与实践》	全面介绍了普查文件材料整理归档应用与实践	纸质类	普查、档案管理、理论、实践	永久	2020年10月31日前
26	普查办	综合组		186	2017	管理类	交通运输部印发关于规划印发关于全国污染源普查	交通运输部印发关于规划印发关于全国污染源普查工作	纸质类	交通运输部、污染源普查、保密管理	30年	2020年7月31日前
27	普查办	综合组		186	2017	管理类	国家保密局印发关于书行政部门关于全国污染源普查	国家保密局印发关于书行政部门关于全国污染源普查工	纸质类	国家保密局、污染源普查、保密管理	30年	2020年7月31日前
28	普查办	综合组		186	2017	管理类	公安部办公厅关于印发《全国污染源普查保密管理	公安部办公厅关于印发《全国污染源普查工作保密	纸质类	公安部、污染源普查、保密管理	30年	2020年7月31日前
29	普查办	综合组		186	2017	管理类	财政部经济建设司关于关于全国污染源普查保密	财政部经济建设司关于关于全国污染源普查工作	纸质类	财政部、污染源普查、保密管理	30年	2020年7月31日前
30	普查办	综合组		186	2017	管理类	国土资源部办公厅关于关于全国污染源普查保密	国土资源部办公厅关于关于全国污染源普查工作保密	纸质类	国土资源部、污染源普查、保密管理	30年	2020年7月31日前
31	普查办	综合组		186…207	2017	管理类	水利部办公厅关于关于全国污染源普查保密管理	水利部办公厅关于关于全国污染源普查工作保密管理	纸质类	水利部、污染源普查、保密管理	30年	2020年7月31日前
32	普查办	综合组		186…35207	2017	管理类	农业部科技教育司关于关于全国污染源普查保密	农业部科技教育司关于关于全国污染源普查工作	纸质类	农业部、污染源普查、保密管理	30年	2020年7月31日前

表 3-8　部分技术支撑单位摸排表

责任单位（部门）	责任组	责任人	联系电话	材料形成时间	档案类别	文件材料名称	主要内容	电子文件格式	材料编号	文件材料格式	关键词	档案类别	保管期限	材料归档时间
中国环境科学研究院	综合组			2018	管理类	农业源畜禽养殖废弃物处理与农业面源污染物入水体量	农业源畜禽养殖废弃物处理与农业面源污染物入水体量	PDF	1	纸质类、电子类	农业源、畜禽养殖废弃物处理、入水体量	管理类	一般10年	2020年7月31日前
中国环境科学研究院	综合组			2018	管理类	农业源畜禽养殖废弃物数据处理与农业面源污染物入水体	农业源畜禽养殖废弃物数据处理与农业面源污染物入水体	PDF	1	纸质类、电子类	农业源、畜禽养殖废弃物处理、入水体量	管理类	一般10年	2020年7月31日前
中国环境科学研究院	综合组			2018	管理类	第二次全国污染源普查实施方案分析评估		PDF	1	纸质类、电子类	第二次全国普查、典型问题及答疑	管理类	一般10年	2020年7月31日前
中国环境科学研究院	综合组			2018	管理类	31个省（市、区）农业源普查数据问答		PDF	1	纸质类、电子类	农业源、普查数据问答、反馈咨询	管理类	一般10年	2020年7月31日前
中国环境科学研究院	综合组			2018	管理类	第二次全国污染源普查数据审核报告		PDF	1	纸质类、电子类	第二次全国普查、数据审核、报告	管理类	一般10年	2020年7月31日前
中国环境科学研究院	综合组			2018	管理类	31个省（区）、市普查数据审核报告		PDF	1	纸质类、电子类	分省、普查数据审核、报告	管理类	一般10年	2020年7月31日前
中国环境科学研究院	综合组			2018	管理类	南方动物饲养业格木损益、企业入量名录及技术指导与材料		PDF	1	纸质类、电子类	南方动物饲养业格木损益、企业入量	管理类	一般10年	2020年7月31日前
中国环境科学研究院	综合组			2018	管理类	农业源污染物入水体及农田单元数	农业源污染物入水体及农田单元	PDF	1	纸质类、电子类	农业源、污染物入水体、入水体量	管理类	一般10年	2020年7月31日前
中国环境科学研究院	综合组			2019	管理类	第二次全国污染源普查已完成审核核实与报告		PDF	2	纸质类、电子类	审核核实、档案整理、档案整编	管理类	一般10年	2020年7月31日前
中国环境科学研究院	综合组			2019	管理类	第二次全国污染源普查已完成核实与报告		PDF	2	纸质类、电子类	普查数据审核、数据整理、审核	管理类	一般10年	2020年7月31日前
中国环境科学研究院	综合组			2019	管理类	第二次全国污染源普查入户调查市报告审核		PDF	2	纸质类、电子类	入户调查、试点、审核、报告	管理类	一般10年	2020年7月31日前
中国环境科学研究院	综合组			2019	管理类	南京市核实核查及其比对名录与报告		PDF	2	纸质类、电子类	核实审核、名录、比对、报告	管理类	一般10年	2020年7月31日前
中国环境科学研究院	综合组			2019	管理类	高级县主数据普查网及应用报告方案		PDF	2	纸质类、电子类	基本单位名录、比对、工作方案	管理类	一般10年	2020年7月31日前
中国环境科学研究院	综合组			2019	管理类	第二次全国污染源普查第三方服务与研究报告		PDF	2	纸质类、电子类	第三方服务、研究报告	管理类	一般10年	2020年7月31日前
中国环境科学研究院	综合组			2019	管理类	第二次全国污染源普查软件系统测试与工作		PDF	2	纸质类、电子类	软件系统、测试、设计说明书	管理类	一般10年	2020年7月31日前
中国环境科学研究院	综合组			2019	管理类	化学需氧量第一次全国普查工业源计算机		PDF	2	纸质类、电子类	工业源、核算、计算机	管理类	一般10年	2020年7月31日前
中国环境科学研究院	综合组			2019	管理类	第二次全国污染源普查工业源普查工业产品		PDF	2	纸质类、电子类	工业源、普查工业产品	管理类	一般10年	2020年7月31日前
中国环境科学研究院	综合组			2019	管理类	第二次全国污染源普查入户调查工业源		PDF	2	纸质类	代偿、工作台账、调查报告	管理类	一般10年	2020年7月31日前
中国环境科学研究院	综合组			2019	管理类	物料平衡算法第一次全国污染源核算技术说明		PDF	2	纸质类	物料平衡算法、核算技术说明书	管理类	一般10年	2020年7月31日前
中国环境科学研究院	综合组			2019	管理类	第二次全国普查入户调查底账与比对		PDF	2	纸质类	第三方、调查、研究、合同	管理类	一般10年	2020年7月31日前
中国环境科学研究院	综合组			2020	管理类	第二次全国污染源普查已完成核算与档案整理		PDF	2	纸质类、电子类	第二次全国普查数据整理、档案整理	管理类	一般10年	2020年7月31日前
中国环境科学研究院	综合组			2020	管理类	若干第二次全国污染源普查工业源核算技术整理		PDF	2	纸质类、电子类	第二次全国普查工业源核算、计算	管理类	一般10年	2020年7月31日前
中国环境科学研究院	综合组			2020	管理类	农业源普查技术工作、典型问题及普查知识问答		PDF	2	纸质类、电子类	第二次全国普查农业源、农业源	管理类	一般10年	2020年7月31日前
中国环境科学研究院	技术组			2018	管理类	项目任务书		PDF	3	纸质类、纸质类	第二次普查、计划书	管理类	一般10年	2020年7月31日前
中国环境科学研究院	技术组			2018	管理类	项目任务申报书		PDF	3	纸质类	任务申报书	管理类	一般10年	2020年7月31日前
中国环境科学研究院	技术组			2018	管理类	外送53个数据公开名称、材料	外送53个数据物的公开相关数据、材料	PDF	3	电子类	53个数据物的发行相关名称	业务类	一般10年	2020年7月31日前
中国环境科学研究院	技术组			2018	管理类	外送53个数据系物材料科以		PDF	3	电子版	外送53个数据物的发行相关材料	业务类	一般10年	2020年7月31日前
中国环境科学研究院	技术组			2018	管理类	图自科科技物材料扫描第一次全国普查	下纸张每一个技术扫描（不发XX）、技术文本	PDF	3	纸质、纸质	下纸每一个技术扫描、技术文本	业务类	一般10年	2020年7月31日前

表 3-9 部分第三方机构摸排表

序号	责任单位（部门）	责任组	责任人	联系电话	文件材料形成年度	档案类别	文件材料名称	材料编号	要交的电子文件格式	主要内容	文件材料格式	关键词	保管期限	拟归档时间
1	拓尔思信息技术股份有限公司	技术组	华		2017	管理类	第二次全国污染源普查服务项目基本单位名	1	PDF	公开征集文件	纸质类	公开征集文件	10年	2020年6月15日
2	拓尔思信息技术股份有限公司	技术组			2017	管理类	第二次全国污染源普查服务项目实施方案	1	PDF	项目实施方案	纸质类	项目实施方案	10年	2020年6月15日
3	拓尔思信息技术股份有限公司	技术组	刘	043	2017	管理类	第二次全国污染源普查服务项目主合同	1	PDF	主合同	纸质类	合同	10年	2020年6月15日
4	拓尔思信息技术股份有限公司	技术组		204	2017	管理类	录数据转移项目需求调研报	1	PDF	需求调研报告	纸质类	需求调研报告	10年	2020年6月15日
5	拓尔思信息技术股份有限公司	技术组			2017	管理类	录数据转移项目详细设计	1	PDF	详细设计	纸质类	详细设计	10年	2020年6月15日
6	拓尔思信息技术股份有限公司	技术组		436	2017	管理类	录数据转移项目数据库设计	1	PDF	数据库设计	纸质类	数据库设计	10年	2020年6月15日
7	拓尔思信息技术股份有限公司	技术组	华	436	2017	管理类	第二次全国污染源普查项目安装部署报	1	PDF	数据库设计	纸质类	数据库设计	10年	2020年6月15日
8	拓尔思信息技术股份有限公司	技术组	华	138	2017	管理类	录数据转移项目数据质量测	1	PDF	国家工商总局项目数据质量测试报告	纸质类	国家工商总局项目数据质量测试报告	10年	2020年6月15日
9	拓尔思信息技术股份有限公司	技术组	青华		2017	管理类	录数据转移项目数据质量测	1	PDF	国家质检总局数据质量测试报告	纸质类	国家质检总局数据质量测试报告	10年	2020年6月15日
10	拓尔思信息技术股份有限公司	技术组	华	38	2017	管理类	录数据转移项目数据质量测	1	PDF	国家统计局数据质量测量	纸质类	国家统计局数据质量测试报告	10年	2020年6月15日
11	拓尔思信息技术股份有限公司	技术组	华		2017	管理类	第二次全国污染源普查项目基本单位名	1	PDF	国家统计局数据质量测试报告	纸质类	国家统计局数据质量测试报告	10年	2020年6月15日
12	拓尔思信息技术股份有限公司	技术组	刘	135	2017	管理类	录数据转移项目数据质量测	1	PDF	环保业务数据质量测试报告	纸质类	环保业务数据质量测质量测试报告	10年	2020年6月15日
13	拓尔思信息技术股份有限公司	技术组	刘	13	2017	管理类	录数据转移项目数据质量测	1	PDF	电力数据项目数据质量测试报告	纸质类	电力数据项目数据质量测试报告	10年	2020年6月15日
14	拓尔思信息技术股份有限公司	技术组	刘	4	2017	管理类	第二次全国污染源普查项目工作周报	1	PDF	项目工作周报	纸质类	项目工作周报	10年	2020年6月15日
15	拓尔思信息技术股份有限公司	技术组	刘	314	2017	管理类	第二次全国污染源普查项目会议纪要	1	PDF	项目会议纪要	纸质类	项目会议纪要	10年	2020年6月15日
16	拓尔思信息技术股份有限公司	技术组	刘	314	2017	管理类	第二次全国污染源普查项目验收申请	1	PDF	项目验收申请	纸质类	项目验收申请	10年	2020年6月15日
17	拓尔思信息技术股份有限公司	技术组	刘		2017	管理类	第二次全国污染源普查基本单位名	1	PDF	项目验收方案	纸质类	项目验收方案	10年	2020年6月15日
18	拓尔思信息技术股份有限公司	技术组	刘		2017	管理类	录数据转移项目项目总结报	1	PDF	项目项目总结报告	纸质类	项目项目总结报告	10年	2020年6月15日
19	拓尔思信息技术股份有限公司	技术组	刘	18	2018	管理类	录数据转移项目专家验收意	1	PDF	专家验收意见	纸质类	专家验收收意见	10年	2020年6月15日
20	北京中百信信息技术股份有限公司	技术组	城	180	2019	管理类	第二次全国污染源监理服务项目招标文件	2	PDF	第二次建设项目监理服务项目2019年度业务系统建设项目招标	纸质类、电子类	投标文件	10年	2020年6月15日
21	北京中百信信息技术股份有限公司	技术组	邵琪	9	2019	管理类	第二次全国污染源普查2019年度业	2	PDF	第二次全国污染源普查2019年度业务系统建设项目出理服务项目投标	纸质类、电子类	投标文件	10年	2020年6月15日
22	北京中百信信息技术股份有限公司	技术组		9	2019	管理类	第二次全国污染源普查2019年度业	2	pdf	第二次全国污染源普查2019年度业务系统建设项目出理服务项目合同文件	纸质类、电子类	合同文件	10年	2020年6月15日

3.2.4　国家级普查归档文件材料交接

　　普查档案责任人按照普查归档文件材料清单将所负责的污染源普查文件材料移交给普查档案整理人员。普查档案责任人分类别、分年度准备好需归档的文件材料，归档文件材料应当做到字迹工整、数据准确、图样清晰、标识完整、手续完备、书写和装订材料符合档案保护的要求。其中，归档的纸质文件材料除特殊情况外一般应当为原件。电子归档文件材料应存储在光盘中提交，交接清单的文件名称应与光盘存储的文件名称一致，并在交接表中对提交的电子文件材料的内容进行概括描述和说明。

　　普查档案责任人分别根据归档文件材料形成年度和归档文件材料的类型，填写纸质类、电子类、声像类、实物类归档文件材料交接清单，如表 3-10～表 3-14 所示，归档文件材料交接清单一式两份，由交接双方各执一份。

表 3-10　纸质类归档文件材料交接清单

移出单位（部门）名称			文件材料形成年度		
移交人		姓名		联系方式	
文件材料相关说明					

归档文件目录

序号	档案（资料、文件）名称	份数	页数	档案类别	文件材料格式	保管期限	备注

移出部门负责人签名：	接收部门负责人签名：
移出部门经办人签名：	接收部门经办人签名：
移出日期：　　年　月　　日	接收日期：　　年　月　　日
移出单位（部门）盖章	**接收单位（部门）盖章**

注：此表一式两份，移交方与接收方各执一份，请妥善保存。

表 3-11　电子类归档文件材料交接清单

移出单位（部门）名称			文件材料形成年度		
移交人	姓名		联系方式		
文件材料相关说明					

归档文件目录

序号	电子文件材料名称	文件内容描述	文件格式	存储介质类型	存储介质名	保管期限	备注

移出部门负责人签名：　　　　　　　　　　　　接收部门负责人签名：

移出部门经办人签名：　　　　　　　　　　　　接收部门经办人签名：

移出日期：　　年　　月　　日　　　　　　　　接收日期：　　年　　月　　日

移出单位（部门）盖章　　　　　　　　　　**接收单位（部门）盖章**

注：此表一式两份，移交方与接收方各执一份，请妥善保存。

表 3-12　照片类归档文件材料交接清单

移出单位（部门）名称			照片形成年度		
移交人	姓名		联系方式		

归档文件目录

序号	电子/纸质照片文件材料名称	照片题名（说明照片的主题及人物、地点、事由等内容）	拍摄日期（年月日）	摄影者	照片文字说明（对照片题名未及内容做出补充）	保管期限

移出部门负责人签名：　　　　　　　　　　　　接收部门负责人签名：

移出部门经办人签名：　　　　　　　　　　　　接收部门经办人签名：

移出日期：　　年　　月　　日　　　　　　　　接收日期：　　年　　月　　日

移出单位（部门）盖章　　　　　　　　　　**接收单位（部门）盖章**

注：此表一式两份，移交方与接收方各执一份，请妥善保存。

表 3-13 声像类归档文件材料交接清单

移出单位（部门）名称			声像形成年度	
移交人	姓名		联系方式	

归档材料目录

序号	电子文件名称	声像题名（说明声像的主题及人物、地点、事由等内容）	主题词	录制日期（年月日）	录制人	录制时长	录制地点	摘要	保管期限

移出部门负责人签名：	接收部门负责人签名：
移出部门经办人签名：	接收部门经办人签名：
移出日期：　　年　　月　　日	接收日期：　　年　　月　　日
移出单位（部门）盖章	**接收单位（部门）盖章**

注：此表一式两份，移交方与接收方各执一份，请妥善保存。

表 3-14 实物类归档文件材料交接清单

移出单位（部门）名称		实物形成年度	
移交人	姓名	联系方式	

归档材料目录

序号	实物物品名称	实物类型	物品文字说明摘要	保管期限

移出部门负责人签名：	接收部门负责人签名：
移出部门经办人签名：	接收部门经办人签名：
移出日期：　　年　　月　　日	接收日期：　　年　　月　　日
移出单位（部门）盖章	**接收单位（部门）盖章**

注：此表一式两份，移交方与接收方各执一份，请妥善保存。

现场交接时应按要求分别填写纸质类文件材料交接清单、电子类文件材料交接清单及照片类归档文件材料交接清单，填写示例如表 3-15～表 3-17 所示。

表 3-15　纸质类归档文件材料交接清单填写示例

移出单位（部门）名称	技术组		文件材料形成年度		2019
移交人	**姓名**		**联系方式**		
	王××		138×××××××		
文件材料相关说明	提交的材料为 2019 年 8 月普查办组织对四川省开展的普查质量核查的报告				
归档文件目录					

序号	档案（资料、文件）名称	份数	页数	档案类别	文件材料格式	保管期限	备注
1	四川省质量核查报告	1	56	管理类	纸质	30 年	

移出部门负责人签名：　　　　　　　　　　接收部门负责人签名：

移出部门经办人签名：　　　　　　　　　　接收部门经办人签名：

移出日期：　　年　　月　　日　　　　　　接收日期：　　年　　月　　日

移出单位（部门）盖章　　　　　　　　**接收单位（部门）盖章**

注：此表一式两份，移交方与接收方各执一份，请妥善保存。

表 3-16　电子类归档文件材料交接清单填写示例

移出单位（部门）名称	技术组		文件材料形成年度		2019
移交人	**姓名**		**联系方式**		
	王××		138×××××××		
文件材料相关说明	提交的材料为 2019 年 8 月普查办组织对四川省开展的普查质量核查的问题清单				
归档文件目录					

序号	电子文件材料名称	文件内容描述	文件格式	存储介质类型	存储介质名	保管期限	备注
1	四川省质量核查问题清单	2019 年 8 月对四川省开展的普查质量核查的问题清单	Excel	光盘	技术组王××	30 年	

移出部门负责人签名：　　　　　　　　　　接收部门负责人签名：

移出部门经办人签名：　　　　　　　　　　接收部门经办人签名：

移出日期：　　年　　月　　日　　　　　　接收日期：　　年　　月　　日

移出单位（部门）盖章　　　　　　　　**接收单位（部门）盖章**

注：此表一式两份，移交方与接收方各执一份，请妥善保存。

表 3-17　照片类归档文件材料交接清单填写示例

移出单位（部门）名称	技术组	照片材料形成年度	2019
移交人	姓名	联系方式	
	王××	138×××××××	

归档文件目录

序号	电子/纸质照片文件材料名称	照片题名（说明照片的主题及人物、地点、事由等内容）	拍摄日期（年月日）	摄影者	照片文字说明（对照片题名未及内容做出补充）	保管期限
1	四川省质量核查现场照片 001	2019 年 8 月 1 日，在四川省成都市召开的四川省质量核查现场反馈会，主要参与人员有部普查办×××，四川省普查办×××	2019 年 8 月 1 日	王××	部普查办×××在反馈质量核查发现的问题	永久

移出部门负责人签名： 移出部门经办人签名： 移出日期：　　年　　月　　日 **移出单位（部门）盖章**	接收部门负责人签名： 接收部门经办人签名： 接收日期：　　年　　月　　日 **接收单位（部门）盖章**

注：此表一式两份，交交方与接收方各执一份，请妥善保存。

材料交接时，交接双方对归档的文件材料逐一核对，确认无误后，档案整理人员与移交人员在文件材料交接清单上签字，并办理交接手续（图 3-4）。

图 3-4　档案交接现场

3.2.5　国家级普查档案整理

归档的纸质档案文件材料应当为原件，归档的文件材料如果为复印件，应当在归档目录中进行备注。归档的纸质文件材料应当做到字迹工整、数据准确、图样清晰、标识完整、签字盖章手续完备、书写和装订材料符合档案保护的要求，形成可溯源的档案文件。

（1）扫描

纸质文件装订前应进行扫描，扫描件的整理归档按照《电子文件整理归档办法》执行，电子档案数据库建成后将其归入数据库。扫描归档的电子文件应当和纸质文件保持一致，并与相关联的纸质档案建立检索关系。

（2）装订

装订以"件"为单位进行，以固定每件文件材料的页次，防止文件材料张页丢失，便于文件材料归档后的保管和利用。

装订前，应对破损的纸张进行修裱，修裱应采用糊精或专用胶水，不得用胶带粘贴；应对字迹模糊、易扩散、易磨损、易褪色的文件材料进行复制；应去除纸张上易锈蚀的金属物，如铁质订书钉、曲别针、大头针、推钉、鱼尾夹等；应对过大的纸张进行折叠，对过小的纸张进行托附，对装订线内有字迹的纸张贴补纸条等。

装订时，采用的装订材料应符合档案保护的要求，不得包含或产生可能损害文件材料的物质。装订方法应能较好地维护文件材料的原始面貌，符合国家综合档案馆的统一标准要求，原装订方式符合要求的，应维持不变。一般来说，采用左上角装订的，应将左侧、上侧对齐；采用左侧装订的，应将左侧、下侧对齐。永久保管的归档文件，宜采取线装法装订；页数较少的，使用直角装订（图3-5）；文件较厚的，使用"三孔一线"装订（图3-6）。永久保管的归档文件，使用不锈钢订书钉或浆糊装订的，装订材料应满足归档文件长期保存的需要。

装订后，文件材料应牢固、安全、平整，做到不损页、不倒页、不掉页、不压字、不影响阅读，有利于保护和管理。

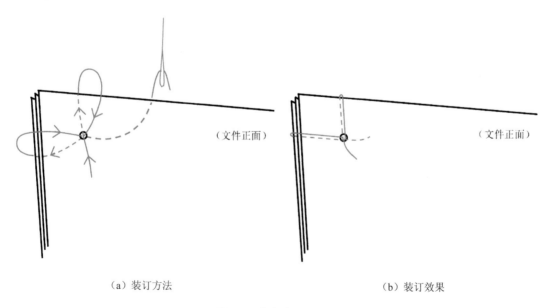

（a）装订方法   （b）装订效果

图 3-5　直角装订示意图

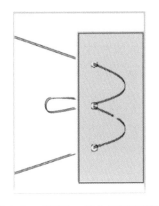

图 3-6　"三孔一线"装订示意图

（3）编页

将每件文件材料稿本排列、装订后，应编写每一件文件材料的页码，以固定每一页在文件材料中的位置。文件材料中凡是有图文的页面都必须编写页号，空白页不编号。当文件材料有连续页码时，则无需重编页号；无页码或无连续页码时，每件需从"1"开始，使用阿拉伯数字编写流水页号。编写位置是在正页面右上角、反页面左上角的空白处。页码使用黑色铅笔编写，以便修改和补充漏页。

（4）盖章

1）制作归档章

归档章项目包括全宗号、年度、件号、机构或问题、保管期限、页数等。其中，全宗号、年度、件号、保管期限等项目为必备项目，其他项目为选择项。归档章的规格一般是长 45 mm，宽 16 mm，分为均匀的 6 格，详见图 3-7。部普查办档案章实物照片见图 3-8。

单位：mm

图 3-7　归档章示意图

图 3-8　部普查办档案章实物照片

2）盖章

归档章一般应加盖在文件材料首页上端居中的空白位置。如果领导批示或收文章占用了上述位置，可将归档章加盖在首页上端的其他空白位置。文件材料首页确无盖章位置时，或属于重要文件材料须保持原貌的，也可在文件首页前另附纸页加盖归档章。光荣册等首页无法盖章且无法在文件首页前另附纸页的，可在材料内第一页上端的空白位置加盖归档章。统计报表等横式文件，在文件右侧居中位置加盖归档章。

盖章时，归档章不得压住文件材料的图文字迹，也不宜与收文章等交叉。

3）填写归档章项目

填写归档章项目应使用蓝黑色钢笔或蓝黑色墨水笔。年度、件号和保管期限应与"分类"部分的对应项目保持一致；页数应填写本件文件材料的实有页数。

（5）编目

污染源普查档案应根据分类和件号的顺序依次装入档案盒，同时要编制归档文件目录。目录应准确、详细、便于检索。

归档文件目录一般设置序号、档号、文号、责任者、文件题名、成文日期、保管期限、页数、密级、备注等项目（表 3-18）。

表 3-18　归档文件目录

序号	档　　号	文号	责任者	文件题名	成文日期	保管期限	页数	密级	备注

注：序号：填写归档文件顺序号。

档号：按照"编号"中档号编写要求填写。

文号：填写文件的发文字号。没有发文字号的，不用标识。

责任者：填写制发文件材料的组织或个人，即文件材料的发文机关或署名者。

文件题名：填写文件标题。规范性的文件标题应体现三个要素：文件责任者、文件内容、文种。文件标题应据实抄录；如果没有标题、标题不规范，或者标题不能反映文件材料主要内容、不方便检索的，应全部或部分自拟标题，自拟的内容外加"［ ］"。

成文日期：填写文件材料的形成时间，以国际标准日期表示法标注年月日，如 2018 年 4 月 8 日标注为 20180408。日期不全的应考证；考证不出来的，用"0"充填，如 20180000。

保管期限：填写文件材料的保管期限，包括永久、定期 30 年和定期 10 年。

页数：填写每件文件材料的实有总页数。

密级：依据文件情况照实抄录，如"机密"。标注保密期限的，应同时填写保密期限，如"机密 1 年"。

备注：填写需要说明的事项，包括一般为空。

归档文件目录用纸采用国际标准的 A4 幅面纸张，电子表格编制，横版打印。目录应一式两份，盒内一份，装订成册一份。盒内的目录应排在盒内文件材料之前。

归档文件目录装订成册时可按照"同一年度—同一保管期限—同一文件类别"的顺序逐一进行。同一保管期限、同一年度的档案必须装订在一起，不同类别的档案可以装订在一起，而不同保管期限、不同年度的档案由于移交和销毁时间不一样，切忌交叉。排列好的文件目录应制作"污染源普查档案归档文件目录"封面，于左侧装订。

目录封面格式详见图 3-9，页面宜横向设置，封面设置全宗号、全宗名称、年度、保管期限、机构（问题），其中全宗名称即立档单位名称，填写时应使用全称或规范化简称，图 3-9 为部普查办 2018 年永久档案的归档文件目录封面示意图。

```
污染源普查档案
归 档 文 件 目 录


全 宗 号        G 258
全宗名称        生态环境部
年   度        2018
保管期限        永  久
机   构        普查办
```

图 3-9　归档文件目录封面示意图

（6）填写备考表

备考表用来说明盒内文件材料的状况，置于盒内所有文件材料之后。备考表一般设置盒内文件情况说明、整理人、检查人和日期等项目，填写要求如下。

①盒内文件情况说明：主要填写盒内材料的缺损、修改、补充、移出等情况，以及与本盒文件材料内容相关的其他情况等。

②整理人：填写负责整理该盒文件材料的人员姓名，应由整理人签名或加盖个人名章，以示对该盒文件材料整理情况负责。

③检查人：填写负责检查该盒文件材料整理质量的人员姓名，应由检查人签名或加盖个人名章，以示对该盒文件材料的整理质量检查情况负责。

④日期：分别填写整理和检查完毕的日期。

备考表的外形尺寸、页边和文字区尺寸，以及表中各项目的具体位置、尺寸详见图 3-10。

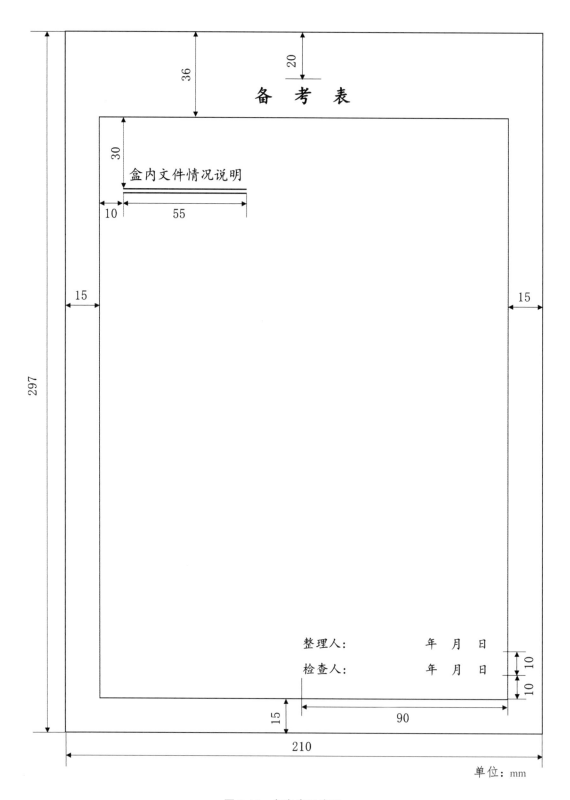

图 3-10   备考表示意图

（7）装盒

将归档文件材料按件号装入厚度适中的档案盒中，前后分别放入归档文件目录和备考表。应视文件的厚度选择厚度适宜的档案盒，尽量做到文件装盒后与档案盒形成一个整体，竖立放置时不会使文件弯曲受损。不同年度、不同保管期限的归档文件材料不得装入同一个档案盒。归档文件材料装盒时，不得过多或过少，以能空出一根手指厚度为宜。

　　档案盒的封面和盒脊有关项目需要按要求进行填写，以便于保管和利用档案。档案盒的盒脊和封面以及尺寸等需要按照生态环境部办公厅文档处统一规定的格式和要求执行，否则可能导致无法移交。图 3-11、图 3-12 为部普查办部分档案实物照片。

图 3-11　部普查办档案实物照片（一）

图 3-12　部普查办档案实物照片（二）

3.2.6　国家级普查档案移交

普查档案文件材料整理完成后，应于普查工作完成后 1 年内向生态环境部进行移交。为了便于普查档案文件材料的上架排列，采取按年度分批次的方式移交国家普查档案。根据生态环境部办公厅档案管理要求，国家普查档案移交的内容包括纸质（实物）档案、电子档案、录入生态环境部办公厅档案管理系统的电子档案共三类，三类档案应一并提交。其中，录入生态环境部办公厅档案管理系统的电子档案还应按要求填好档案目录信息，以便于将档案目录导入档案系统。目录信息包括临时序号、司级盒号、件号、文号、局号、文件题目、责任者、成文日期、保管期限、页数、密级、处室、机构、全宗号、年度、档号、分类号等信息。准备移交的档案应按档案盒号顺序放置在档案专用周转箱（图 3-13）中进行周转和运输，同时在运输途中应做好档案安全保护工作。档案移交时，应对移交档案进行认真检查并按要求办理移交手续。

图 3-13　部普查办档案专用周转箱

3.2.7　国家级普查档案数据库

按照档案整理技术规范标准及《污染源普查档案管理办法》，分管理类、污染源类、财务类、声像实物类和其他类五大类对文件材料的电子化档案进行整理，按照普查文件材料的形成规律和特点，根据文件材料之间的有机联系及保存价值进行归档整理，建立具有简单查询向导功能的电子档案数据库，便于档案资料的查阅和利用，如图 3-14 所示。

不同类别的目录不尽相同，因此，生态环境部档案管理系统根据文件类别设置对应的档案目录结构。档案管理员根据不同档案分类结合具体情况进行修改，生成对应的档案目录系统，以便在各个分类目录中存放相应的档案文件。

将要收录的所有档案按目录分类录入存储系统。模块处理用户输入新的档案文件信息或者档案案卷信息。输入数据时考虑连续录入的情况，该模块具有批量数据录入功能。通过 Excel 表格信息格式录入，首先将文件归档目录内容汇总到一个 Excel 表格中，然后将 Excel 表格信息通过文件导入方式完成目录信息录入；系统通过目录信息对指定文件夹内的电子文件进行关联上传，完成文件录入（图 3-15）。

图 3-14　档案目录结构示例

图 3-15　文件材料录入

通过文件材料名称、主要内容、关键词、档案类别、文件材料价值鉴定级别、拟归档时间等文件信息对数字化普查档案进行检索查看。最终查询结果可以在系统内进行可视化列表展示，并可以下载到指定档案文件。档案管理员能够对查询的结果编辑并保存，也能够删除（做删除标记）档案文件记录（图 3-16）。

对已经"删除"（只是做删除标记）的档案文件，可在数据维护模块做最后判定，判断该文件是否需要删除。可以通过材料名称、主要内容、关键词、档案类别、文件材料价值鉴定级别、拟归档时间、删除时间等查询条件，查询数据库中符合条件的文件或案卷记录，进行精准判定（图 3-17）。

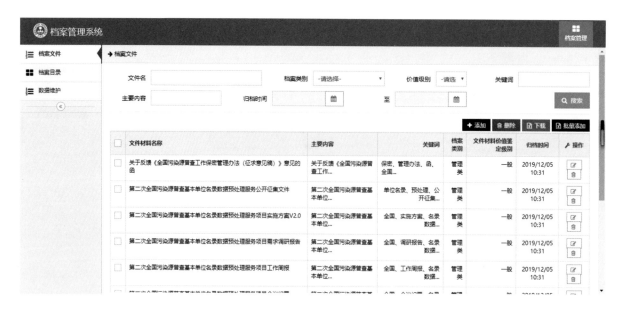

图 3-16　档案检索页面

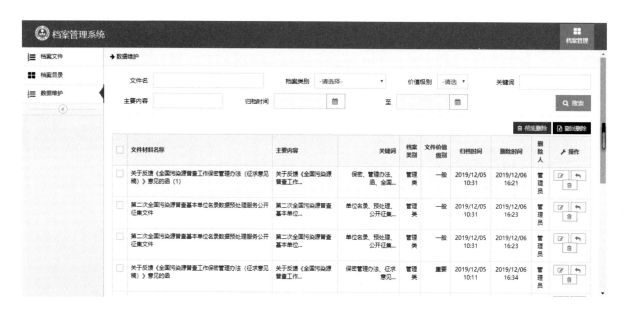

图 3-17　数据维护页面

3.3　工作经验

第二次全国污染源普查档案管理工作实践证明,档案工作对服务国家治理现代化具有十分重要的基础性支撑作用。档案工作必须与业务工作深度融合才能更好地发挥作用,才能真正抓出实效。

一是部门协同、高位推动是做好普查档案工作的前提条件。第二次全国污染源普查时间紧、任务重,技术要求高,工作难度大,三年工作中累积形成了大量文件、科技成果、音视频等重要的档案材料。部普查办将普查档案工作摆上重要议事日程,加强统筹规划和组织协调,将普查档案交接工作作为部普查办离岗考核指标,防止普查档案工作成为普查日常工作的"软指标"。同时,制定普查档案整理方案,开展归档材料摸排，有效地指导了普查档案整理工作的顺利开展。

二是专业引领、重心下移是做好普查档案工作的重要保障。档案工作贵在经常、难在经常。生态环境部和国家档案局着眼于加强各级普查机构工作的主体责任和能力建设，坚持以业务工作引领档案工作，以档案工作促进业务工作，在国家层面实行统一领导、分级管理，明确各级普查机构主要负责人为档案管理第一责任人。部普查办多次与生态环境部办公厅文档处沟通交流，以便明确档案整理、移交细节要求，同时聘请了档案整理行业的专家为档案整理工作提供技术指导，保证了档案整理的专业性。

三是围绕中心、服务大局是做好普查档案工作的核心要义。污染源普查档案是普查工作成果的最终体现。第二次全国污染源普查是在加快推进生态文明建设、补齐全面建成小康社会生态环境短板的大背景下开展的重大国情调查，是全面摸清建设"美丽中国"生态环境底数实施的重大举措，是坚决打赢污染防治攻坚战的具体行动。普查成果揭示了我国当前生态环境保护工作重点领域、重点地区（流域）、重点行业、重点污染物等最新、最全面的状况，在依法保护好各类调查对象隐私信息的基础上，普查档案为国民经济和社会发展"十四五"规划编制、加强污染源监管、重点地区监督帮扶、排污许可证核发、环境风险排查和重大科技攻关项目等提供了支持，为构建生态环境国家治理体系和治理能力现代化奠定了基础。

4 省级污染源普查档案管理实践

4.1 陕西省

4.1.1 基本情况概述

第二次全国污染源普查工作启动以后，陕西省第二次全国污染源普查工作办公室（以下简称陕西省普查办）坚持把普查档案建设和管理作为普查工作的重要内容，与普查工作"同部署、同管理、同验收"，边普查边建档，边归档边应用。陕西省普查办成立了档案管理领导小组，建立了省级指导，省、市、县三级同步建设档案的管理机制，聘请省档案局专家全程指导，围绕建档目标、明确归档范围、规范整档内容、细化归档办法，制定了档案管理多项制度，建设了档案室和借阅室，配置了先进的设施设备，开发了档案管理系统，纸质档案和电子档案同步建档，同时加强对全省档案管理工作的技术培训、技术指导和督导检查，有力地促进了全省污染源档案管理工作，建成了一套收集齐全、分类科学、组卷合理、排列有序、内容准确的污染源普查档案，达到了建好普查档案、服务环境管理的目标。

4.1.2 主要做法

4.1.2.1 组织管理方法

（1）建立组织机构，落实工作责任

完善的组织机构是精细化管理的基本保障。陕西省普查办在普查工作启动之初，就将污染源普查档案的归档建档管理工作纳入了各级普查机构的年度考核内容，建立了省、市、县三级污染源普查档案管理机制，全省统一部署，实行分级保障，明确分管领导，落实专人负责。陕西省普查办设在陕西省环境科学研究院，并抽调院内 20 余名业务骨干专职从事普查工作，其中环境相关专业硕士、博士占 70%以上，内设综合（农业）组、技术组、数据组、督办组、宣传组，负责组织协调和日常工作。为了加强普查档案归档建档管理工作，2017 年陕西省普查办成立了由陕西省普查办专职副主任任组长、综合（农业）组组长任副组长，各个组组长为成员的全省档案管理工作领导小组，加强对全省污染源普查档案管理工作的领导。省级档案采取"分建统管"的管理模式，陕西省普查办各个组分别配备专门的档案管理员，同时增设会计组对财务档案进行管理和归档。各组以《污染源普查档案管理办法》为基础，对在普查过程中产生的各类文件，由各组的资料员及时收集并结合自身工作特点对档案进行细化分类，建立不同类别的普查档案，归档后由档案组进行统一管理。市县级明确了分管领导和档案管理负责人，落实了工作责任，同时将档案管理纳入市县的年度责任考核目标，实现了全省各级普查档案管理工作"同部署、同标准、同推进"。

（2）完善制度建设，实施规范管理

为了确保档案管理科学化、规范化、制度化，充分保障普查档案的完整性、系统性、规范性和安全性，陕西省普查办逐步建立健全各项规章制度。陕西省生态环境厅联合陕西省档案局共同印发了《陕西省第二次全国污染源普查档案管理实施细则》（以下简称《细则》）和《陕西省第二次全国污染源普查档案验收检查验收办法》（以下简称《验收办法》）。《细则》根据《污染源普查档案管理办法》内容和有关法律法规、技术规范的要求，结合陕西省实际，增加内容 22 条，进一步细化了文件材料的归档范围与保管期限，在文书文件材料的基础上，进一步规范了照片档案、电子档案、实物档案的整理和数字化有关要求，明确了陕西省第二次全国污染源普查档案验收和移交工作要求。《验收办法》从验收组织、验收条件、验收申请及验收内容、方式与程序等方面，量化了验收标准。这两项制度为加强陕西省污染源普查档案建设提供了基本遵循，并被全国其他多个省市的普查机构予以参考借鉴。同时根据档案管理工作要求，立足收集、分类、整理、保管、统计和利用等各个环节，陕西省普查办及时制定了《档案管理办法》《档案管理员岗位职责》《档案归档范围和保管期限》《档案分类方法和编号方法》《档案借阅利用制度》《借阅利用效果登记制度》《档案库房安全管理制度》《档案管理应急预案》等多项规章制度和文件，同时各市县根据各自实际情况，分别出台了相关的档案管理制度，实现了档案建设过程中制度的全覆盖和管理的规范性，形成了用制度管人管事管档案的常态。陕西省第二次全国污染源普查档案管理制度文件见图 4-1。

图 4-1　陕西省第二次全国污染源普查档案管理制度文件

（3）强化业务培训，提高管理水平

为了提高全省普查档案管理水平，陕西省普查办先后举办了三次全省污染源普查档案管理工作培训班，培训农业、省辐射站、各市县普查办负责人、档案管理业务骨干共 1 000 余人。2018 年 6 月，为贯彻落实生态环境部第二次全国污染源普查档案管理和保密管理培训班精神，陕西省普查办举办了全省污染源普查档案及保密工作培训会议，以现场授课形式就陕西省普查办档案建设与管理情况、污染源普查档案管理办法、污染源普查文件材料整理方法、污染源普查工作保密意识与防护对策、第二次全国污染源普查保密管理工作及普查工作中部分错误认识等内容，向参训人员做了细致的介绍和讲解，邀请省污染源普查专家咨询委员会委员和省档案局资深专家进行指导，对《污染源普查纸质文件材料整理技术规范》及《陕西省第二次全国污染源普查档案管理实施细则》进行了详细解读和授课辅导，组织参会人员现场观摩了陕西省普查办档案室及档案建设与管理情况，为加强和规范全省污染源普查档案和保密管理工作奠定了基础；2019 年 6 月，举办了全省污染源普查数据审核与档案管理强化培训班，邀请档案专家详细讲解了普查档案规范化管理细则，学员们现场观摩纸质档案、声像档案等各类示范档案，交流建档、管档方法及经验；2019 年 8 月，举办了全省污染源普查档案整理与数据保密管理培训班，介绍了省级普查档案建设的经验做法，陕西省档案局专家、陕西省普查办档案管理工作人员讲解了普查档案的具体收集、分类、整理、归档及保管的基本要求，陕西省保密局专家讲解了国家秘密、敏感信息及其他应该保密信息的管理要求。西安市、咸阳市礼泉县、安康市旬阳县、榆林市靖边县普查办相关人员介绍了普查档案整理及保密管理工作开展情况，交流了经验与体会。陕西省普查办相关人员对普查档案整理有关问题进行了现场答疑，解答了市（县、区）在普查档案建档归档中的具体问题。通过培训，为全省普查机构培养了一支业务水平高、档案管理精的人才队伍。陕西省档案管理工作培训见图 4-2。

图 4-2   陕西省档案管理工作培训

（4）配置档案设施 建设管理平台

陕西省普查办从硬件设施和软件配备方面不断完善档案设施设备，为档案的管理和利用提供了良好的基础保障。

1）新建档案室

在档案室安装了先进的智能档案密集架，配备了独立空调、温湿度计、灭火器、排风扇等必要设备，达到了防火、防潮、防尘、防鼠、防盗、防光、防虫、防水、防高温、防有害气体等"十防"要求。同时配备了专用保密设备，切实保障档案的安全性。各市县按照全省统一部署，实行分级保障的原则，根据实际情况确保档案设备的完备性和安全性。

2）配套借阅场所

为规范档案存取和调阅，展示普查档案资料成果，在建立档案室的同时配置了借阅室，做到档案室和借阅室分开。同时建立档案使用台账规范管理，进行档案查询、信息检索，对档案利用进行填写登记等工作。陕西省档案管理工作硬件建设见图4-3。

（a）陕西省档案管理室　　　　　　　　　　（b）陕西省档案借阅室

图 4-3　陕西省档案管理工作硬件建设

3）开发管理软件

陕西省普查办开发了"陕西省第二次全国污染源普查档案管理系统"，与智能密集架管理系统结合，可以对管理员信息进行修改完善，随时查找所需档案，具备文件材料信息补充、文本类型显示、文本内容查阅、归档时间查询、保管期限检索等功能，实现了入库归档科学、新增档案迅速、查找调取便捷地分类分级管理。推进纸质和电子文档一体化管理，从而实现资源数字化、利用网络化、管理智能化的目标。陕西省第二次全国污染源普查档案管理系统见图4-4。

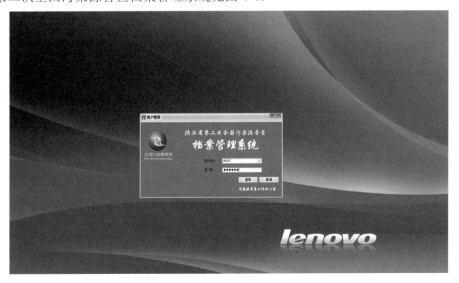

图 4-4　陕西省第二次全国污染源普查档案管理系统

（5）细化建档标准，确保分类有序

按照《污染源普查档案管理办法》和《陕西省第二次全国污染源普查档案管理实施细则》的要求，将档案分为管理类、污染源类、财务类、音像实物类和其他类五大类建档，对档案进行细化、分类、整理、归档，做好污染源普查各阶段形成的文件材料、报告、报表、数据、图表、影像等系列资料的收集整理，做到齐全完整、分类科学、组卷合理、排列有序、内容准确。

（6）建档归档管理，贯穿普查始终

1）及时收集，确保档案资料全

普查原始文件资料的收集是普查档案管理工作的基础。为了确保档案文件资料齐全翔实、不重不漏，在前期准备、宣传培训、清查建库、全面普查、数据审核、报告编制等各阶段性工作结束后，陕西省普查办及时指定专人负责，第一时间对原始文件资料进行收集甄选，分类整理。

2）认真审核，确保档案资料真

普查档案是普查结果溯源的重要依据。为此，陕西省普查办对收集的文件资料层层把关、分级负责，结合企业自查、现场核查、系统审核、专家评审等，严格实施普查数据质量管理。对普查资料在归档前进行认真审核，发现缺项、漏项等问题由专人负责，及时查源补充、完善，确保资料来源真实可靠。

3）持续督导，确保管理工作实

为了推进全省普查档案管理工作有序开展，陕西省普查办在普查阶段性工作督导检查、质量核查中，都把普查档案管理作为一项重要内容，认真检查了解各市县在档案资料的收集整理、建档归档和日常管理情况，对领导责任不落实、收集整理资料不及时、建档归档不规范、设施设备不完善的地市、区县及时反馈整改意见，提出整改要求，促进档案管理工作有效落实。陕西省档案管理工作剪影见图4-5。

（a）陕西省档案管理工作检查　　　　　　　　　　（b）陕西省档案预验收

图4-5　陕西省档案管理工作剪影

4.1.2.2　纸质文件整理归档

（1）档案管理依据

依据生态环境部、国家档案局《关于印发〈污染源普查档案管理办法〉的通知》以及陕西省环境保护厅、陕西省档案局《关于印发〈陕西省第二次全国污染源普查档案管理实施细则〉的通知》，陕西省开展污染源普查纸质档案整理归档工作。

（2）细化归档范围

为了规范污染源普查纸质文件材料整理工作，保障污染源档案管理的规范、完整、系统，方便全省普查档案的建档归档工作，陕西省普查办和陕西省档案局相关专家和人员，仔细研究分析了《污染源普查档案管理办法》，在《污染源普查档案管理办法》五类40条的基础上，结合陕西省污染源普查的实际情况和地方特点，对"管理类和污染源类"补充增加了22条，制定了地方特色鲜明、操作性强的《陕西省第二次全国污染源普查档案管理实施细则》，共62条，其中：综合管理类25条，污染源技术类14条，污染源数据类11条，宣传类12条。基本上涵盖了普查工作形成的各类文件材料，并明确和详细规定了每类文件材料档案的归档范围和保管期限。随后补充增加了"电子文本档案保存内容"，包含电子文件和电子数据的保存介质、归档方法和档号的编排、文件的保存形式及内容等共四类23条。

（3）档案分类原则

《陕西省第二次污染源普查档案管理实施细则》不仅规定了文件材料存档范围，归档时限、归档要求、保存和移交等内容，还详细规定了纸质档案的分类方法和编号代码，普查档案共分五个部分：一是管理类（1A综合类、1B宣传类）；二是污染源类（2A工业污染源、2B农业农业源、2C生活污染源、2D集中式污染治理设施、2E移动污染源、2F污染源综合类）；三是财务类（3A会计凭证，3B会计账簿，3C会计报告，3D其他类）；四是声像实物类（4A电子，4B照片，4C录音，4D录像，4E印章，4F证书，4G奖牌等）；五是其他类材料。按照《细则》规定要求，依照文件材料的成文时间和重要性，每一类文件材料保管期限分为永久，定期30年、定期10年。

（4）纸质档案整理归档流程

陕西省第二次全国污染源普查纸质档案整理归档流程见图4-6。

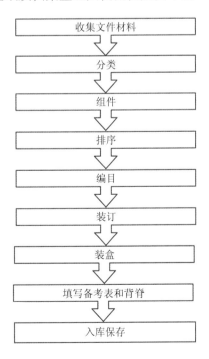

图4-6　陕西省第二次全国污染源普查纸质档案整理归档流程

1）收集文件材料

由各组的档案管理员及时收集普查过程中形成的各类管理及宣传文件材料、数据、图表、照片、录音和录像资料，并按照文件的类别存放，及时收集，及时保存，保证文件材料的完整性和真实性。

2）分类

按照《陕西省第二次污染源普查档案管理设施细则》的分类方法，对各组保存的文件材料，按照管理类、污染源类、声像实物类分类以及保管期限整理。

3）组件：

①管理类文件材料：

按照自然件组件。

②污染源类文件材料：

包括工业污染源、农业污染源、集中式污染治理设施、移动源。

方法一：核算结果、入户普查表、入户普查形成的佐证资料、清查表、清查时形成的佐证材料。

方法二：清查表、清查时形成的佐证材料、入户普查表、入户普查形成的佐证资料、核算结果。

③生活污染源文件材料：

农村生活源：按照乡镇组件，一个行政乡镇为一件。

生活源锅炉：按照乡镇组件，一个行政乡镇为一件。县域内生活源锅炉数量少的，可单独组成一件。

入河（湖）排污口：一条河流为一件，排口排列顺序为从上游到下游。县域内排口数量少的，所有排口可单独组成一件。

④综合表的归档方法：

不同类型的综合表，每一类独立组成一件。

4）排序

按照时间顺序、相同文件按照重要程度排序。

5）编目

按照《污染源普查档案管理办法》归档文件目录要求编写辖区归档文件目录。

6）装订

文件材料左侧装订，使用不锈钢订书针或线装。

7）装盒

不同类别的文件，按照编目顺序，依次装入档案专用盒。

8）填写备考表和背脊

按照装盒后的文件材料，分别填写备考表和档案盒的背脊。

9）入库保存

归档完成后的文件材料及时入库保存。

（5）纸质档案整理归档成效

陕西省省级污染源纸质档案共收录档案 192 盒，1 442 件。其他类档案 74 件（套），政府有关财务类文件按照污染源综合类文件归档，其他财务材料由财务部门按照财务规定归档保存。

2017 年普查工作启动以来，陕西省地市级各类档案共整理 1 644 盒（套），区县级各类档案共整理 18 842 盒（套），并建立了"一企一档"，文件资料基本做到了建档归档。

1）管理类

包含陕西省辐射环境监督管理站伴生放射性矿普查档案在内的省级管理类档案共归档建档 76 盒 614 件。管理类文件目录样式见图 4-7，管理类归档文件见图 4-8。

陕西省生态环境厅第二次全国污染源普查办公室归档文件目录

问题：WP.610100 管理类（1A 综合类）　　年度：2018 年度　　保管期限：永久

序号	档　号	文　号	责　任　者	题　名	日期	页数	备注
1	J248-WP.610100-1A -2018-Y-0001	普查函〔2018〕1 号	第二次全国污染源普查工作办公室	第二次全国污染源普查办公室关于征求《第二次全国污染源普查清查技术规定(征求意见稿)》意见的函	20180201	22	
2	J248-WP.610100-1A -2018-Y-0002	陕污普办函〔2018〕2 号	陕西省第二次全国污染源普查工作办公室	陕西省第二次全国污染源普查工作办公室关于反馈《第二次全国污染源普查清查技术规定(征求意见稿)》的修改意见	20180202	3	
3	J248-WP.610100-1A -2018-Y-0003	环办普查函〔2018〕149 号	中华人民共和国生态环境部办公厅	中华人民共和国生态环境部办公厅关于征求《第二次全国污染源普查质量管理工作的指导意见(征求意见稿)》意见的函	20180420	14	
4	J248-WP.610100-1A -2018-Y-0004	环办普查函〔2018〕139 号	中华人民共和国生态环境部办公厅	中华人民共和国生态环境部办公厅关于征求《关于做好第二次全国污染源普查质量核查工作的通知（征求意见稿)》意见的函	20180420	13	
5	J248-WP.610100-1A -2018-Y-0005	/	陕西省第二次全国污染源普查工作办公室	陕西省第二次全国污染源普查工作办公室关于上报《做好第二次全国污染源普查质量核查工作的通知（征求意见稿)》意见的函	20180425	3	
6	J248-WP.610100-1A -2018-Y-0006	陕污普函〔2018〕5 号	陕西省第二次全国污染源普查领导小组办公室	陕西省第二次全国污染源普查领导小组办公室关于《第二次全国污染源普查技术规定(征求意见稿)》《第二次全国污染源普查报表制度(征求意见稿)》的意见	20180608	3	
7	J248-WP.610100-1A -2018-Y-0007	环办普查函〔2018〕316 号	中华人民共和国生态环境部办公厅	中华人民共和国生态环境部办公厅关于征求《第二次全国污染源普查技术规定(征求意见稿)》《第二次全国污染源普查报表制度(征求意见稿)》意见的函	20180615	3	

图 4-7　管理类文件目录样式

图 4-8　管理类归档文件

2）污染源类

污染源纸质档案共 116 盒和 828 件，其中包含农业污染源普查文件 10 盒 123 件。污染源类目录样式及归档文件见图 4-9～图 4-12。

陕西省生态环境厅第二次全国污染源普查办公室归档文件目录

问题：J248-WP.610100 污染源类（2F 综合类）　　年度：2018 年度　　保管期限：永久

序号	档 号	文 号	责 任 者	题 名	日期	页数	备注
1	J248-WP.610100-2F -2018-Y-0001	陕农普办〔2018〕1 号	陕西省第三次全国农业普查领导小组办公室	陕西省第三次全国农业普查领导小组办公室关于召开陕西省第三次全国农业普查数据会商会议的通知	20180126	44	
2	J248-WP.610100-2F -2018-Y-0002	国污普〔2018〕2 号	国务院第二次全国污染源普查领导小组办公室	国务院第二次全国污染源普查领导小组办公室关于印发《第二次全国污染源普查试点工作方案》的通知	20180201	7	
3	J248-WP.610100-2F -2018-Y-0003	国污普〔2018〕4 号	国务院第二次全国污染源普查领导小组办公室	国务院第二次全国污染源普查领导小组办公室关于开展第二次全国污染源普查入河（海）排污口普查与监测工作的通知	20180320	13	
4	J248-WP.610100-2F -2018-Y-0004	国污普〔2018〕5 号	国务院第二次全国污染源普查领导小组办公室	国务院第二次全国污染源普查领导小组办公室关于印发《第二次全国污染源普查数据处理方案》的通知	20180416	21	
5	J248-WP.610100-2F -2018-Y-0005	陕污普发〔2018〕5 号	陕西省第二次全国污染源普查领导小组办公室	陕西省第二次全国污染源普查领导小组办公室关于印发《陕西省第二次全国污染源普查清查技术规定》的通知	20180404	51	
6	J248-WP.610100-2F -2018-Y-0006	国污普〔2018〕3 号	国务院第二次全国污染源普查领导小组办公室	国务院第二次全国污染源普查领导小组办公室关于印发《第二次全国污染源普查清查技术规定》的通知	20180320	50	
7	J248-WP.610100-2F -2018-Y-0007	陕污普办〔2018〕4 号	陕西省第二次全国污染源普查工作办公室	陕西省第二次全国污染源普查工作办公室关于核准陕西省第二次全国污染源普查代码的通知	20180323	73	
8	J248-WP.610100-2F -2018-Y-0008	陕污普函〔2018〕6 号	陕西省第二次全国污染源普查工作办公室	陕西省第二次全国污染源普查工作办公室关于上报第二次全国污染源普查前期工作自查报告的通知	20180516	74	
9	J248-WP.610100-2F -2018-Y-0009	陕污普发〔2018〕16 号	陕西省第二次全国污染源普查领导小组办公室	陕西省第二次全国污染源普查领导小组办公室关于做好第二次全国污染源普查质量核查工作的通知	20180515	5	
10	J248-WP.610100-2F -2018-Y-0010	国污普〔2018〕3 号	国务院第二次全国污染源普查领导小组办公室	国务院第二次全国污染源普查领导小组办公室关于做好第二次全国污染源普查质量核查工作的通知	20180507	14	

图 4-9　污染源类目录样式

全国污染源普查
China Pollution Source Census

陕西省第二次全国污染源普查
工业企业和产业活动单位清查汇总表

(第一册共两册)

陕西省第二次全国污染源普查工作办公室

二零一八年七月

图 4-10　工业污染源归档文件

J248	2018	0001
WP 610100 -2B	Y	222

陕西省第二次全国污染源普查
规模化畜禽养殖场清查汇总表

陕西省第二次全国污染源普查工作办公室
二〇一八年七月

图 4-11　农业污染源归档文件

J248	2019	0079
WP 610100 -2B	Y	27

陕西省第二次全国污染源普查伴生放射性矿普查
详查质量保证数据汇总

图 4-12　伴生放射性污染源归档文件

3）其他类档案

光盘 4 册，74 件，照片：8 册，384 张，录音录像：35 段，实物类：27 件。光盘档案归档文件见图 4-13，照片档案归档文件见图 4-14。

图 4-13　光盘档案归档文件

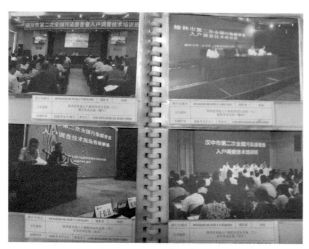
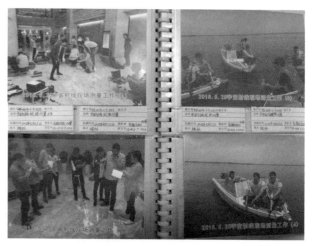

图 4-14　照片档案归档文件

4.1.2.3 档案数字化建设

（1）建档依据

按照原陕西省环境保护厅、陕西省档案局印发的《陕西省第二次全国污染源普查档案管理实施细则》的要求，在遵循标准规范、确保安全的原则下，陕西省将纸质档案数字化和纸质文件材料档案管理同步整体推进，研发建设"陕西省第二次全国污染源普查档案管理系统"。

（2）信息采集

纸质档案建档的同时，同步建设档案管理系统，实现纸质档案数字化。根据污染源普查档案实际情况和分类原则，一是管理类；二是污染源类；三是财务类；四是声像实物类；五是其他类，管理类又分为综合类和宣传类，污染源类分六个部分（工业源类、农业源类、生活源类、集中式类、移动源类、污染综合类），档案管理系统设计多种信息采集方案，一是通过信息界面窗口实现了档案系统信息逐条著录，实现了人机对话方式；二是通用表格信息录入，可以预先使用通用表格录入档案信息，这种方式方便多人多台电脑录入，专人汇总后导入档案管理系统数据库；三是通过数据库导入，实现了使用多种方式对档案进行信息采集，并对采集到的档案信息进行分类整理、归档和存储，进行统一的档案信息库管理。

（3）系统架构建设

陕西省档案管理系统的建设基于清华紫光电子档案管理软件，应用环境为 Windows 7 来构建"陕西省第二次全国污染源普查档案管理系统"。

档案管理系统采用树形结构，以下拉式菜单形式管理整个系统，包含《陕西省第二次全国污染源普查档案管理实施细则》分类的所有内容，实现了数据录入、检索、查询、借阅登记、打印及数据备份等档案管理功能。

按照不同的归档文件材料类型，分别定义数据库结构，一是管理类和污染源类文件；二是照片类；三是录音录像类；四是实物类等，库结构的主要记录包括序号、文号、档号、题名、责任者、页数、发文日期、存放地点、归档部门、年度、分类号、分类名称、摄影时间、摄行者、拍摄地点、保管期限、密级等主要内容。"陕西省第二次全国污染源普查档案管理系统"属于单机版，和互联网进行物理隔离，专人管理，进行加密管理和加密运行，这样保证了污染源普查档案管理系统的安全。陕西省第二次全国污染源普查档案管理系统架构见图 4-15。

（4）档案数字化加工

根据纸质档案的归档文件内容，结合电子化系统的要求，档案室配置了高速扫描仪，专门用于纸质档案的数字化工作，在纸质档案整理完成后，进行数字电子化工作。陕西省第二次全国污染源普查档案数字化流程见图 4-16。

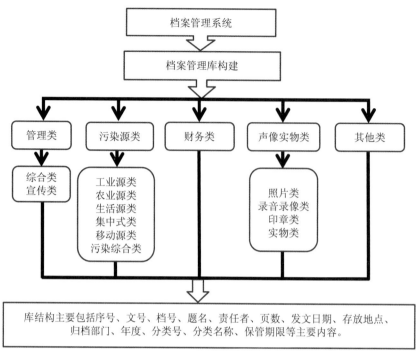

图 4-15 陕西省第二次全国污染源普查档案管理系统架构

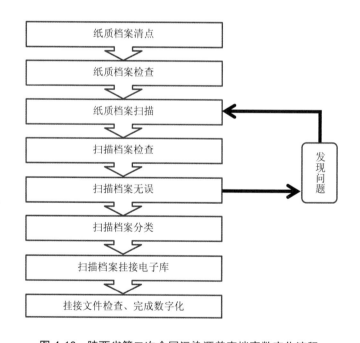

图 4-16 陕西省第二次全国污染源普查档案数字化流程

1）实现档案数据的整理归档

根据档案管理系统结构库，按照管理类、污染源类、财务类、声像实物类、其他类对电子档案进行归档，建成五个数据库，方便查询、检索、借阅、增加、删除、编辑、追加、挂接电子文件、删除电子文件、插录、调卷、加入、拆离、打散、自动组卷等。对重要的文件进行标识，可形成陕西省第二次全国污染源大事记库。

2）档案信息的查询、借阅

用户可以对档案信息进行检索、借阅申请、利用等操作。提交申请后由档案管理人员进行审批，审批通过的用户可以执行查阅、下载、打印等相应的操作。具体的功能需求如下：能够实现用户在档案借阅记录中查看自己借阅的档案记录，审核情况，有效截止日期等，并可以对已经通过审批的档案信息进行相关查看、下载、打印等操作；管理人员可查阅用户提交的借阅信息、审批情况；能够对审批的流程进行跟踪，查询到某段时间内审批人员所审批的档案借阅审核记录等。

3）档案的移交

档案管理系统建设完成后，可进行数据备份，用光盘和电子硬盘将生成的文件移交陕西省生态环境厅档案室进行统一管理。

（5）陕西省档案管理系统

1）档案管理系统——管理目录

陕西省档案管理系统目录页面见图4-17。

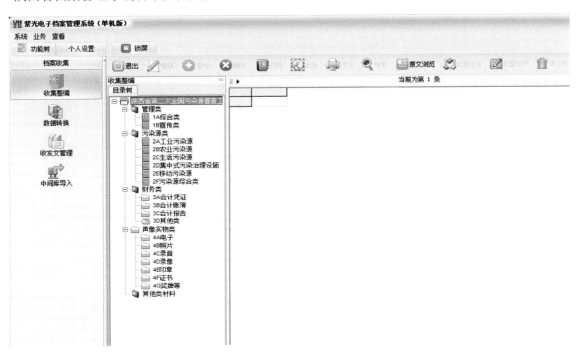

图4-17　陕西省档案管理系统目录页面

2）电子文件整理归档

档案管理系统文件见图4-18～图4-21。

图 4-18　档案管理系统管理类文件

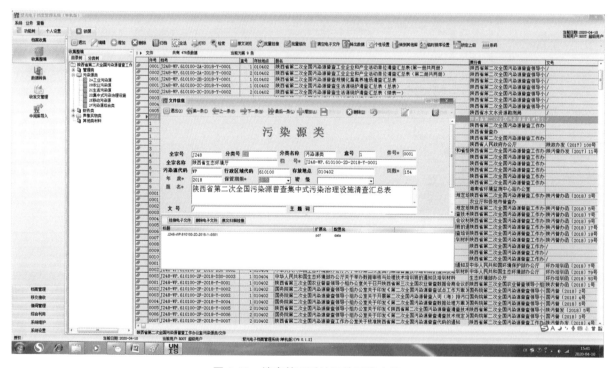

图 4-19　档案管理系统污染源类文件

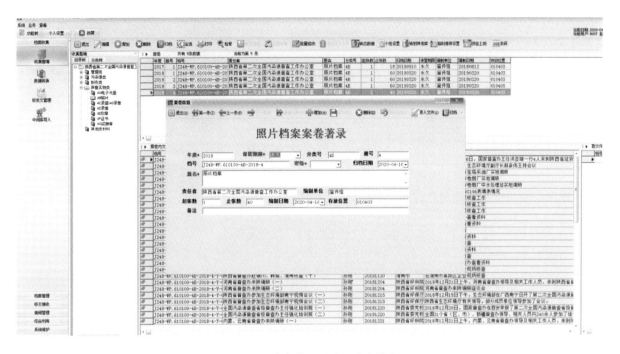

图 4-20 档案管理系统照片类档案

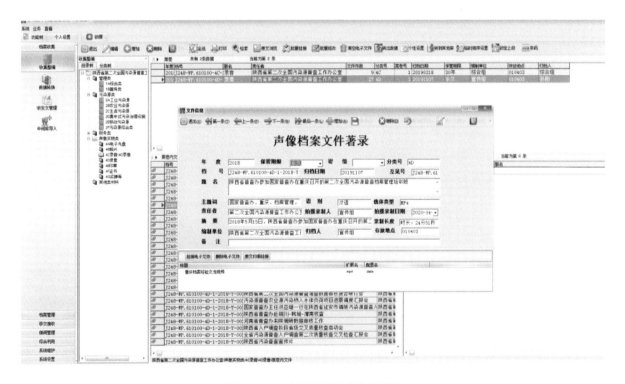

图 4-21 档案管理系统声像类档案

3）实物整理归档

档案管理系统实物类档案见图 4-22。

（a）实物档案目录　　　　　　　　　　　　（b）实物档案

图 4-22　档案管理系统实物类档案

4.1.2.4　普查数据库建设

（1）建设依据

根据《国务院关于开展第二次全国污染源普查的通知》（国发〔2016〕59 号），为掌握各类污染源的数量、行业和地区分布情况，了解主要污染物产生、排放和处理情况，建立健全重点污染源档案、污染源信息数据库和环境统计平台，开展第二次全国污染源普查。此次污染源信息数据库的建立对于准确判断陕西省当前环境形势，制定实施有针对性的经济社会发展和环境保护政策、规划，不断改善环境质量，加快推进生态文明建设，补齐生态环境短板具有重要意义。

（2）陕西省普查数据库建设情况

1）全面保证数据库完整性

在清查建库阶段，根据国家下发的名录，陕西省普查办会同工商、税务等部门对名录库进行增录补缺，坚持"全面覆盖、应查尽查、不重不漏"的原则，开展"拉网式、地毯式"清查名录库摸底工作，逐点位、逐单位进行现场核查，对从名录库中剔除的企业进行备注说明。入户调查阶段，陕西省普查办认真落实部普查办《关于开展第二次全国污染源普查查漏补缺专项行动的通知》的要求，先后组织开展行业、部门等 11 项名录清单"全覆盖"比对，确保应纳入的对象均纳入数据库中。产排污核算阶段，盯紧各类源产排污环节，重点对工业源废水、废气排放的产排环节进行审核，全面保证核算数据的完整性。普查员深入企业填写普查报表见图 4-23、开展名录库核实比对工作见图 4-24。

图 4-23　普查员深入企业填写普查报表

2017 年重点排污单位名录核实

陕西省第二次全国污染源普查工作办公室

二〇一九年八月

序号	省	市	县	行政区划	社会信用服务码	统一社会信用代码	组织机构代码	企业名称	是否纳入普查	纳入企业名称/信用代码/备注
1	陕西省	西安市	临潼开发区	6101-02			55220438-3	康龙化成（西安）新药技术有限公司	否	行业代码为7340，医学研究与实验发展，数码开发，无生产，不在普查范围
2	陕西省	西安市	新城区	6101-02	91.61.000075884206GC			陕西黄河集团有限公司	是	黄河机电有限公司
3	陕西省	西安市	新城区	6101-02	91.61.01027350739877			西安北方惠（华圃）有限公司	是	西安北方惠华集团有限公司
4	陕西省	西安市	新城区	6101-02	91.61.000022052262314			西安昆仑工业（集团）有限责任公司	是	西安昆仑工业（集团）有限责任公司
5	陕西省	西安市	新城区	6101-02			75781498-9	中国电信股份有限公司西安分公司（新城区）	否	行业代码6311，不在普查范围
6	陕西省	西安市	碑源区	6101-04			22060089-9	西安西电电工材料有限责任公司	是	西安西电电工材料有限责任公司
7	陕西省	西安市	灞桥区	610111			MA6E66B0-X	陕西卫康金属贸易有限公司	否	仓储业，不在普查范围，且2017年未运营
8	陕西省	西安市	灞桥区	610111	91.61.011167025603314			西安国利德真药食品有限公司	是	西安国利德真药食品有限公司
9	陕西省	西安市	灞桥区	610111			316257182-4	西安市国信医疗管理处	是	西安市红村污水处理厂
10	陕西省	西安市	临潼区	610115			MA6TYFJ29-6	安康精铜废金属回收有限公司西安分公司	否	废柴为废铜，只作存储储

图 4-24　开展名录库核实比对工作

2）全面保证数据库准确性

为保证陕西省普查数据库准确性，陕西省采取人工审核与软件审核相结合、重点审核与全面审核相结合、微观审核与宏观审核相结合的审核思路，对普查数据全面审核。陕西省普查办组织各地市有针对性地编制行业审核细则，对全省同类重点行业进行交流审核，先后组织 7 次集中审核，采取"定人、定行业、定污染物"的方式，对数据进行统计分析，通过异常数据倒推分析，查出问题数据，找出问题区域，追溯问题企业，形成问题列表，第一时间反馈市县核实修正，确保普查数据准确、真实、可靠。入户调查集中审核培训班见图 4-25，汇总数据审核和比对分析讨论会见图 4-26。

图 4-25　入户调查集中审核培训班　　　　　图 4-26　汇总数据审核和比对分析讨论会

3）全面保证数据库合理性

陕西省从宏观把控，微观细核，结合地方统计年鉴、住建年鉴、环统数据、环境年报等资料，逐源进行数据分析、比对、校核，分区域、流域、行业反复研判普查数据的合理性。同时邀请公安、农业、发改、统计等成员单位对接数据，邀请陕西省生态环境厅相关处室、业务单位负责人和专家咨询委员会专家等对普查数据进行讨论和审议。先后两次召开普查数据质量评估专家研讨会，专题讨论普查数据是否符合行业特点和陕西省省情，同时对部分行业及 VOCs 产排量进行研究讨论，进一步夯实数据合理性。普查数据审核会和入户调查数据质量评估汇报会见图 4-27 和图 4-28。

图 4-27　普查数据审核会　　　　　　　图 4-28　入户调查数据质量评估汇报会

4）全面保证数据库高效使用性

为保证数据库有效使用，陕西省普查办前期购置了 7 台 4 核物理服务器，储存空间达到了 20 T，并进行三级等保和定期巡检、维护，保障了后期海量数据的正常处理和存储，为有效使用数据库奠定了基础。后期为了高效利用数据库，对数据库进行优化重建，陕西省普查办委托自然资源部第一航测遥感院以陕西省电子地图为底图，叠加污染源的空间位置信息，以及水系水域、经济区域等其他专题信息，绘制了污染源空间分布图，形成污染源普查图集，对全省各类污染源的空间分布情况和普查信息等内容进行综合展示。开发了"陕西省第二次全国污染源普查成果展示系统"，对全省各类污染源的相关信息、数据进行整合，实现了地图浏览、属性查询、空间查询、区域污染源查询、流域污染状况查询、统计分析等功能，充分发挥了普查数据的信息化作用，提升了普查数据库的使用率。陕西省第二次全国污染源普查图集和成果展示系统见图 4-29、图 4-30。

（3）数据库建设成果

3 年来，陕西省第二次全国污染源普查工作按照国家和陕西省部署要求科学组织实施，严格质量控制，取得了丰硕成果，建立了一套精准的污染源基础数据库，包含近 1 500 万个数据指标，47 316 个（不含行政村和涉密企业）调查对象的地理坐标信息，翔实地掌握了全省境内工业污染源、农业污染源等五类污染源数量、行业和地域分布，污染治理设施的运行情况、污染治理水平等基本信息和数据。普查数据同陕西省区域经济社会发展水平、产业结构和环境质量现状基本相符，为打好污染防治攻坚战、改善环境质量精准施策，加快推进陕西生态文明建设发展提供了科学依据。

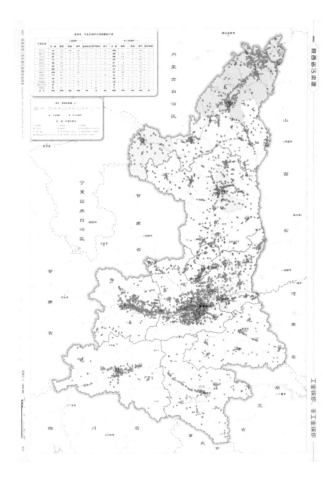

图 4-29　陕西省第二次全国污染源普查图集

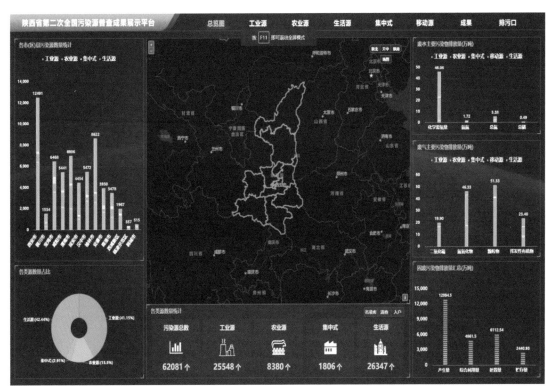

图 4-30　陕西省第二次全国污染源普查成果展示系统

4.1.3　工作经验

陕西省在开展第二次全国污染源普查工作中，逐渐探索出一套特色鲜明、富有成效的档案管理工作模式，先后 3 次在全国普查档案管理培训班上介绍经验，10 多个兄弟省市来陕学习交流，走在了全国的前列。

4.1.3.1　统筹谋划，档案与普查同步推进

（1）厘清建档思路

污染源普查档案是普查工作成果的最终体现，不仅可以为普查工作进度考核、质量核查、总结验收、成果发布等提供依据，还可以为生态环境监管和决策提供支撑。为此，陕西省普查办在建档中坚持"以用为本为管理服务"的原则，以能用、实用、好用为目标，以完整、准确、系统、安全为原则，以支撑环境管理为目的，为普查工作进度考核、质量核查、总结验收、成果发布留下重要的凭证和依据，为打赢污染防治攻坚战提供坚实的数据支撑。

（2）提前安排部署

污染源普查工作启动后，陕西省普查办将档案建设与管理工作纳入普查工作总体规划，提前谋划、统筹安排，坚持档案管理与普查工作"同部署、同管理、同验收"，使档案管理的每一个环节都能跟上普查工作的节奏和步伐，形成了事前积极准备、事中随时收集、事后及时整理的档案管理工作氛围。

（3）加强组织领导

按照全省统一部署，以分级管理为原则，陕西省普查办切实加强对普查档案管理工作的组织领导，把档案管理作为普查工作的一项重要内容，一月一节点进行倒排，明确任务，夯实责任。市、县两级普查办按照"同标准、同推进"的要求，明确分管领导，配备专兼职档案员，明确责任分工，落实经费保障。在普查工作各个阶段，各级普查机构都把档案建设与其他普查工作一起研究谋划，一起安排部署，一起检查落实，按照"齐全完整、规范管理、安全保管、便于利用"的具体要求，对每个阶段形成的档案资料做到了边普查边收集、边整理边归档。

4.1.3.2　细化标准，省、市、县三级同步建设

（1）省级确立分类方法

陕西省普查办将纸质档案管理按照工作期、归档期两个阶段，采取管理类、污染源类、财务类、声像实物类、其他类"五级"分类方法进行整理归档。管理类主要包括综合类、宣传类；污染源类主要包括工业污染源、农业污染源、生活污染源、集中式污染治理设施、移动污染源和污染源综合类有关资料；财务类主要包括会计凭证、会计账簿、会计报告和其他有关资料；声像实物类主要包括电子、照片、录音、录像、印章、证书、奖牌等。

（2）市县级参照建档归档

市县级档案参照省级模式，也采取了"五级"分类方法对档案进行了整理归档，同时要求市级建成"清查两册"、区县级建成"清查四册""一企一档"以及两员选聘和第三方备案资料等。"清查两册"是指清查建库阶段建议纳入入户普查对象汇总表和建议不纳入入户普查对象汇总表；"清查四册"是指区

县级在清查建库阶段建议纳入入户普查对象清查表、建议纳入入户普查对象汇总表、建议不纳入入户普查对象汇总表、建议不纳入入户普查对象佐证材料。

（3）农业辐射按标实施

农业源和伴生放射性矿档案要求陕西省农业农村厅和陕西省辐射站分别按照国家下发的《污染源普查档案管理办法》和《陕西省第二次全国污染源普查档案管理实施细则》《陕西省第二次全国污染源普查档案检查验收办法》对农业源普查档案和伴生放射性矿普查档案进行整理归档，待国家验收合格后按照要求移交统一管理，最终形成一套完整的陕西省第二次全国污染源普查档案。

4.1.3.3　强化指导，高质量完成档案建设

（1）聘请专家全程指导

2018 年以来，陕西省普查办聘请陕西省档案局有 30 多年档案工作经验的资深专家为陕西省第二次全国污染源普查咨询委员会委员，对档案建设进行全过程培训与指导，统一了整档方法，规范了建档程序，为陕西省"二污普"档案规范建设打下了坚实基础。

（2）技术骨干巡回指导

陕西省普查办把 2019 年 3 月作为"全省普查档案管理月"，组织各级普查机构集中时间、集中力量开展普查档案建档归档工作。为了确保全省普查档案的完整性、规范性和一致性，2019 年 4 月、5 月，陕西省普查办先后两次组织档案管理工作骨干分成 6 个小组赴陕西省 11 个地市、100 余个县（区），对设施设备、管理制度、文件资料的整理分类及建档归档等情况进行巡回检查和现场指导，统一反馈检查情况，提出整改要求，提高了全省普查档案质量。

（3）线上线下即时指导

对市、县两级在普查档案整档、建档工作中遇到的问题，陕西省普查办指定专人收集整理，线上线下及时解答。对一般的个性问题，利用全省污染源普查档案管理微信群及时解答，先后答疑 2 000 余条；将各市县普遍存在的 34 个共性问题整理成册，利用档案管理培训之机，逐一解答，指导并规范全省第二次污染源普查档案整理工作。

（4）抽查验收重点指导

2019 年 11 月，陕西省普查办依据《陕西省第二次全国污染源普查档案检查验收办法》，组织档案管理人员对全省 12 个地市污染源普查档案管理工作进行了抽查预验收。验收过程中采取查看资料、现场质询、评估打分等形式，重点检查了管理类、污染源类、声像实物类等普查档案的建档归档情况。检查人员认真听取了被抽查市县在档案资料的收集、整理、分类、编目、保管、利用等方面遇到的问题和困惑，并就如何规范建档归档进行了现场指导，对存在的问题提出了整改意见。通过抽查预验收，进一步提升了陕西省污染源普查档案建设质量，为全面验收奠定了坚实基础。

污染源普查档案是污染源普查重要成果之一，在普查工作过程中产生的大量的文件、数据、图表、音像资料和实物，是污染源工作的重要凭证和依据，具有十分重要的参考价值和历史价值。档案的价值在于应用。因此不仅要建好、管好污染源普查档案，更要用好、用活普查信息资料，充分发挥普查工作的经济效益和社会效益，让普查档案成为环境管理、环境治理和生态文明建设的重要支撑依据，为改善

环境质量、实现污染防治精细化管理提供服务。

4.2　湖北省

4.2.1　基本情况概述

第二次全国污染源普查是重大的国情调查，普查档案是普查过程记录和成果保存的重要载体，是对普查工作进行统计督察和普查成果应用开发的主要依据。加强普查档案管理是保障普查工作规范进行的基础性工作，在普查过程中，湖北省各级普查机构始终把普查档案管理工作放在重要位置，以档案收集齐全完整、整理规范有序、保管安全可靠、鉴定准确及时、利用快捷方便、开发实用有效为目标，结合普查工作实际，与普查主体工作同步部署、同步实施、同步调度、同步考核验收，不断建立健全普查档案管理制度，完善工作机制，明确工作责任，落实基本保障，细化分类归档，规范整理方法，严控档案质量，实现了普查档案管理制度化、规范化和标准化，为规范有序推进普查工作提供了有力保障。

4.2.2　主要做法

4.2.2.1　建立健全制度体系，细化归档分类标准

普查工作每 10 年进行一次，与第一次普查工作相比，普查对象、普查制度、技术方法、技术手段和档案管理法律法规发生了很大的变化，这对普查档案管理提出了全新的要求。为此，部普查办下发了《污染源普查档案管理办法》《污染源普查档案管理工作中的关键问题及处理方式》等一系列技术规范，作为普查档案管理的基本遵循。

湖北省严格落实上述技术规范的要求，不断健全和规范普查档案管理制度体系，全省所有县级以上普查机构均建立了相应的档案管理制度，共印发档案管理文件 342 份。2018 年 6 月 25 日，湖北省环境保护厅和湖北省档案局联合下发了《关于加强和规范湖北省第二次全国污染源普查档案管理的通知》（鄂环函〔2018〕77 号），要求各级普查机构完善档案设施设备、规章制度、人员培训等有关工作，加强与当地档案管理部门的对接协调和沟通，明确要求档案管理部门加强对普查机构档案管理工作的指导，参与普查档案检查验收。2019 年 5 月，湖北省环境保护厅和湖北省档案局联合下发了《湖北省第二次全国污染源普查档案管理实施细则》（鄂环发〔2019〕11 号，以下简称《湖北省实施细则》），明确了普查机构、生态环境行政主管部门、档案行政主管部门、相关成员单位、普查技术支持单位、参与普查的第三方机构和档案管理专职人员的工作职责，明确了档案归档范围、归档时限、质量要求、归档整理方法、保管、利用、验收、移交等方面内容，配套细化了档案归档范围与保管期限表、电子文件收集整理方法、照片档案收集整理方法、实物档案收集整理方法、档案管理验收评分标准、移交登记表等技术规范，建立了普查档案保密制度、利用制度、统计制度、移交制度、库房管理制度、档案管理人员岗位职责、档案管理工作网络等一系列规范规章，指导各级普查机构提高普查档案收集、整理、归档的规范性、科学性及可操作性。2019 年 7 月，湖北省普查办印发了《湖北省第二次全国污染源普查领导小组办公室关于进一步做好档案管理工作的通知》，作为《湖北省实施细则》的补充，进一步明确了归档内容，要求加

快推进普查档案的整理和归档工作，提高档案质量。

《湖北省实施细则》将普查机构、相关成员单位、普查技术支持单位、参与普查的第三方机构产生的普查档案均纳入了整理归档范围，并制定了详细的《湖北省第二次全国污染源普查文件材料归档范围与保管期限表》，具体见表4-1。

表4-1 湖北省第二次全国污染源普查文件材料归档范围与保管期限表

类目	归档范围	保管期限
上级党政机关有关文件、会议记录、签报管理类（1）	1. 上级党政机关及本级党政机关有关污染源工作的文件、组织的会议及有关签报文件	永久
	2. 上级党政机关领导及本级党政机关领导关于普查工作的批示、重要讲话	永久
	3. 普查机构设置，工作人员名单，市、县两级质量负责人，联络员名单等文件	永久
	4. 普查有关管理办法、指导意见、实施方案、技术规定等，重点包括普查实施方案、名录清查实施方案、全面普查阶段实施方案、普查质量管理方案、入河（湖）排污口调查普查与监测实施方案、生活锅炉普查实施方案、伴生放射性矿普查方案等各类实施方案，资金管理、档案管理、保密管理、第三方管理、两员管理等有关意见、办法、制度、规定等，及数据汇总及成果发布阶段的有关方案、办法、意见、规定、制度等	永久
	5. 本级普查机构组织召开的会议，重点包括会议通知、会议签到、会议纪要或记录、汇报材料、讲话材料等	永久
	6. 本级机构组织开展的培训，包括培训通知、培训教材、培训签到表等、组织培训考试记录（考卷样张、登分记录）、两员信息登记表等	10年
	7. 普查机构委托第三方开展相关工作的相关文件材料，重点包括：（1）招投标情况（招标相关文件，资料）；（2）合同签订情况（合同）；（3）合同任务完成情况［按合同规定的成果、验收报告、与第三方签订的保密承诺书、承担单位与所有工作人员之间签订的保密承诺书、数据（或文件）资料使用协议书、如组织专家评审含专家评审意见等］	30年
	8. 普查机构开展质控、评估、检查、验收、总结等工作而产生的有关文件材料，重点包括开展质量核查的通知、前期工作检查通报，各市州、各区县整改报告；清查质量核查通报，各市州、各区县整改报告；各市州及各区县清查质量核查与评估报告，数据比对的文件及有关材料，数据联审的通知等文件材料。普查阶段、数据汇总阶段、验收总结阶段的类似文件材料	30年
	9. 调度与督办的有关文件材料，主要包括各类通报、调度表、督办函、汇总分析报告	重要的30年，一般的10年
	10. 试点工作有关文件材料，主要包括开展试点的通知，各市州上报的试点材料，组织评选的意见	30年
	11. 普查宣传工作有关文件材料，重点包括普查宣传方案、宣传材料、宣传画和报纸杂志发表的有关社论、评论和报道等	10年
	12. 普查各阶段技术报告、产排污系数手册、普查图册、普查成果应用的报告、普查用区划编码本等	30年
	13. 普查成果公报和成果图集	永久
	14. 普查文件汇编、普查工作计划、工作总结、工作简报、调研报告、大事记	30年
	15. 普查信息化工作有关文件、资料，系统平台使用、安全保障运维等资料	30年
	16. 普查专项专题应用有关资料	30年
	17. 其他普查工作有关的文件	重要的30年，一般的10年

类目	归档范围	保管期限
污染源类（2）	（一）清查数据表（仅区县普查办提供） 1. 工业源清查表及现场照片、定位截图、营业执照等相关支撑材料； 2. 规模化畜禽养殖场清查表及现场照片、定位截图、营业执照等相关支撑材料； 3. 集中式污染治理设施清查表及现场照片、定位截图、营业执照等相关支撑材料； 4. 生活源锅炉清查表及现场照片、定位截图、铭牌照片等相关支撑材料； 5. 入河（海）排污口清查表及现场照片、定位截图、按比例提供丰水期、枯水期监测报告； 6. 不纳入普查范围对象佐证资料，佐证材料应包括：（1）相关乡镇（街道）确认情况属实并加盖公章确认；（2）定位信息；（3）现场图片资料；（4）市、区两级普查办现场核实后对企业现状、禁用状态说明；（5）市、区两级普查办出具的禁用和删除确认函	永久
	（二）名录库 1. 上级下发的清查基本单位名录； 2. 本级删除的重复清查基本单位名录表； 3. 本级增补的清查基本单位名录表； 4. 本级下发的清查基本单位名录表； 5. 本级清查上报的普查对象名录表； 6. 普查阶段禁用、删除的名录； 7. 普查阶段增补的普查对象名录表； 8. 普查名录信息库名录表	永久
	（三）清查质量评估及核查记录 清查阶段开展质量核查的有关记录，重点包括指导员的审核、区县普查办审核记录、开展数据联审记录、市州普查办审核记录、开展数据联审记录、湖北省普查办审核记录、开展数据联审的有关记录	重要的 30 年，一般的 10 年
	（四）普查数据表（仅区县普查办提供） 1. 工业污染源调查表及佐证资料； 2. 农业污染源调查表及佐证资料； 3. 生活污染源调查表及佐证资料； 4. 集中式污染治理设施调查表及佐证资料； 5. 移动污染源调查表及佐证资料； 6. 禁用和删除普查对象的佐证资料，佐证材料应包括：（1）相关乡镇（街道）确认情况属实并加盖公章确认；（2）空间地理信息；（3）现场图片资料；（4）市、区两级普查办现场核实后对企业现状、禁用状态说明；（5）市、区两级普查办出具的禁用和删除确认函	永久
	（五）普查质量评估及核查记录 普查阶段开展质量核查的有关记录，重点包括指导员的审核、区县第三方评估、区县普查办组织审核后开展数据联审、市州第三方评估、市州普查办审核后开展数据联审、省级第三方质量评估、湖北省普查办审核组织开展数据联审的有关记录	重要的 30 年，一般的 10 年
	（六）数据汇总阶段开展的有关记录 数据汇总阶段开展数据审核、评估和质量核查的有关记录，重点包括指导员的审核、区县第三方评估、区县普查办组织审核后开展数据联审、市州第三方评估、市州普查办审核后开展数据联审、湖北省级第三方质量评估、湖北省普查办审核组织开展数据联审的有关记录。 普查数据库数据	重要的 30 年，一般的 10 年
	（七）成果总结、验收、发布和开发阶段的有关记录 成果总结阶段数据审核评估和质量核查有关记录。验收方案、记录和结论。	重要的 30 年，一般的 10 年

类目	归档范围	保管期限
财务类（3）	1. 普查机构的会计凭证、会计账簿（如未独立记账，则由记账机构归档）	30 年
	2. 普查机构的月度、季度、半年度财务会计报告，银行对账单，纳税申报表（如未独立记账，则由记账机构归档）	10 年
	3. 普查机构的年度财务会计报告（如未独立记账，则由记账机构归档）	永久
	4. 普查机构的年度预算及预算执行情况报告	30 年
	5. 普查机构的审计报告（如未独立记账，则由记账机构归档）	永久
声像电子实物类（4）	（一）照片档案（4A） 1. 上级机构有关领导及党政机关领导有关普查工作的照片、组织开展会议的照片； 2. 本级机构组织开展各类会议、培训的照片； 3. 本级机构开展质控工作的照片； 4. 开展宣传活动的有关照片	永久
	（二）电子档案（4B） 光盘、磁盘或硬盘，电子文件归档范围参照纸质文件的归档范围，重点应包括： 1. 重要会议的录音、录像； 2. 开展宣传活动的录音、录像； 3. 普查行政区划、地址编码； 4. 普查清查表、汇总表； 5. 清查阶段佐证资料电子文件； 6. 普查入户调查表、汇总表； 7. 普查阶段佐证资料电子文件； 8. 培训课件电子文件； 9. 普查使用的软件系统及说明	以同一介质内文件的最高保管期限
	（三）实物档案（4C） 1. 普查印章； 2. 普查工作标志、"两员"证件、奖牌、锦旗等； 3. 宣传用品	永久 10 年 10 年
其他类（5）	其他需要归档的文件材料等	重要的 30 年，一般的 10 年

为做好普查档案移交工作，湖北省普查办在充分征求湖北省档案局、湖北省档案馆和生态环境厅档案室意见的基础上，印发了《湖北省第二次全国污染源普查档案验收和移交实施方案》（鄂普查办〔2020〕4 号），逐项细化了前期准备、清查建库、入户调查、产排污核算、数据汇总、成果总结发布和验收等各阶段普查档案归档移交的主要范围，列出档案归档和移交工作的内容清单；进一步明确了责任分工和工作流程，细化了归档文件质量标准，明确普查档案接受和验收的主体责任，生态环境部门档案室作为普查档案接受的责任单位，根据工作需要，负责组织普查档案移交验收或技术评估，协调当地档案行政主管部门和档案馆进行指导，各级普查机构配合开展有关工作；普查机构对普查工作进行验收时，应对档案的真实性、全面性、规范性和准确性进行审验，以此作为普查工作验收的主要依据。同时要求普查档案管理信息系统应与生态环境厅机关数字化档案室管理系统充分对接，满足电子档案数字化存放、保管

和查询的要求。

4.2.2.2 夯实基本保障，提升档案管理能力

湖北省健全档案管理机构和工作网络，配齐专业人员，落实经费保障，完善档案管理设施，加强技术培训，配套开发普查档案管理信息系统，夯实档案管理基本保障。湖北省各级普查机构均明确了档案管理责任领导和责任人，配齐档案管理人员，湖北省普查办建立了主要负责人为第一责任人、湖北省档案局全面参与和指导、综合（农业）组具体负责、其他内设机构分工负责的普查档案管理工作机制，多次召开档案管理专题会议，配备档案管理专职人员 3 名，引入普查档案管理第三方机构具体承担档案收集、整理和归档工作。全省共配备档案管理专职人员 199 人，建立档案管理工作网络 114 个，召开档案管理专题会议 291 次，形成健全的档案管理工作协调联动网络。其中 17 个市、州、神农架林区和直管市［简称市（州）］和 99 个县级普查机构配备档案管理专职人员 196 人，各市（州）和大部分县级普查机构引入第三方档案管理专业机构承担普查档案收集整理和归档工作。部分市（州）普查机构为加强档案管理力量，专门设立了档案组。全省落实档案管理专项经费 733.33 万元，其中，湖北省普查办落实经费 38 万元，全省购置密集架或档案柜 637 组。在办公条件有限的情况下，湖北省普查办加强普查档案管理设施规范化建设，配备专用档案库房，配置档案柜 19 组、空调 1 台、除湿机 1 台、防磁柜 1 台，落实"十防"措施。统筹谋划和推进档案管理信息化系统建设，全省开发和安装档案管理系统共 117 套。湖北省普查办委托第三方专业软件公司定向开发了"湖北省第二次全国污染源普查档案管理信息系统"，所有归档档案目录均录入信息系统，需永久和定期 30 年以上保管的档案均进行数字化扫描并挂接到该档案管理信息系统，档案链接到生态环境厅机关"书亚 i 档案数字化档案室管理系统"，各基层普查档案信息化系统按照当地档案馆、生态环境部门档案室要求进行对接构建。

湖北省普查办强化档案管理技术支撑，加强专业培训，不断提高档案管理人员的专业技术理论水平和实际操作能力。从省内高校、各级档案管理部门、生态环境保护部门档案管理机构征集专家，建立了湖北省档案管理专家库。普查档案管理专项培训与普查技术培训统筹谋划，同步启动和推进，全省共组织培训 197 次，培训 5 358 人次。其中，湖北省普查办组织档案管理专项培训 3 次，培训 1 110 人次。在普查清查阶段进行清查技术培训时，分别邀请湖北省档案局、荆门市档案局、黄冈市档案局资深档案管理专家讲授档案管理法律法规和工作实例，提升普查工作人员的档案规范管理意识，600 余名普查人员参加培训。在全面普查阶段，2018 年 6 月 25—27 日，湖北省普查办再次邀请湖北省档案局专家结合入户调查、数据采集、报表填报和录入工作实际，对生态环境部和国家档案局联合印发的《污染源普查档案管理办法》进行详细解读，对及时收集整理和归档普查原始记录、普查报表提出具体要求。2019年 2—5 月，为提高全省普查档案的规范性和可操作性，解决普查对象"一户一档"中资料不全、归档不及时的短板，湖北省普查办制定了普查档案收集整理方法，多次组织省级档案管理专业人员和专家到基层调研指导，进行档案整理和归档现场培训，解答有关技术问题，进一步提升档案管理人员的操作能力。2019 年 7 月，举办档案管理培训班，邀请相关行业专家对《湖北省实施细则》进行了讲解，部分市（州）普查机构介绍了档案管理经验。湖北省普查办联合省档案局举办档案整理培训班见图 4-31。

图 4-31　湖北省普查办联合湖北省档案局举办档案整理培训班

4.2.2.3　强化组织和调度，有序推进档案管理工作

湖北省将普查档案管理工作纳入普查重点工作，与入户调查、数据采集、录入、产排污核算、数据汇总建库、数据质量控制等重点工作同步组织实施和调度，加强考核和指导。从全面普查阶段数据采集录入时段开始，对全省档案管理工作实行"五日一审"和周调度。审核和调度内容为普查制度建设、档案整理归档卷宗类及件数和三种状态普查对象的五项佐证材料归档情况，各市（州）普查机构按规定填报调度表格后上报，省级专业团队进行责任审核，不定期地进行现场抽查核实，审核结果列入"五日一审"分析报告，湖北省普查办根据审核结果进行周调度，截至 2019 年年底，进行档案管理"五日一审"和周调度共 45 批次，有效加快了档案整理和归档进度，提升了档案质量。在成果总结发布阶段，结合部普查办《污染源普查档案管理工作中的关键问题及处理方式》《第二次全国污染源普查公报审核技术规定》和普查验收的有关要求，调度内容增加了更新后签字盖章清查表和定库后专网下载签字盖章普查报表归档情况。加强对基层普查机构档案管理工作的指导，由湖北省生态环境厅负责档案管理的有关领导带队，对市（州）普查档案管理工作进行专项调研。在组织进行普查工作调研帮扶、数据质量提升指导、质量核查和第三方评估时，均将档案整理归档情况作为重点内容。在省级普查验收实施方案中，将档案管理单列为考核加分项，要求市（州）普查机构编写验收自评估报告时应对档案管理情况进行专题分析，上报验收材料时，报送档案归档清单和部分重点档案扫描件，与普查工作验收同步进行审验。

据统计，湖北省共归档普查档案文件 273 795 件，其中管理类文件 50 729 件、污染源类文件 201 223 件、财务类文件 692 件、声像档案文件 17 925 件、电子档案 647 盘，实物类文件 1 686 件，其他类文件 893 件。湖北省普查办已整理归档的普查文件材料共计 4 726 件，包括管理类文件 3 645 件、污染源类文件 674 件、财务档案 155 件、声像档案 192 件、电子档案 50 盘、实物类文件 10 件，完成了前期准备、清查建库、全面普查阶段和成果总结发布阶段的档案整理归档，已顺利移交给湖北省生态环境厅档案室，普查档案管理信息系统与湖北省生态环境厅档案管理系统实现对接集成，做到了文件材料分类科学、分件合理，保管期限划分准确，卷内文件排列有序、目录清晰。

4.2.2.4　统一技术规范，保障整理归档工作质量

《湖北省实施细则》细化了各门类档案的整理技术规范，从根本上保障了普查文件材料整理归档工作质量。湖北省普查档案分类整理归档技术规范具体如下。

（1）管理类文件档案整理归档情况

管理类文件材料在保管期限上分为永久、定期30年、定期10年，在收集范围上依据《污染源普查档案管理办法》附件《污染源普查文件材料归档范围与保管期限表》的要求，结合湖北省实际，细化了普查机构组织开展培训、委托第三方开展工作、开展检查、核查、评估等质控过程的文件材料的归档范围，将普查试点工作及专项专题普查工作产生的文件材料纳入管理类文件归档范围，明确和充实了管理类文件收集归档范围。

管理类纸质文件材料整理的核心流程为组件、分类、排列、编号、编目，详细流程如图4-32所示。

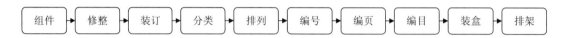

图 4-32　管理类纸质文件材料整理流程

1）组件

组件即件的组织，包括件的构成和件内文件排序，一是明确件由哪几部分构成的，二是明确这些构成部分的排序原则，也就是件内文件如何排序。归档文件一般以每份文件为一件。件是归档文件整理的最小单位。"为一件"是指实体装订在一起，编目时也只体现为一条条目。组件过程中应注意：

①文件正文与附件。附件是指属于正文之后的其他文件材料，作为正文的补充说明或参考材料，如附带的图表、统计数字等，正文与附件为一件（一般情况），如果附件数量太多或者太厚不易装订，也可各为一件（特殊情况）。

②转发文与被转发文。转发文与被转发文是一份文件的不同部分，前者往往包括贯彻意见及执行要求，后者则是具体内容，它们在发挥文件效力方面同样重要，因此也应作为一件（注意来文与复文、请示与批复、报告与批示、函与复函相区别）。

③报表、名册、图册。报表、名册、图册等一般每册（本）内容都相对完整，具有独立的检索价值，因此应按照其本来的装订方式，一册（本）作为一件。但报表、名册、图册等作为文件附件时，一般与文件一起作为一件。

④会议纪要、会议记录。会议纪要一次为一件；使用专用记事本记录的，一本会议记录应作为一件保存，但不同年度、不同会议类型的会议记录不应作为一件。使用纸记录会议记录的，可以一次会议记录作为一件，也可根据材料厚度自定件数，如将一年或半年的记录作为一件。

⑤来文与复文，去文与复文。"来文与复文"也称为"往复文件"，是对联系密切有来往性质文件材料的概括性表述。从文种上看如请示与批复、报告与批示、函与复函、通知与报告等，根据检索需要，此类文件一般独立成件，也可为一件，具体处理方式由单位自行掌握。

2）修整

修整工作重点注意以下几点：

①对破损文件进行修裱；

②对字迹模糊或易退变的文件进行复制；

③去除文件上不合格的装订用品：如订书钉、曲别针、大头针、塑料装订夹、塑料封等塑料装订用品。保管期限较短且原装订方式符合保管期限要求的，也可以不去除原装订用品。

3）装订

以件为单位进行装订，关于装订方式有以下几点：

①较薄的文件可以采用直角装订；

②一般的文件使用"三孔一线"方式装订。

4）分类

分类按照《湖北省第二次全国污染源普查文件材料归档范围与保管期限表》进行分类。

5）排列

归档文件应在分类方案的最低一级类目内，按时间结合事由排列。同一事由中的文件，按文件形成先后顺序排列。会议文件、统计报表等成套性文件可集中排列。文件排列不过分强调事由原则，放弃重要性程度标准。可以如此理解排列规则：

①在分类方案的最低一级类目内进行归档文件排列；

②同一事由的归档文件应集中排列在一起；

③同一事由的归档文件一般按文件形成时间顺序排列；

④会议文件、统计报表等成套性文件可集中排列；

⑤不同事由的归档文件应按照时间顺序排列。

例如，某实施细则相关文件排列规则为正式下发文件、各相关单位反馈意见、征求意见稿通知。

6）编号

编号是指归档文件按照分类方案和排列顺序编制档号（档号具有唯一性）。

归档章是档号在纸质归档文件材料中的具体体现。

归档章一般应加盖在归档文件首页上端居中的空白位置，如果批示或收文章等占用了上述位置，可盖在首页的其他空白位置，但以上端为宜。

首页确无盖章位置或重要文件须保持原貌的，也可在文件首页前另附纸页加盖归档章。光荣册等首页无法盖章也无法在文件首页前另附纸页，可在材料内第一页上端的空白位置加盖归档章。统计报表等横式文件，在文件右侧居中位置加盖归档章。

归档章不得压图文字迹，也不宜与收文章等交叉。档号章样式及盖章位置见图4-33。

图4-33　档号章样式及盖章位置示例

7）编页

归档文件应以件为单位编制页码。页码应连续编制，不能出现漏号、重号。归档文件有图文的页面均应编制页码，正反面都有图文的，应一页编制一个页码。没有内容的空白页面不编制页码。

文件材料已印制成册并编有页码的，或者拟编制页码与文件原有页码相同的，可以保持原有页码不变。

页码应在文件正面右上角或背面左上角（页面外侧上端）的空白位置进行编制，采用阿拉伯数字，从"1"开始编制，使用黑色铅笔标注，要求字迹工整、清晰。

8）编目

按照相关要求，编制每件档案的序号、档号、文号、责任者、题名、日期、密级、页数及备注。归档文件目录示例见图4-34。

归档文件目录

序号	档号	文号	责任者	题名	日期	密级	页数	备注
1	SZ151-WP. 420000-2A-2018-D30-0001		武汉市第二次污染源普查领导小组办公室	武汉市第二次全国污染源普查工业污染源清查表（一）	20180530		85	
2	SZ151-WP. 420000-2A-2018-D30-0002		武汉市第二次污染源普查领导小组办公室	武汉市第二次全国污染源普查工业污染源清查表（二）	20180524		83	
3	SZ151-WP. 420000-2A-2018-D30-0003		武汉市第二次污染源普查领导小组办公室	武汉市第二次全国污染源普查工业污染源清查表（三）	20180518		102	

图4-34　归档文件目录示例

9）装盒

装盒包括将归档文件按照顺序装入档案盒、填写备考表、编制档案盒封面及盒脊项目等工作内容。

应视文件的厚度选择厚度适宜的档案盒，尽量做到文件装盒后与档案盒形成一个整体，站立放置时不至于使文件弯曲受损。

不同形成年度的归档文件不应放入同一档案盒；不同保管期限的归档文件不应放入同一档案盒；分机构（问题）时，不同机构（问题）形成的归档文件不应放入同一档案盒。装盒排列示例见图4-35。

图4-35　装盒排列示例

湖北省共收集整理管理类文件 3 211 盒共 50 729 件，其中保管期限为永久的文件有 852 盒，保管期限为定期 30 年的文件有 1 416 盒，保管期限为定期 10 年的文件有 943 盒。

（2）污染源类文件档案整理归档情况

按照"分级实施、分工协作、属地普查、不重不漏"的原则，湖北省普查办通过拉网式走访，形成了翔实可靠的普查基本单位名录信息库、普查数据库和普查地理空间信息系统图。为了能真实、全面、完整地反映普查过程，确保普查数据和档案的真实性、准确性、完整性和可溯源性，在污染源类文件档案的收集整理上，在清查阶段，要求按照普查对象"一户一档"的要求，全面收集、整理经过清查后纳入普查范围的普查基本单位的清查入户走访记录、入户调查和报表数据填报录入现场记录和清查定库的清查表，所有定库清查表分为纸质版和入库电子版，信息一致，纸质版应按报表制度进行签字盖章后归档，扫描后作为电子档案归档。经过清查后被剔除未纳入普查范围的清查基本单位应提供相关佐证材料纸质版归档。在全面普查阶段，入户调查记录、与普查对象沟通文函、普查数据库定库普查对象普查报表、过程修改稿和相关支撑性材料均进行整理后归档，所有定库普查对象普查报表分为纸质版和入库电子版，信息要一致，纸质版按报表制度进行签字盖章后归档，扫描后作为电子档案归档。对于标注为"全面停产、关闭、其他"三种状态的普查对象，应收集整理状态情况说明、场址区域地理坐标、周围环境或场地图片、场址所在地乡镇或行政村证明、市和县区普查办确认函等五项佐证材料，全部整理归档。

湖北省普查办全过程组织开展普查基本单位名录信息审核、更新和查漏补缺工作，从而推进普查工作"应查尽查、不重不漏"。编列了部普查办下发的清查基本单位底册名录、全省增补清查基本单位名录、全省正式下发清查基本单位名录、清查剔除清查基本单位名录、清查建库普查基本单位名录、全面普查阶段增补和删除普查基本单位（普查对象）名录清单表格。比对普查定库报表数据，分析其一致性、逻辑性和关联性，对清查建库普查基本单位名录及信息进行更新，形成完整准确的普查基本单位（普查对象）名录清单，实现"七表合一"。上述七份名录清单和更新后的普查基本单位清查表按报表制度规范签字盖章后归档。

污染源类文件档案整理方式与管理类文件档案基本相同，但以下几点差异需要注意：

1）污染源类文件材料分件

①一般针对不同类型污染源进行采集（或登记）不同数据（或信息）的文件材料各为一件；

②各类污染源的汇总性文件材料各为一件；

③某行政区域针对各类污染源的汇总性文件材料各为一件；

④对不能归入到按五类污染源的综合性文件材料，可归入管理类。

2）污染源类文件材料在排序时，清查、普查阶段各类污染源质量核查资料按照审核记录时间先后顺序排列。污染源类文件材料排序见图 4-36。

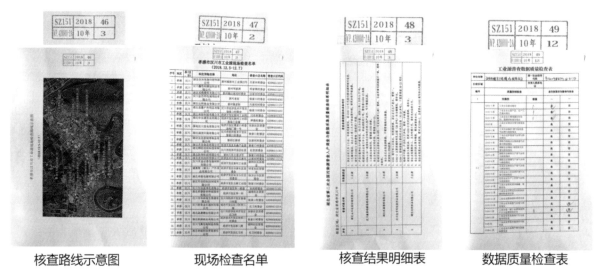

| 核查路线示意图 | 现场检查名单 | 核查结果明细表 | 数据质量检查表 |

图 4-36   污染源类文件材料排序示例

3）污染源类文件材料主要采用"一户一档"的方式组件，件内文件排序尽可能保持一致；以"一户一档"方式组件的，应编制封面和件内文件目录。污染源类文件材料"一户一档"方式组件见图 4-37。

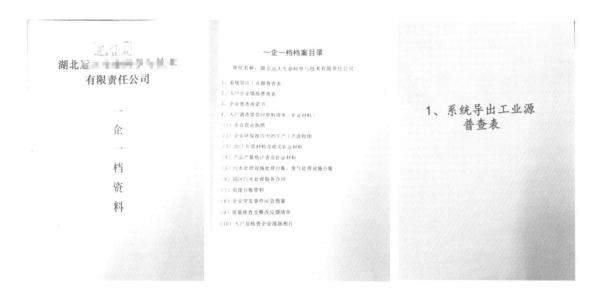

图 4-37   污染源类文件材料"一户一档"方式组件示例

湖北省收集整理的污染源类文件有 11 256 盒共 201 223 件，其中保管期限为永久的文件有 7 248 盒，保管期限为 30 年的文件有 2 193 盒，保管期限为 10 年的文件有 1 815 盒。

（3）财务类文件档案整理归档情况

湖北省制定了《湖北省第二次全国污染源普查专项资金管理办法》，各级普查经费均列入本地区财政预算中，保障了普查工作顺利推进。由于湖北省各级普查机构大部分不是单独核算单位，因此财务类文件档案在收集整理时，普查机构重点整理归档普查机构年度预算、专项项目招标、委托合同及预算执行情况等类文件，其他有关财务管理文件档案由行政主管部门财务机构归档。

湖北省已收集整理的财务类文件有 155 盒共 692 件，其中保管期限为永久的文件有 59 盒，保管期限为 30 年的文件有 64 盒，保管期限为 10 年的文件有 32 盒。

（4）声像实物类文件档案整理归档情况

湖北省不断强化档案管理在普查工作中"全过程、全领域、全覆盖"，同时按照《照片档案管理规范》（GB/T 11821—2002）、《湖北省照片档案规范管理指导意见》的要求，细化照片档案收集整理范围和方法，充分收集普查过程中的电子、照片、实物和其他类型载体的材料，力求全方位记录和反映湖北省普查工作。将各种培训、会议、调研、质控、宣传等工作照片纳入重点收集范围。在污染源类档案电子文件的收集整理上，根据普查工作特点，明确规定县（市、区）级普查机构对清查表和普查报表的纸质版文件和电子文件同时归档，省、市（州）两级普查机构主要归档电子文件。

1）照片档案整理

湖北省照片档案重点要求收集如下类型的照片：

①反映普查业务工作：如现场、工作流程、成果等；

②上级领导视察、指导本单位、本地区普查工作；

③本单位组织或参加的重要活动；

④其他具有归档保存价值的照片。

收集归档的照片需符合以下要求：

①代表性：具有保存价值（照片、底片、数码照片），要进行鉴定筛选，并筛选部分照片进行冲印。

● 会议/培训：会场全景、主席台、领导讲话、颁奖、典型发言、小组讨论等；

● 视察检查：听取汇报、查看现场、与干部职工合影等；

● 机关活动：活动全景、领导参与、大众参与、活动成果。

②时限性：工作/活动结束后 1 个月内归档；最迟不超过当年归档。

③完整性：画面清晰，品相良好，说明完整。

④责任性：由形成部门或摄影人员负责撰写说明文字。

照片档案说明卡片填写示例见图 4-38。

题名：湖北省第二次全国污染源普查和长江经济带战略环评"三线一单"编制工作推进电视电话会议

照片号：SZ151-WP.420000-4A-2018-Y-33

参见号：SZ151-WP.420000-1-2018-Y-65

摄影时间：20180801

摄影者：王静芝

文字说明：2018 年 8 月 1 日，湖北省第二次全国污染源普查和长江经济带战略环评"三线一单"编制工作推进电视电话会议在武汉召开，湖北省副省长曹广晶（中）、湖北省生态环境厅厅长吕文艳（左一）参加会议

图 4-38　照片档案说明卡片填写示例

2）电子档案整理

①湖北省电子档案在存储与命名方面，要求采用建立层级文件夹的形式进行存储，其中管理类和污染源类电子档案档号应与纸质档案的档号保持一致。电子档案存储结构示意见图4-39。

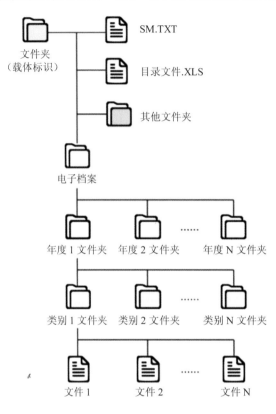

图 4-39　电子档案存储结构示意图

每张光盘需要填写一个说明文件，文件名称为 SM.TXT 的文本字符文件，说明文件主要包括题名、时间、光盘类型、文件类型等，用以说明本盘各类信息，主要包括光盘内容、光盘类型、文件类型、制作时间、制作人等，格式如下：

- 光盘内容：概括描述光盘中电子文件的内容；
- 光盘类型：分 CD-R、DVD 等；
- 文件类型：文件格式一般为文本文件，格式为 PDF，电子数据为 Excel；
- 制作时间：制作光盘的时间，用 8 位阿拉伯数字表示；
- 制作人：制作光盘人员的姓名。

②光盘根目录下用 Excel 电子表格形式记录本光盘内电子文件的责任者、题名、文号、形成日期、密级以及文件大小、载体等信息，表格形式见图4-40。

序号	责任者（简称）	题名	文件编号	成文日期	密级	电子文件				纸质公文件号	备注
						保管期限	稿本代码	类别代码	载体类型	载体编号		
1	湖北省生态环境厅第二次全国污染源普查工作办公室	湖北省第二次全国污染源普查第4批软件审核结果		20190521		永久		4B	DVD			

图 4-40　电子文件目录清单示例

③归档的光盘应为档案级光盘，光盘刻制内容包括总文件夹、文件目录清单、光盘说明文件。推荐采用只读光盘作为档案的保存载体。刻制光盘时应选择"一次性写入"方式。

光盘数据刻录时，采用中速刻录。即 CD-R 光盘采用 24～40 倍速刻录速度，DVD±R 光盘采用 8～12 倍速刻录速度。归档光盘数据刻录完成后应设置成禁止写操作的状态，不能再对光盘数据进行增减。

④归档光盘禁止使用粘贴标签。

归档光盘必须使用专门的"光盘标签笔"（非溶剂基墨水的软性标签笔）在标签面书写，也可通过喷墨光盘打印机直接打印的方法制作光盘标签，格式如图 4-41 所示。

图 4-41　归档光盘盘面标识示例

⑤归档光盘的备份，湖北省要求归档光盘一式三份，一份供查阅使用（套别 A），一份封存保管（套别 B），一份异地保存（套别 C）。电子档案整理示例见图 4-42。

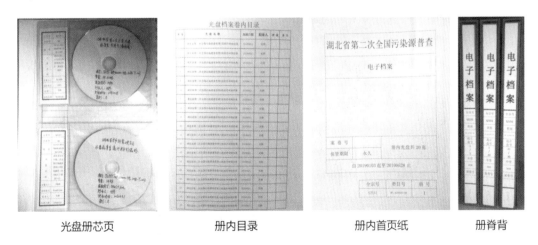

光盘册芯页　　　　册内目录　　　　册内首页纸　　　　册脊背

图 4-42　电子档案整理示例

湖北省收集整理的声像实物类文件材料有 701 盒共 17 925 件，其中保管期限为永久的文件有 410 盒，保管期限为 30 年的文件有 95 盒，保管期限为 10 年的文件有 196 盒。

（5）其他类文件档案整理归档情况

湖北省收集整理的其他类文件材料有 238 盒共 893 件，其中保管期限为永久的文件有 91 盒，保管期限为 30 年的文件有 8 盒，保管期限为 10 年的文件有 139 盒。

4.2.3 工作经验

在国务院第二次全国污染源普查领导小组办公室、湖北省生态环境厅和湖北省档案局的指导下，在各级普查机构的共同努力下，湖北省档案管理工作成效显著，积累了较好的工作经验。一是形成省、市、县普查机构分级负责、上下联动、档案管理部门共同参与的工作机制，湖北省档案管理局全面参与和指导普查档案管理工作，多次参加档案管理培训教学和指导档案整理。二是档案整理分类细致清晰，可操作性强。在《污染源普查档案管理办法》的基础上进一步细化，编制印发了《湖北省第二次全国污染源普查档案管理实施细则》，在档案管理机构的职责、档案归档类别、归档范围、归档时限、质量要求、归档整理方法、保管与利用、验收、移交等方面进行了详细规定，提高了普查档案的规范性、科学性和可操作性。部普查办对湖北省档案管理工作进行专题调研时，给予充分肯定，并在两期全国普查档案管理培训班上进行了经验交流。三是突出抓好重点档案整理归档，基层普查机构对辖区内普查基本单位清查表和普查对象普查报表按"一户一档"要求进行全面归档，包括清查和普查的原始记录、动态修改的报表表格、最终核定入库报表表格和相关佐证材料。核定入库的普查报表和按照核定入库普查报表内容更新后的清查表根据报表制度重新进行签字盖章后全部归档，扫描件报送湖北省普查办审核归档。对三种状态的普查对象要求收齐五项佐证材料，由基层普查机构归档，扫描件报送湖北省普查办审核归档。四是普查档案做到"四个一致"，即归档档案与普查数据库（普查基本单位名录信息、普查报表数据、普查汇总数据）和普查地理空间信息系统图在普查基本单位名录数量、普查数据内容、数据格式和查询方式等方面保持一致。五是针对普查档案特点定向开发了专用普查档案管理信息系统，为普查档案管理、查询和普查数据更新打好基础。部普查办调研组在湖北省调研见图 4-43。

图 4-43 部普查办调研组在湖北省普查办查看档案整理情况

4.3　重庆市

4.3.1　基本情况概述

重庆市高度重视第二次全国污染源普查档案管理工作，在普查工作启动之初就提前谋划，统一工作程序，明确技术要求，以"收集完整、应建尽建，整理规范、逻辑清晰，查找迅速、便于利用"为原则，通过早部署、早安排、细解读等工作措施，严控档案质量，建立了一套纸质与电子高度一致的档案体系，普查档案管理工作凸显了全市上下"一盘棋"、全方位指导、全过程留痕，保障了普查档案的完整、准确、系统、安全和有效利用，实现了为环境管理提供基础支撑的目标。

4.3.2　主要做法

4.3.2.1　组织管理方法

（1）夯实制度基础，规范档案管理

重庆市第二次全国污染源普查领导小组办公室（以下简称市普查办）结合重庆市普查工作实际，一是印发《关于做好重庆市第二次污染源普查档案管理工作的通知》，全面落实《污染源普查档案管理办法》有关要求，并提出重庆市贯彻执行意见；二是制定《重庆市第二次污染源普查档案管理制度》《重庆市第二次污染源普查档案收集范围和内容清单》《重庆市第二次污染源普查档案分类保管期限》等一系列制度和技术要求，使普查档案管理有章可循、工作切实可行；三是编印《重庆市第二次全国污染源普查档案检查验收评分标准》，对档案管理工作进行量化打分，各区县普查办通过对照评分标准自查自纠、自主验收和市级验收整改，普查档案质量得到全面保障。

（2）压实工作责任，确保工作实效

一是总体层面上明确市政入河排污口档案、农业源档案分别由水利部门、农业部门收集并进行初步整理，再交由市普查办统一整理归档；二是各级普查机构采取"1+1+N"（1个人指导，1个人汇总，N个人收集）模式明确人员具体分工，开展档案收集整理工作；三是将档案管理工作纳入普查综合验收和档案专项验收，确保档案管理工作落到实处。

（3）加强部门协作，形成工作合力

一是市普查办多次与市档案局专家研讨档案整理具体问题，并共同开展档案工作现场调研；二是部分区县会同当地档案管理部门进一步制定《第二次污染源普查档案管理实施细则》，细化档案管理工作要求；三是部分区县邀请当地档案管理部门派专人全程指导污染源普查档案整理。在良好的沟通协作下，各区县普查档案管理部门均已书面同意接收普查档案。

（4）抓实业务指导，提高管理水平

一是市普查办先后组织5次档案管理培训，详细解读档案整理原则、收集范围和整理技术要求等，全面提升档案整理人员的理论水平；二是组织两场区县普查档案整理观摩会，通过现场交流探讨优秀区县普查档案工作做法，形成良好的"比赶超"氛围；三是全程跟踪，对各区县在档案整理过程中发现的共性问题进行统一解答，对存在的个性问题下沉到区县开展一对一帮扶指导，并汇编形成《重庆市第二次全国污染源普查档案整理工作常见问题答疑》，全面指导普查档案整理归档。

（5）引进第三方外援，补齐技术短板

为提高档案整理规范性，市普查办和大部分区县均引入第三方专业机构参与普查档案整理工作。一是制定奖惩措施，充分调动和发挥第三方机构专业人员技术优势和积极性；二是各级普查办落实主体责任，加强监督检查，遇到问题共同整改完善；三是借助第三方机构专业硬件基础，全面实现普查档案数字化。

4.3.2.2　纸质文件整理归档

重庆市按照《污染源普查档案管理办法》并结合《重庆市归档文件整理规则》（渝档发〔2016〕7号）开展污染源类档案整理归档工作。

市普查办以"保持材料有机联系，便于档案保管利用"为原则，以"真实、完整、系统、规范、安全"为目标开展普查档案整理工作。工作阶段上，重庆市第二次全国污染源普查工作大致划分为前期准备（包括机构组建、实施方案制定、前期会议、经费保障、普查宣传、培训、"两员"选聘等）、清查建库、入户调查、数据审核与核算、成果汇总五个阶段，各级普查办对照《重庆市第二次污染源普查档案收集范围和内容清单》进行档案资料收集归档，确保普查全过程档案资料完整收集。

普查档案在档案管理类别上，分为管理类、污染源类、财务类、声像实物类四大类，各类别具体划分为：

①管理类（代码1）；

②污染源类（2A 工业污染源，2B 农业污染源，2C 生活污染源，2D 集中式污染治理设施，2E 移动污染源，2F 污染源综合类）；

③财务类（3A 会计凭证，3B 会计账簿，3C 会计报告，3D 其他类）；

④声像实物类（4A 电子，4B 照片，4C 录音，4D 录像，4E 印章，4F 证书，4G 奖牌等）。

档案整理步骤分为分类收集、有机组件、排列、装订、编页、编号、盖章、编目、装盒、排架共10步，具体见图4-44。

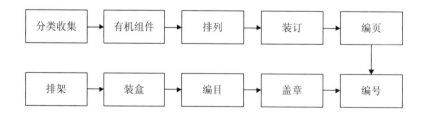

图 4-44　纸质文件材料整理归档流程

（1）管理类

1）分类收集

管理类文件材料主要指污染源普查工作过程中各级污染源普查机构用于管理和指导普查工作开展

的相关文件材料。具体包括以下内容：

①市和区县政府有关污染源普查工作的通知、意见及批复等，如《关于印发××县第二次污染源普查实施方案的通知》等。

②市和区县党政领导有关污染源普查工作的重要讲话、批示、题词等，如《在××区第二次全国污染源普查工作动员暨普查员培训会上的讲话》等。

③市和区县污染源普查机构的请示、批复、报告、通知等，如《重庆市第二次污染源普查工作领导小组办公室关于将北碚区作为污染源普查试点区县的请示》《重庆市第二次污染源普查工作情况报告》等。

④市和区县污染源普查机构工作计划、工作总结、工作简报、调研报告等，如《重庆市典型环境问题调研报告》等。

⑤市和区县污染源普查工作会议的报告、讲话、总结、决议、纪要等，如《××县第二次全国污染源普查数据审议会议纪要》等。

⑥污染源普查办法、意见、建议、方案、细则、技术规定、标准等，如《重庆市第二次污染源普查清查质量核查工作方案》等。

⑦污染源普查工作检查、验收、总结等文件及相关材料，如《××县第二次全国污染源普查验收自查报告》《重庆市第二次全国污染源普查工作总结》等。

⑧污染源普查文件汇编，如《××县第二次全国污染源普查入户调查资料汇编》等。

⑨污染源普查公报，如《重庆市第二次全国污染源普查公报》。

⑩普查机构设置、人事任免、工作人员名单，如《关于成立××县第二次全国污染源普查办公室的通知》等。

⑪普查表彰决定，先进集体、个人名单等。

根据不同阶段产生的管理类档案材料内容、特点，结合重庆市污染源普查工作实际，将各类别档案在大类基础上细分成小类，以做到精准分类，准确收集。管理类具体细分为机构组建、实施方案、技术规定、会议类、宣传、培训、"两员"管理、清查建库、入户调查、总结报告阶段有关资料、领导重视、工作调研、调度督办、规章制度等。重庆市第二次全国污染源普查领导小组按阶段制定了管理类资料清单及保管年限，按照三级分类法，即"年度—类别—保管期限"进行划分。管理类资料清单及保管年限见表4-2。

表4-2　管理类资料清单及保管年限

档案分类	档案内容	保管期限
机构组建	污染源普查领导小组及其办公室成立文件	永久
	污染源普查工作办公室成立文件	永久
	农业、水利普查工作办公室成立文件	永久
实施方案、技术规定	向政府提请审议《实施方案》（送审稿）的请示	30年
	政府办公厅（室）正式印发的实施方案	永久
	清查技术规定、入户调查技术规定	永久

档案分类	档案内容	保管期限
会议类	重要工作会议：动员部署及主要阶段工作推进会议、党组会、重点工作调度会、质量核查见面会、意见反馈会等的报告、讲话、总结、决议、纪要	永久
	专业会议：成果应用推进会、增项调查工作会等	30年
宣传	宣传方案	10年
	宣传材料、宣传报道	10年
培训	培训通知	10年
	培训签到册	10年
	培训课件（或其他培训资料）	10年
"两员"管理	"两员"考卷	10年
	"两员"最终名单	10年
	"两员"管理制度	10年
	保密承诺书	10年
清查建库	普查小区划分表	30年
	部署清查工作的有关文件	30年
	本级清查质量管理方案、核查方案	30年
	质量核查与评估报告	30年
	明确质量负责人和责任的相关文件或佐证	30年
入户调查	入户调查工作部署文件，推进方面的资料	30年
	质量控制与管理办法、实施细则	30年
	入户调查质量核查方案	30年
	质量核查与评估报告	30年
	核查整改报告	30年
总结报告阶段有关资料	质量核查报告、技术报告、数据分析报告、工作总结报告、验收报告等	30年
	污染源普查公报和成果图集	永久
	各成果应用分项报告	30年
	表彰决定、先进集体、个人名单	永久
领导重视	政府常务会有关议题、会议纪要	永久
	政府主要领导、分管领导有关污染源普查工作的批示	永久
	政府主要领导、分管领导调研普查工作、听取普查工作汇报有关资料	30年
工作调研	调研函	根据调研层级或重要性分10年或30年
	接待方案	
	其他相关资料	
调度督办	重要节点的调度情况	10年
	对有关单位的预警、督办、约谈、通报情况	30年
规章制度	规章制度、工作计划、工作简报、调研报告、大事记等	30年

2）有机组件

管理类材料一般以每份文件为一件。完整的一件文件包括原件正文、附件、定稿、修改稿、发文处理单。转发文与被转发文为一件。会议纪要一次为一件。使用专用记事本记录的会议记录同一年度作为一件，如重庆市云阳县普查办的工作会议记录本分2017年度、2018年度、2019年度、2020年度四个年度保存。部分非文件类材料细化成小类组件，例如"两员"考卷，市级层面按一个区县的指导员考卷整体作为一件，区县级层面按照试卷类别不同进行区分组件，又如××县将同一试卷如清查普查员试卷归为一件、入户调查农业源普查员试卷归为一件、入户调查工业源普查员试卷归为一件。此外，针对项目类的资料，如大数据在清查建库中的应用项目，则以卷为单位，将一个项目所有资料整体作为一件保存。

在组件过程中，对归档文件材料、纸张、装订材料等不符合档案保护要求的进行修整。一是对字迹模糊、图像不清的文件材料予以复制，如在档案整理中某县现场质量核查的佐证照片是用 A4 普通纸打印的，偏黑看不清，经过提高亮度复印达到存档要求后归档。二是对保存期限为 30 年和永久的文件去除易氧化的普通订书钉。三是幅面过大的文件，如重庆市第二次全国污染源普查工作推进图，在不影响日后使用效果的前提下进行折叠。

3）排列

在准确分件的基础上，实施件与件、件内之间的顺序排列。

①对所有需归档文件资料进行全面清理确认，确保文件资料完整性和规范性，如是否存在遗漏情况、是否为文件原件、是否盖有鲜章、是否规范签字、是否缺页断码等。

②件内文件排序依照正文在前，附件在后；正本在前，发文稿纸、定稿依次在后；转发文在前，被转发文在后；中文文本在前，外文文本在后的顺序进行排列。

③在分类方案的最低一级类目内进行归档文件排列。

④同一事由的归档文件集中排列在一起。

⑤同一事由内归档文件按照文件形成时间顺序或重要程度进行排列。

⑥不同事由的归档文件应按照时间顺序排列。

⑦会议文件、统计报表等成套性文件集中排列。

按照三级分类法，同一年度的归档文件，排列方式如图 4-45 所示。

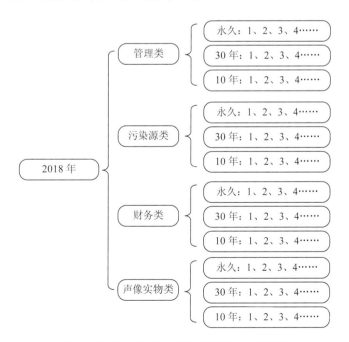

图 4-45　同一年度归档文件排列方式示意图

4）装订

分件排列完成后，归档文件以件为单位进行装订。永久和 30 年保管期限的归档文件用不锈钢订书钉装订，在左侧（纵向文件）或者上边（横向文件）装订。10 年保管期限的归档文件原则上不改变原来的装订方式，如装订已拆分的，则重新按规范进行装订。装订时不损页、倒页、压字，保证文件平整，确保无坏钉、漏钉、重钉，钉脚平伏牢固。当文件页数较多时采用"三孔一线"装订。在组件过程中多份文件组成一件的去除每份文件原装订物，重新装订，且同一保管期限归档文件的装订方式保持一致。

5）编页

以"件"为单位，将文件材料中凡有图文的页面都编写页号，每件文件页码从"1"开始，使用阿拉伯数字连续编制，不漏号、不重号。当文件材料有连续页码时，不编页，空白页也不编页，页码编写位置为正页右上角、反页面左上角空白处，页码可用黑色铅笔手写编写，也可用打码器逐页编号。

6）编号

①编件号，即按照件与件的排列顺序，将每件排列好后并逐件编写件号。第一步，在编写件号之前，"回头看"检查一下是否存在缺漏的"要件"，并及时补充完善；第二步，梳理尚未开展但必须实施的工作，准确估算文件资料的类型、年度、保管期限和件数，并在相应的各小类文件资料的适当位置预留档号；第三步，按件依序编写件号，件号从"1"开始，使用阿拉伯数字编流水件号。件号在加盖归档章后在件号栏里用黑色铅笔填写。

②编档号，各类文件材料按照"全宗号-全国污染源普查档案代码.-6 位行政区域代号-文件类别代码-年度-保管期限代码-件号"格式编制档号。档案编号见图 4-46。

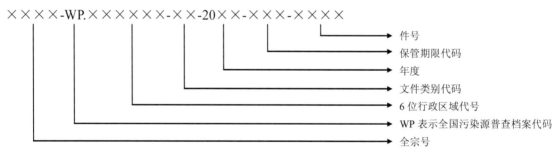

××××-WP.××××××-××-20××-×××-××××

件号
保管期限代码
年度
文件类别代码
6 位行政区域代号
WP 表示全国污染源普查档案代码
全宗号

图 4-46　档案编号图

如某县一份归档文件的件号为 0263-WP.500235-1A-2018-D30-14。其中，0263 为当地生态环境部门归档全宗号；500235 为行政区域代号；1A 为管理类综合类代码；2018 为档案形成年度；D30 表示档案保管期限为 30 年；14 表示该文件件号为第 14 件。

7）盖章

①按格式要求制作归档章：归档章尺寸为长 45 mm，宽 16 mm，均匀分成 6 格，具体见图 4-47。

图 4-47 归档章制作

在实际应用中，部分区县采用预留 6 格空白，逐个手工填写的方式；部分区县采用全印章的方式，将全宗号、机构或问题刻录在印章内（如机构或问题格式 WP.500153.2A，其中 WP.500153. 刻录在印章中，表示污染源类别的 2A 保留空白），其余年度、件号、保管期限、页数在印章中保留空白，并按规范对应刻制小印章。

②归档文件逐件加盖归档章。加盖位置：文件材料首页上端居中的空白位置（不得压住文件材料的图文字迹）。

③用黑色铅笔填写归档章项目，或用定制小印章加盖。

8）编目

完成盖章编号后，依据分类方案和档号顺序编制归档文件目录。目录根据类别、保管期限、件号，采用 Excel 电子表格逐件编写，包括档号、文号、责任者、题名、日期、页数、备注。序号从"1"开始编写。档号摘录该文件资料的档号。文号有则录入，无则保留空白。责任者一般为国家、市级、区县普查机构，相关部门、相关镇街或企业（全称）。题名据实填写规范性的文件标题全称。日期以文件资料形成时间为准，并以国际标准日期表示法进行标注。页数据实填写该件文件材料的实有总页数。各项目填写准确、规范、应填尽填，便于检索。重庆市管理类归档文件目录实例见表 4-3。

表 4-3 重庆市管理类归档文件目录实例

序号	档号	文号	责任者	题名	归档日期	页数	备注
1	1361-WP.500000-01-2018-D30-0001	渝污普〔2018〕1 号	重庆市第二次污染源普查领导小组办公室	关于转发《关于做好第三方机构参与第三次全国污染源普查工作的通知》的通知	20180110	18	—
2	1361-WP.500000-01-2018-D30-0002	渝污普〔2018〕2 号	重庆市第二次污染源普查领导小组办公室	关于印发《北碚区、大足区、江津区、两江新区第二次污染普查入河排污口名录库筛查工作方案（试行）》的通知	20180112	13	—
3	1361-WP.500000-01-2018-D30-0003	渝污普〔2018〕3 号	重庆市第二次污染源普查领导小组办公室	关于印发《北碚区、永川区、巴南区、两江新区第二次污染普查工业污染源和集中式污染治理设施名录库筛查工作方案（试行）》的通知	20180112	25	—

序号	档号	文号	责任者	题名	归档日期	页数	备注
4	1361-WP.500000-01-2018-D30-0004	渝污普〔2018〕4号	重庆市第二次污染源普查领导小组办公室	关于印发《重庆市第二次污染源普查伴生矿单位名录库筛查工作方案》的通知	20180112	13	—
5	1361-WP.500000-01-2018-D30-0005	渝污普〔2018〕5号	重庆市第二次污染源普查领导小组办公室	关于转发《关于第二次全国污染源普查普查员和普查指导员选聘及管理工作的指导意见》的通知	20180115	29	—

9）装盒

装盒包括准备档案盒，将归档文件按顺序装入档案盒，填写备考表、档案盒封面及盒脊项目等工作内容。

①准备档案盒。档案盒采用无酸纸制作，包含档案盒封面和档案盒盒脊，外形尺寸为 310 mm×220 mm（长×宽）。盒脊厚度可以根据需要设置为 20 mm、30 mm、40 mm、50 mm 等规格。档案盒封面标明全宗名称，盒脊标注全宗号、类型、年度、保管期限、盒号、起至件号等项目，其中盒号是以盒为单位编制的顺序号。

重庆市普查办归档用的档案盒和档案盒封面需要填写立档单位全称或规范简称。部分区县购买档案馆标准文书档案盒加盖立档单位名称章；部分区县通过重庆市档案协会定制标准档案盒。两种方式均满足归档要求，具体见图 4-48、图 4-49。

图 4-48　重庆市××县归档档案盒（盒脊厚度 30 mm）

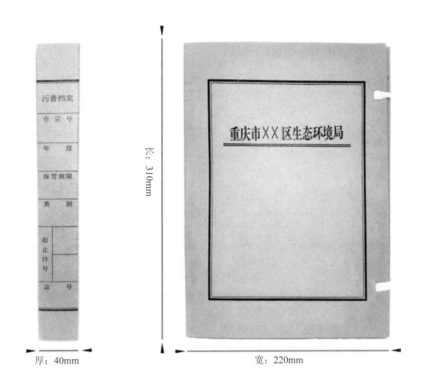

图 4-49　重庆市××区归档档案盒（盒脊厚度 40 mm）

②分盒号并打印归档文件目录。即按每一类小类文件资料的排序情况，结合档案盒的厚度，盒内归档文件材料不得过多或过少，以能空出一根手指厚度为宜装盒，对每一小类文件资料分别确定每一盒档案的文件起止档号，在 Excel 中打印出该档案盒所装件号对应的归档文件目录，目录采用 A4 幅面，页面横向设置打印，一式两份，一份存于档案盒内，一份按"保管期限-文件类型-年度"进行排序，排列好的文件目录制作《污染源普查档案归档文件目录》封面，另行装订成册便于查阅，具体见图 4-50。

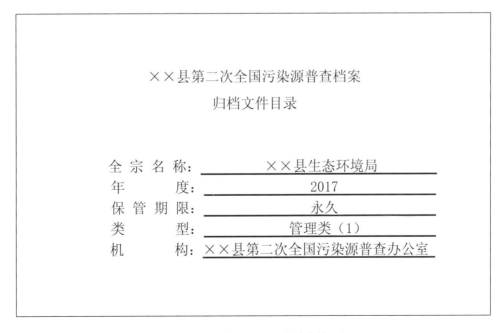

图 4-50　重庆市××县归档文件目录

盒号以污染源普查全部档案编写通号，从"1"开始编盒号，在管理类档案盒号编写完毕后，再顺接编写污染源类、财务类、声像实物类档案盒号。

③填写备考表。按照《污染源普查档案管理办法》有关要求制作备考表。备考表主要包括盒内文件情况说明、整理人、检查人和日期等项目。盒内文件情况说明，主要填写盒内材料的缺损、修改、补充、移出，以及与本盒文件材料内容相关的情况等。认真对照有关规定再次对归档文件材料的完整性、规范性、系统性检查无误之后，填写备考表。以重庆市某区为例，整理人为第三方机构负责档案整理的技术负责人，检查人为某区普查办的档案整理技术负责人，日期以整理和检查完毕的日期为准，具体见表4-4。

表 4-4　重庆市××区备考表实例

备 考 表

盒内文件情况说明：

本盒放置污染类（2A）档案，年度为 2018 年，保管期限永久。
盒内共计 20 件，243 页。

整理人：袁××　2020 年 4 月 10 日
检查人：唐××　2020 年 4 月 10 日

④装盒。档案盒内排序依次为归档文件目录、盒内文件材料、备考表。

⑤填写档案盒。部分区县采用黑色铅笔手工填写盒脊,部分区县采用规范印制的小印章,在档案盒封面、盒脊对应的横线位置盖上类型、年度、保管期限、盒号、起止件号等项目,类型、年度、保管期限据实盖章,见图4-51。

图 4-51　重庆市××区规范盖章的档案盒

10)排架文件

装盒完毕,按分类排列顺序入库上架保管。排架方法按照归档文件类别、保存期限、档案生成年限,面对档案柜架,按照"从上到下,从左到右"的原则依次排列,避免频繁倒架。如重庆市云阳县第二次全国污染源普查档案,按照管理类、污染源类、财务类、声像实物类,每个大类按2017年度、2018年度、2019年度、2020年度保存,每个年度按永久、30年、10年保管期排架放置。

(2)污染源类

1)全面收集

重庆市污染源类档案资料根据《重庆市第二次全国污染源普查档案收集范围和内容一览表》进行收集,包括清查阶段、入户调查阶段、数据审核阶段、数据汇总阶段、数据定库阶段档案资料以及普查试点、增项调查、典型环境问题调查、技术答疑等资料。以重庆市某区为例,结合工作实际制定污染源类资料清单及保管期限一览表,具体见表4-5。

表 4-5　污染源类资料清单及保管期限一览表

档案分类	档案内容	保管期限
清查阶段	各类源清查表	永久
	清查质量检查、核查记录	10 年
	清查汇总表	30 年
	辖区各类源清查统计表	30 年
	底册中不建议纳入入户调查名单（备注情况说明，附每个企业的佐证材料）	10 年
入户调查阶段	质量控制清单	永久
	区县级综合表	永久
	行政村生活污染基本信息表	永久
	清查已入库但不纳入详查的企业名单（附每个企业的佐证材料）	10 年
	质量检查、核查记录、核查结果表	10 年
	各类源入户调查表	永久
	各类源入户调查新增普查对象名单	永久
	支撑普查报表填报指标的相关佐证材料	10 年
	园区环境管理信息表	永久
数据审核阶段	重点企业专项审核有关资料	10 年
	专网抽样审核有关资料	10 年
	小软件全覆盖审核有关资料	10 年
	产排量异常值审核有关资料	10 年
	国家两轮集中审核问题反馈整改核实有关资料	10 年
	市区两级集中自审有关资料	10 年
	系统审核整改有关资料	10 年
	名录库比对核实有关资料	10 年
	各行业汇总数据分析有关资料	10 年
数据汇总阶段	交叉检查记录、核查结果表	10 年
数据定库阶段档案资料	污染源名录库	30 年
	污染物产生量、排放量	10 年
	五大源指标总综合表	30 年
普查试点	试点工作方案	10 年
	试点工作总结	10 年
	工作相关资料	10 年
增项调查	增项调查方案	10 年
	开展增项调查的文件	10 年
	工作相关资料	10 年
典型环境问题调查	典型环境问题调查方案	10 年
	典型环境问题调查表单	10 年
	典型环境问题调查工作资料、总结	10 年
技术答疑	主要问题记录和答疑汇总	10 年

2）有机组件

一是全面完善。2018 年 12 月，为进一步规范完善佐证资料的收集，市普查办制定了《重庆市第二次全国污染源普查佐证资料收集清单》。各区县高度重视，下发《关于收集完善第二次污染源普查档案资料的通知》，并结合实际情况，全面完善。以重庆市某区为例，在入户调查阶段建立的各类污染源普查"一源一档"文件资料的基础上，全面梳理和完善各类污染源类文件资料的完整性、一致性。该区普查办在污染源普查档案资料整理归档阶段，对照档案整理归档有关技术规范拟订了《各类污染源入户普查企业需提供的资料清单》（以下简称《资料清单》）《工业污染源普查产品产量、原辅材料等数据汇总表》《关闭、停产、其他状态情况说明模板》等，进一步明确了各类污染源哪些资料必须提供、哪些资料可以通过数据汇总表方式提供。针对无法提供但确需提供的资料的情况，创新性地提出各类情况说明模板。各镇街普查员反复对照各类污染源《资料清单》和各个普查对象普查表数据，按照完整性（即按照《资料清单》的内容做到全收集）、一致性（即做到各个普查对象的普查表数据与佐证资料之间相互印证）原则，对各类污染源普查对象普查数据进行核定，核查普查数据、完善佐证资料。各镇街污染源普查质量负责人及各类污染源普查牵头部门分别对核查完善情况进行审查把关，对不符合要求的一律打回重做，直至验收过关。佐证资料收集清单见表4-6。

表 4-6　佐证资料收集清单

序号	佐证资料名称
1	营业执照（复印件加盖公章）
2	2017 年主要原、辅材料名称及用量清单
3	2017 年主要产品名称及用量清单
4	厂区平面布置图（标注废水、废气治理设施及排口位置）
5	水平衡图
6	生产工艺流程图复印件（需标出废水、废气产生的工艺段，另外每个生产工艺流程图需注明对应的产品名称）
7	排污许可证（2017 年）（国家排污许可证发放的需提供）
8	环评报告书（表）及批文（批文复印件）
9	"三同时"验收报告及相关文件
10	废水、废气处理设施设计方案
11	企业风险评估报告
12	企业突发环境事件应急预案
13	2017 年度水费单及用水总量
14	2017 年度废水处理总量、排放总量、回用水总量
15	废气、废水治理设施名称、个数及对应的排放口
16	2017 年废水、废气在线监测数据
17	2017 年度废水、废气监测报告（复印件）
18	2017 年度危废处置协议、转移联单（复印件）
19	2017 年度固废、危废产生与处理的台账或发票等
20	2017 年燃料名称及用量
21	厂内移动源的种类（挖掘机、推土机、装载机、柴油叉车等）、数量、能源消耗量
22	储罐的设计文件或铭牌信息（储罐类型、容积、个数、年周转量、年装载量、储存物质）

二是逐级分类。按照《污染源普查档案管理办法》有关要求对污染源类文件资料进行分类。首先将污染源类分为工业污染源、农业污染源、生活污染源、集中式污染治理设施、移动污染源和其他污染源类六大类，然后将上述六大类再按保管期限分为永久、30 年、10 年三种。

三是准确分件。不同类型污染源采集（或登记）不同数据（或信息）的文件材料各为一件。以重庆市某区为例，清查阶段将重庆市各区县清查汇总表分为一件，辖区各类源清查统计表分为一件。以"表图合一"为原则，工业源企业、生活源市政入河（海）排污口、生活锅炉、农业源均按照清查表和清查图片资料一一对应合为一件。入户调查阶段，各类污染源普查对象普查表和质量控制清单为一件，不同信息的佐证材料各为一件（内容单薄的组合成一件），如某化工企业，普查表和质量控制清单、环评批复及意见、排污许可证、污染治理及设施相关材料、风险评估报告、企业突发环境事件应急预案、监测报告、2017 年企业电费单及用电总量等各为一件。数据佐证资料以《工业源普查产品产量、原辅材料等数据汇总表》形式提供的，同一企业《工业源普查产品产量、原辅材料等数据汇总表》为一件。农业污染源方面，如某畜禽规模养殖场，畜禽规模养殖场普查表和质量控制清单为一件；三张综合表各为一件；佐证资料营业执照、土地消纳协议、粪污委托处理协议组合成一件。数据审核阶段，各类污染源数据审核资料按类别或其他方式分类并按照时间先后顺序排列。污染源审核资料数量较少的可合并为一件。污染源审核资料数量较多，其数据审核资料可在按污染源类别分类的基础上再按分工业行业或分镇街进行分类，每一个镇街或工业行业数据审核资料为一件。

3）排列

一是清查表和普查表分镇街按清查底册和普查底册的顺序依次排列。镇街按拼音排序排列，如重庆市某区的镇街按拼音排序的第一位是安富街道（其拼音首字母为 A），第二位是昌元街道（其拼音首字母为 C），安富街道内各企业顺序按照二污普系统导出的 Excel 表依次排列。二是明确普查表和质量控制清单顺序。普查表在前，质量控制清单在后。三是农业污染源普查表和综合表排序为普查表在前，综合表在后。四是佐证资料的先后顺序以五大污染源《入户调查企业需提供的资料清单》模板的顺序进行排列，如农业污染源排列顺序依次为营业执照、土地消纳协议、粪污委托处理协议等。入户调查企业需提供的资料清单见图 4-52。

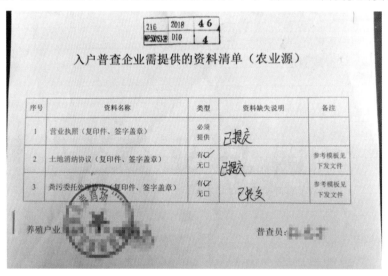

图 4-52　入户调查企业需提供的资料清单（农业污染源）

4）装订

同管理类，不再赘述。

5）编页

同管理类，不再赘述。

6）编号

按照统一档号格式，根据各小类分类情况，逐类逐件编写档号，档号中的件号从 0001 开始。以重庆市某区为例，全宗号为重庆市某区生态环境局全宗号；行政区域代码为重庆市某区行政区域代码；文件类别 2A 表示工业源，2B 表示农业源，2C 表示生活源，2D 表示集中式污染治理设施，2F 表示污染源其他类；保管期限对照《污染源类资料清单及保管期限》执行；年度为文件材料的成文时间（或形成时间）。如 0216-WP.500153-2A-2018-Y-0001，0216 表示重庆市某区的全宗号，WP 表示全国污染源普查档案，500153 表示重庆市某区的 6 位行政区域代码，2A 表示工业污染源代码，2018 表示档案为 2018 年资料；Y 表示保管期限为永久，0001 表示件号。

7）盖章

同管理类，不再赘述。

8）编目

第一步，编辑归档文件目录。以重庆市某区为例，将不同保管期限的工业污染源、农业污染源、集中式污染治理设施、生活污染源、移动污染源和其他污染源类再分为 2017 年度、2018 年度、2019 年度和 2020 年度等小类；将所有收集整理的污染源类文件资料的小类分别录入对应的 Excel 表中，并对工作表规范命名、统计小类件数，如工业污染源永久保存的 2018 年度文件资料命名为"工业源 2A-2018-永久（共×件）"。

第二步，完善归档文件目录内容。以重庆市某区为例，将所有收集整理排序的污染源类文件资料按小类分别录入对应的 Excel 表格。如重庆市某区梅石坝石材加工厂普查表目录内容分别表示：序号为 2111，档号为 0216-WP.500153-2A-2018-Y-2111，文号无，责任者为重庆市某区梅石坝石材加工厂，题名为重庆市某区梅石坝石材加工厂普查表，日期为 20181114，页数 11 页。

第三步，制作《污染源普查档案归档文件目录》封面。以重庆市某区为例，将电脑内 Excel 表格命名为工业源 2A-2019-10 年（共×件）的归档文件目录内容按通号全部打印成册，具体见图 4-53。

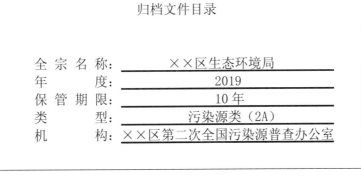

图 4-53　重庆市××区归档文件目录

9）装盒

污染源类文件归档装盒方式同管理类文件，统计汇总污染源类各小类文件资料对应的盒号区间和归档号区间，以方便日后查阅。以重庆市某区为例，如农业污染源，保存期限为 10 年期，2018 年度文件位于 288~304 盒，档号具体为 0216-WP.500153-2B-2018-D10-0 001 至 0216-WP.500153-2B-2018-D10-0148。重庆市××区污染源类归档文件目录实例见表 4-7。

表 4-7 重庆市 XX 区污染源类档案归档文件目录实例

序号	档号	文号	责任者	题名	日期	页数	备注
2111	0216-WP.500153-2A-2018-Y-2111		重庆市××区梅石坝石材加工厂	重庆市××区梅石坝石材加工厂普查表	20181114	11	双河
2112	0216-WP.500153-2A-2018-Y-2112		××镇实惠矸砖厂	××镇实惠矸砖厂普查表	20181124	5	双河
2113	0216-WP.500153-2A-2018-Y-2113		重庆市××区天岭矿业有限公司	重庆市××区天岭矿业有限公司普查表	20181124	6	双河
2114	0216-WP.500153-2A-2018-Y-2114		××区××街道治安自来水厂	××区××街道治安自来水厂普查表	20181127	10	双河
2115	0216-WP.500153-2A-2018-Y-2115		重庆市××惠森煤业有限公司洗选厂	重庆市××惠森煤业有限公司洗选厂普查表	20181209	15	双河

（3）财务类资料

重庆市污染源普查未单独开户，由各级生态环境局负责相关财务工作，故污染源普查财务类有关文件资料由各级生态环境局按年度另行归档。

（4）声像实物类

一是各级普查会议、活动数码照片按照规范格式编辑以电子档案形式归档，每张照片电子档案说明包括题名、时间、摄影者和文字说明。文字说明写明了时间、地点、事由、背景等。冲洗 6 寸或 7 寸数码照片，用标准照片档案册进行照片实物的整理归档，完整填写题名、时间、摄影者和文字说明等内容。二是其他实物资料归档，主要是印章、指导员工作牌、普查员工作牌、奖牌等。实物按规定摄制照片并整理归档。部分区县照片归档实例见图 4-54。

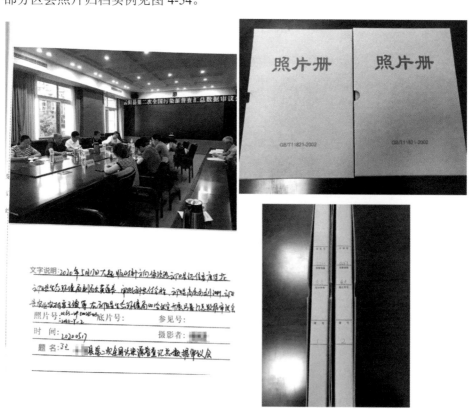

图 4-54 部分区县照片归档实例

4.3.2.3　纸质文件数字化建设

纸质档案数字化是指采用扫描仪等设备对纸质档案进行数字化加工，使其转化为可存储在磁带、磁盘、光盘等载体上的数字图像，并按照其与纸质档案的内在联系，建立起目录数据与数字图像关联关系的处理过程。

（1）建档依据

重庆市第二次全国污染源普查档案整理按照《重庆市纸质档案数字化实施细则》（渝档发〔2018〕5号）要求进行纸质档案数字化。

（2）主要流程

主要流程是数字化前处理→目录数据库建立→档案扫描→图像处理→数据挂接→数字化成果验收与移交→档案还原装订→数字化成果管理。

为减少对档案原件的调阅，使查阅档案可以更加方便快捷，重庆市普查办对所有纸质文件不分保管年限，全部采用数字化存档，并挂接到重庆市生态环境局档案系统，极大地提高了档案查阅速度和效率。

4.3.2.4　普查数据库建设

普查数据库建设参照《电子公文归档管理暂行办法》（国家档案局令　第6号）、《电子文件归档与电子档案管理规范》（GB/T 18894—2016）、《CAD电子文件光盘存储、归档与档案管理要求》（GB/T 17 678.1—1999）等文件的有关规定执行。

市级普查数据库主要包含清查名录库、"两员"名单库、产排污系数库、汇交数据库、普查系统数据库等，均单独存储，不存在多重文件夹。重庆市级普查机构普查数据库目录实例见表4-8。

表4-8　重庆市级普查机构普查数据库目录实例

序号	责任者	题名	档号	载体类型
1	重庆市普查办	重庆市污染源名录库筛查资料	1361-WP.500000-D-2017-D10-0001	DVD
2	重庆市普查办	全市普查员和普查指导员名单	1361-WP.500000-D-2018-D10-0001	DVD
3	重庆市普查办	重庆市增项调查系统	1361-WP.500000-D-2018-D30-0001	硬盘
4	重庆市普查办	国普办两轮集中审核有关数据资料	1361-WP.500000-D-2019-D10-0001	DVD
5	重庆市普查办	提交国家资料—数据采集系统数据库备份1	1361-WP.500000-D-2020-Y-0001	硬盘
6	重庆市普查办	提交国家资料—数据采集系统数据库备份2	1361-WP.500000-D-2020-Y-0002	硬盘
7	重庆市普查办	提交国家资料—空间信息采集系统附件图片	1361-WP.500000-D-2020-Y-0003	硬盘
8	重庆市普查办	提交国家资料—数据汇交表	1361-WP.500000-D-2020-Y-0004	DVD

区县普查数据库主要为各类普查报表，整理归档流程包含如下三个步骤：

1）系统导出

重庆市各区县将专网数据导出保存，以重庆市某区为例：

①建立文件夹命名"××区第二次全国污染源普查报表"。

②建立下一级文件夹分别命名"查询表导出""汇总表""普查表""综合表"。

③"查询表导出"文件夹下分别建立"工业园区""工业污染源""集中式污染治理设施""农业污

染源""生活污染源""移动污染源"文件夹，将系统中导出的各类源查询表保存至对应文件夹。

④"汇总表"文件夹下分别创建"污染物分行业""污染物分源"文件夹。在"污染物分行业"文件夹里创建"气类"和"水类"文件夹，将系统导出的"气类"和"水类"污染物排放量保存至对应文件夹。"污染物分源"文件夹操作同"污染物分行业"，不再赘述。

⑤"普查表"文件夹下分别创建"工业园区""工业污染源""集中式污染治理设施""农业污染源""生活污染源""移动污染源"文件夹，然后分镇街导出系统数据。以"工业污染源"为例，镇街名称建立下一级文件夹，如安富街道，将系统对应的普查表导出保存并命名"序号+企业名称"，待该镇街普查表导完后将该级文件名由"安富街道"更改为"安富街道1-×"，便于确定各镇街企业数，确保不重不漏。

⑥"综合表"文件夹里创建下一级文件夹，分别命名"工业污染源综合表""集中式污染治理设施综合表""农业污染源综合表""生活污染源综合表""移动污染源综合表""五大源指标总综合表"，分别将对应的表导出保存。

2）制作光盘

将"××区第二次全国污染源普查报表"按照规定刻录光盘，将光盘用档案盒单独成件保存，并对光盘内容进行说明。如光盘内容可为：××区第二次全国污染源普查报表，起始时间：20200416，终止时间：20200416，光盘类型：DVD，文件类型：Excel，制作时间：20200416，制作人：×××。

3）制作普查数据库目录

包括序号、责任者、题名、文件编号、成文日期、密级以及电子文件的保管期限、稿本代码、类别代码、载体类型、载体编号等。重庆市××区普查数据库目录实例见表4-9。

表 4-9　重庆市 XX 区普查数据库目录实例

序号	责任者（简称）	题名	文件编号	成文日期	密级	电子文件					纸质公文件号	备注
						保管期限	稿本代码	类别代码	载体类型	载体编号		
1	重庆市××区第二次全国污染源普查领导小组办公室	××区第二次全国污染源普查报表		20200416		永久		4B	DVD	3		

4.3.3　工作经验

4.3.3.1　围绕一个"全"字开展档案收集，保障档案资料应收尽收

根据各阶段工作程序和内容，细化形成《重庆市第二次污染源普查档案收集范围和内容清单》，确保普查全过程资料应收尽收。一是前期准备阶段，将机构组建、制度建设、经费保障、"两员"选聘、宣传培训、方案印发、动员部署等工作资料纳入归档范围；二是清查阶段，按照"4130"工作程序和要求，将国家、市、区县、乡镇四级底册筛查，普查员一级拉网排查，市、区县、指导员三级质量核查记录等全过程资料纳入归档范围；三是入户调查阶段，按照"2230"工作程序和要求，将两人入户调查，

市和区县两级质量核查，国家、市、区县三级数据审核记录等全过程资料纳入归档范围；四是数据审核与核算阶段，将异常值审核、极值审核、区域与行业审核、宏观数据对比分析等资料以及系统中各类综表汇总数据等均纳入归档范围。此外将重庆市自主开展的增项调查、典型环境问题调查、成果应用试点等资料一并纳入归档范围。同时，与市农业污染源普查办、市入河排污口普查办、市辐射监督管理站加强衔接沟通，所有普查档案资料均移交市普查办统一开展整理归档，从而实现全程留痕、闭合管理，保障档案资料全面完整。

4.3.3.2 围绕一个"真"字开展档案核实，坚持普查档案实事求是

根据管理类资料和污染源类资料的不同情况，有针对性地提出归档要求。如针对部分区县普查办发文归档资料不完整、不规范，缺失发文稿签或红头盖章原件等情况，市普查办要求全面检查归档材料质量，补充完善发文资料核心要件（发文稿签、定稿、正式文件）；又如针对部分区县入户调查表为原始报表，与系统定库数据不一致等情况，市普查办要求区县仔细核对入户调查表和佐证资料，确保归档的入户调查表与企业实际情况一致，与佐证资料一致，与系统定库数据一致。各区县按要求全面开展梳理完善工作。部分区县发文资料全部重新整理归档；部分区县克服工作困难，多渠道收集完善佐证资料；部分区县利用新冠肺炎疫情期间常规工作空档，扎实开展归档资料数据核对工作，对与系统定库数据不一致的入户调查表，在企业复工复产后及时上门重新核实签字并整理归档，保障了普查档案的真实性和准确性。

4.3.3.3 围绕一个"统"字开展整理归档，实现建档资料系统清晰

遵循归档文件材料的形成规律和特点，保持文件材料有机联系，根据不同的价值，形成《重庆市第二次污染源普查档案分类保管期限一览表》，全市统一尺度，整齐划一，规范有序。如除机构组件、方案印发等发文保管期限为永久，宣传培训类资料保管期限为10年外，其余发文保管期限一律设为30年，且尽量保持文号连续；又如各期工作简报虽然时间跨度大，但按期数顺序集中排列，中间不夹杂其他文件材料；再如同一企业的清查表、普查表、佐证资料等不属于同一保管期限或同一年度的档案资料，将系统中普查对象全称作为统一题名要素，保持有机联系，便于精准查询；另如现场核查、数据审核及各类项目资料，繁杂量大，如果完全按"件"为单位进行整理，则显得零散混乱，因此借鉴项目档案整理方式，以"卷"为单位进行整理，使归档材料结构清晰，系统性好。

4.3.3.4 围绕一个"严"字开展档案管理，确保普查档案严密安全

科学制定档案管理制度，明确档案收集、整理、加工、存储、查阅、利用、移交、销毁等系列流程要求。落实专人进行档案管理。与委托的第三方档案公司签订保密协议，要求档案整理人员全部进驻普查办，所有档案资料一律不许带出办公区域。在移交生态环境局之前，落实独立办公室暂存普查档案，仅允许档案管理人员进出，同时加强日常巡查检查，及时掌握档案存储的温度、湿度等条件，确保档案资料安全。对所有纸质档案资料进行数字化扫描，并挂接到市生态环境局档案信息系统，实现全部档案电子化、便捷化查询，最大限度地减少对纸质档案的破坏。全市各区县普查档案资料均已移交同级档案管理部门进行规范化管理。

4.3.3.5　围绕一个"实"字开展档案利用，回归"鉴往知来"普查初心

市普查办根据已形成的档案资料和普查数据，委托第三方公司开发建成"重庆市第二次污染源普查一张图平台"。围绕污染源普查、市级增项调查和普查成果应用试点内容，建立重庆市普查信息系统，形成普查成果数据库。利用 GIS 技术，一张图展示污染源图谱，实现各类污染源普查对象、污染物排放查询及多维度分析。通过图、表、文相结合的方式直观展现重庆市各区县、镇街、普查小区污染源分布和排放情况。重庆市普查数据已广泛应用于全市经济社会发展和生态环境保护工作，市和区县普查办累计按程序提供数据上百次，为全市大气污染防治攻坚巡查、大气网格化预警、重污染天气应急减排、长江沿线企业排查、农村生活污水治理、土壤重金属污染防治、重点行业企业用地调查、违法排污专项行动、排污许可证管理、中梁山林长制管理等重要工作提供了普查阶段性基础数据，实现了边查边用、为用而查的普查目标。

5 城市级污染源普查档案管理实践

5.1 福建省厦门市

5.1.1 基本情况概述

根据《污染源普查档案管理办法》的要求，厦门市围绕"收、管、用"三个环节，结合制度化运作、精细化收集、规范化建档，加强污染源普查档案全过程、无缝隙管理，确保档案的完整性、规范性、系统性和安全性。坚持档案管理关口前移，档案技术人员提前介入，实行档案管理与普查工作同部署、同管理、同验收，坚持边普查边收集边建档，应收尽收，从制度上、源头上、全过程做好质量把控。将污染源普查文件材料按管理类、污染源类、财务类、声像实物类和其他类进行收集、整理与归纳，采取日清日整、清单化管理等做法，确保做到各类档案齐全完整，不缺不漏。创新建立了普查责任制度、质量审核制度、普查数据质量溯源制度、责任追究制度等六项质量控制机制，严格落实责任考核，确保档案管理落实、落地、落细。为推进档案管理的信息化建设，厦门市、区两级同时配备信息化应用软件，完善"一企一档"，建立目录数据库，实现资源数字化、管理智能化，系统地推进普查数据的应用。厦门市落实普查档案经费113.16万元，另投入105万元开发了"厦门市第二次全国污染源普查成果应用系统"。2020年5月，厦门市档案管理工作顺利通过国家验收。

5.1.2 主要做法

5.1.2.1 重视加强组织领导

（1）建立领导机构

厦门市政府成立以分管副市长为组长，市直各部门分管领导为成员的厦门市第二次全国污染源普查领导小组，领导小组办公室设在市生态环境局，下设综合（农业）组、技术组、现场组和宣传组，明确工作职责，综合（农业）组统筹各组普查工作档案资料，各组分工协作，按照规范标准和指导要求，将普查档案管理贯穿普查全过程，确保档案完整性、系统性、规范性、安全性。各区相应成立普查领导机构，有力有序地贯彻普查档案管理工作，具体见图5-1、图5-2。

（2）健全管理制度

厦门市、区两级坚持制度先行，用制度和规定约束和规范普查档案管理工作，先后制定出台了《普查档案管理工作制度》《普查档案分类方案》《普查档案利用管理办法》《普查档案查阅与借阅工作制度》《普查档案保密工作制度》《普查档案服务包工作管理办法》《普查档案考核办法》《普查档案技术规范》八项档案工作制度，见图5-3。

厦门市人民政府文件

厦府〔2017〕31 号

厦门市人民政府关于做好
第二次全国污染源普查的通知

各区人民政府，市直各委、办、局，各开发区管委会，各大企业，各高
等院校：

　　根据《国务院关于开展第二次全国污染源普查的通知》（国发
〔2016〕59 号）和《福建省人民政府关于做好第二次全国污染源普
查的通知》（闽政〔2016〕63 号）精神，经研究，现就做好我市第二次
全国污染源普查有关事项通知如下：

　　一、普查的目的和意义

　　全国污染源普查是重大的国情调查，是环境保护的基础性工

— 1 —

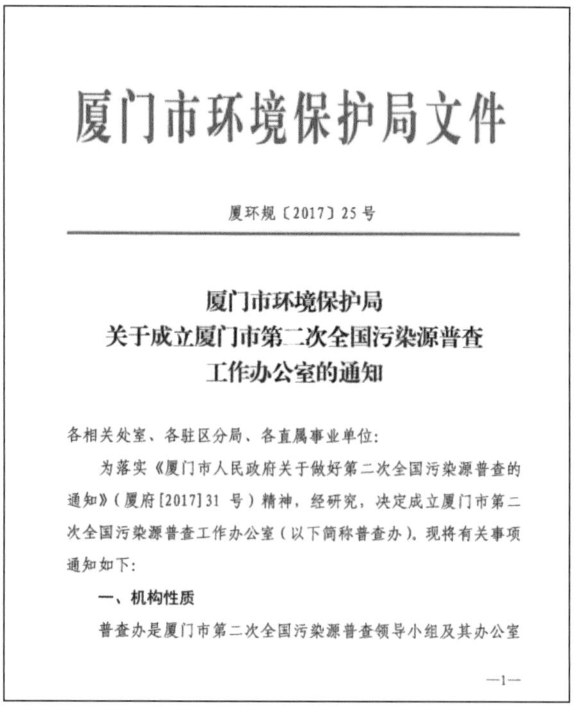

厦门市环境保护局文件

厦环规〔2017〕25 号

厦门市环境保护局
关于成立厦门市第二次全国污染源普查
工作办公室的通知

各相关处室、各驻区分局、各直属事业单位：

　　为落实《厦门市人民政府关于做好第二次全国污染源普查的
通知》（厦府〔2017〕31 号）精神，经研究，决定成立厦门市第二
次全国污染源普查工作办公室（以下简称普查办）。现将有关事项
通知如下：

　　一、机构性质

　　普查办是厦门市第二次全国污染源普查领导小组及其办公室

—1—

图 5-1　成立厦门市污染源普查领导小组和工作小组

图 5-2　厦门市污染源普查领导小组部署工作

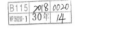

图 5-3　厦门市印发档案管理制度和规范

（3）严格责任考核

厦门市、区普查领导小组对本单位普查档案管理工作负总责，领导小组组长为第一责任人。市、区分别成立档案管理工作组，具体负责普查档案的日常把控与管理。普查档案检查考核时，坚持组织同级生态环境保护部门和档案行政管理部门相关专业人员参加，按照《福建省第二次全国污染源普查档案检查验收标准》和"以市为主、自下而上、逐级检查"的原则进行，重点检查考核污染源普查档案的完整性、系统性、规范性和安全性。

（4）人员保障到位

厦门市、区两级均配备了普查档案专职管理人员，主要负责普查档案资料收集工作，并全程跟踪指导普查档案整理工作。市、区两级均通过第三方服务采购的方式聘请了档案专业技术人员，具体负责档案整理工作。同时，明确全体普查全过程参与人员均是档案资料的收集、整理责任人，形成统筹分办相协同的人员保障体系。

（5）保障经费充足

厦门市高度重视，提早谋划普查档案工作经费，确保经费足额保障到位。2018—2019 年，厦门市、区两级编制普查预算时，均细化了档案工作经费，合计落实普查档案经费 114.16 万元。其中，市级经费为 23 万元、思明区经费为 2.4 万元、湖里区经费为 10 万元、集美区经费为 30 万元、海沧区经费为 7.8 万元、同安区经费为 16 万元、翔安区经费为 24.96 万元。各区经费主要用于购买普查档案专业技术人员服务和档案软件、档案装具等设施，以及采购档案专用库房所需的设施设备。

5.1.2.2　重视档案完整性

厦门市坚持把确保档案完整性作为提高档案质量的第一道关口严抓细管。所有归档文件材料严格按照来源、内容、时间和形式等方面的特征进行分类、收集和归档，做到日清日整和清单化管理，确保资料不重不漏、档案完整翔实。对档案整理做到"件""盒""类别"三要素完整，其中"件"的完整性包括单份文件的完整性、来复文的完整性和文件的成套性；"盒"的完整性包括"件"、目录、卷内备考表和档案盒要素齐全；"类别"的完整性包括管理类、污染源类、声像实物类、财务类和其他类纸质或电子文件材料齐全，其中财务类档案由成立的各级普查办的单位财务室整理归档。厦门市污染源普查档案管理分类见图5-4。

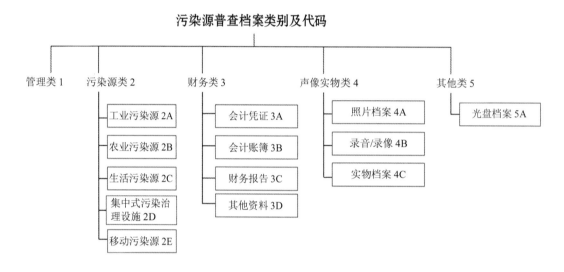

图 5-4　厦门市污染源普查档案管理分类

（1）管理类资料

将污染源普查工作过程中各级污染源普查机构用于管理和指导普查工作开展的相关文件材料纳入管理类。一是各级党政机关的实施方案、通知、意见、批复、重要讲话和批示等；二是各级普查机构的请示、批复、报告、通知、制度、总结和简报等；三是会议相关的通知、签到、报告、讲话、总结、纪要等；四是委托第三方所产生的相关文件；五是各级普查机构进行质控、检查、验收、总结等形成的文件材料；六是各级普查机构的培训、文件汇编、普查公报、技术报告、表彰、保密协议等工作材料。污染源普查管理类档案见图5-5。

（2）污染源类资料

将各种污染源类型的普查对象所提供的各类依据性文件材料，以及普查过程中产生的各类表格、数据汇集及相关文件材料纳入污染源类，污染源类资料分为工业污染源、农业污染源、生活污染源、集中式污染治理设施和移动污染源五类。如普查清查表、入户调查表、普查综合报表、产排污系数手册、普查名录库和各类污染源普查数据等均纳入污染源类，且将普查清查表、入户调查表、质量控制单和相关佐证材料作为"一企一档"内容进行收集。污染源类"一企一档"见图5-6。

图 5-5　污染源普查管理类档案

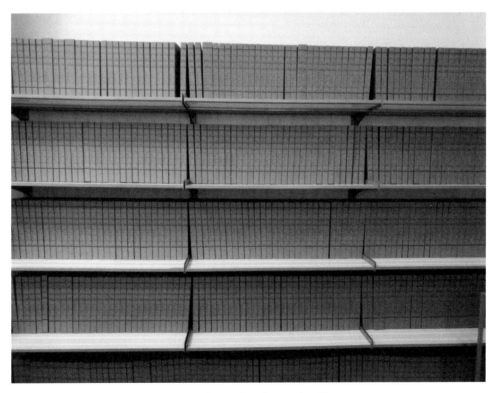

图 5-6　建立污染源类"一企一档"

（3）声像实物类资料

将记录、反映普查工作中重要活动的照片、声像材料、实物、电子数据等特殊载体纳入声像实物类，包含纪念品、印章、档案整理生成的电子目录、数字化扫描成果的备份数据、照片档案扫描形成的数码照片等。厦门市污染源普查照片档案见图 5-7。

册 内 照 片 目 录

照片号	题　名	时间	页号	底片号	备注
B115-WP.350200-4A-2019-Y-0001	厦门市第二次全国污染源普查质量分行业培训	20190130	1		
B115-WP.350200-4A-2019-Y-0002	湖南省生态环境厅普查办到厦门市调研普查工作	20190411	1		
B115-WP.350200-4A-2019-Y-0003	湖南省生态环境厅普查办到厦门市调研普查工作	20190411	2		
B115-WP.350200-4A-2019-Y-0004	福建省普查办在厦门市召开第二次全国污染源普查报表填报质量提升现场调研会	20190417	2		
B115-WP.350200-4A-2019-Y-0005	福建省普查办在厦门市召开第二次全国污染源普查报表填报质量提升现场调研会	20190417	3		

图 5-7　厦门市污染源普查照片档案

5.1.2.3　重视档案系统性

厦门市严格按照污染源普查文件材料整理技术规范，进行分类、分件、排列、编页、编号、盖章、分类、数字化扫描、装订和装盒，加强档案信息化建设，赋予档案"逻辑思维"。档案整理主要流程见图 5-8。

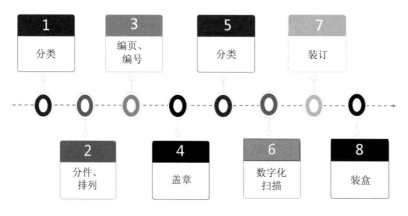

图 5-8　档案整理主要流程

（1）档案整理

1）分类

各类文件材料根据"年度—问题—保管期限"进行科学分类。一是按年度分类。主要是根据文件材料的成文时间进行编写。对于计划、总结、统计报表、表彰先进以及法规性文件等内容涉及不同年度的文件，统一按文件签发日期来判定文件所属年度；跨年度形成的文件，按文件办结年度归档；正本与定稿为一件时，以正本日期为准；正文与附件为一件时，以正文日期为准；转发文与被转发文为一件时，以转发文日期为准；来文与复文为一件时，以复文日期为准。二是按问题分类。即按文件类别分类，管理类代码为1；污染源类中工业污染源为2A、农业污染源为2B、生活污染源为2C、集中式污染治理设施为2D、移动污染源为2E；声像实物类代码为4；其他类代码为5。三是按保管期限分类。污染源普查档案的保管期限分为永久和定期两种，定期分为30年和10年，分别以代码"Y""D30""D10"标识。

保管期限根据材料的重要性和类别区分，包括本机构召开重要会议、举办重大活动等形成的主要文件材料；本机构职能活动中形成的重要业务文件材料；本机构关于重要问题的请示与上级机关的批复、批示、重要的报告、总结、综合统计报表等；同级机关、下级机构关于重要业务问题的来函、请示与本机构的复函、批复等文件材料；本机构收集的普查清查表、入户调查表等填报材料。

2）分件

管理类和污染源类纸质文件材料遵循"一事一件"的原则，以"件"为单位进行整理。一是管理类一般以每份文件为一件。其中正文、附件为一件且正文在前、附件在后；转发文与被转发文为一件；每次会议记录为一件；报表、名册、图册等按其原来装订方式一册（本）为一件；保密承诺书一人一件；本单位开展的培训通知及培训相关材料因保管期限不同，通知为一件，材料为一件。二是污染源类按照"一源一件""一企一件"的原则整理。一般针对不同类型污染源进行采集（或登记），不同数据（或信息）的文件材料各为一件，各类污染源的汇总性文件材料各为一件。

3）排列

归档文件在分类方案的最低一级类目（保管期限）内，按事由结合时间、重要程度等进行排列。一是同一事由中的文件排列。先按文件形成时间的先后顺序排列，同一时间的文件再按重要程度排列；不同事由之间，按事由办结时间的先后顺序排列。不同保管期限的文件，按永久、30年、10年分别排列。不同问题的文件，按分类方案所体现的问题时间的顺序排列。成套文件中最后一份文件的成文时间作为排列的时间。因故未及时整理归档的零散文件，排在同一年度、同一期限的所有文件的最后，并将该情况在备考表中加以说明。二是会议、活动文件材料排列。普查数据表册等成套性的文件材料集中排列；同一事由的一组文件材料，一般按照成文时间（或形成时间）的先后顺序进行排列；信息、简报、情况反映等，按照从编序号排列。三是质量核查资料排列。清查、普查阶段各类污染源质量核查资料按照时间先后顺序排列。

4）装盒

归档文件目录、卷内备考表、案卷封面、档案盒封面、档案盒脊背等按照编制规范填写。每件排列与归档文件目录中相应条目的排列顺序相一致。不同年度、问题、保管期限的归档文件分开装入不同档案盒。装盒后用黑色铅笔在脊背空白处填写编号，按从上到下，从左到右为序上架，以便查询。档案盒采用无酸纸制作，档案盒封面只需在双横线上填写全宗名称即可。档案盒主要根据摆放方式的不同，在盒脊或底边填写全宗号、年度、保管期限、起止件号、盒号等项目。其中，起止件号，即每一盒内第一件文件和最后一件文件的件号，中间用"-"号连接。污染源普查档案盒封面及盒脊见图5-9。

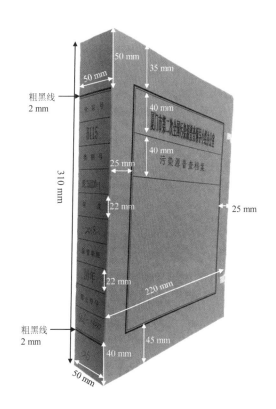

图5-9　污染源普查档案盒封面及盒脊

（2）档案信息化

为推进档案管理的信息化建设，厦门市、区两级均配备专用涉密计算机用于安装档案信息化应用软件，保管期限为永久和 30 年的普查档案完成数字化扫描后上传系统，建立具有"直接检索与查阅"功能的文件级目录数据库，推进文档一体化管理，实现资源数字化、利用网络化、管理智能化，系统推进普查数据的应用。档案管理系统及应用见图 5-10、图 5-11。

图 5-10　档案管理系统

图 5-11　档案管理系统查阅及检索页面

5.1.2.4　重视档案规范性

坚持严格的规矩和标准，规范整理污染源普查档案，做到原件归档、数据真实准确。

（1）书写

文件材料的书写都采用黑色铅笔，字迹工整，图样清晰，符合档案耐久性要求。

（2）编号

主要对页码和件号进行编制，便于规范统一和查询。一是编页码。纸质归档文件一般以"件"为单位编制页码，每件归档文件从"1"开始流水编号。在文件正面右上角或背面左上角的空白位置用专用页码机逐页编页码。归档文件中有图文的页面为一页，空白页不编页码。文件材料已印制成册并编有页码的、拟编制页码与文件原有页码相同的，可以保持原有页码不变。二是编件号。归档文件依分类方案和排列顺序逐件编写档号，档号的结构为"全宗号-全国污染源普查档案代码．行政区域代号-文件门类代码-年度-保管期限代码-件号"，上、下位代码之间用"-"连接，同一级代码之间用"·"隔开。按照件与件的排列顺序，将每件排列好后，逐件编写件号，以固定每一件在年度中的位置。件号从"1"开始，使用阿拉伯数字编流水页号。

（3）盖章

归档章项目包括全宗号、年度、件号、机构或问题、保管期限和页数等。盖章时，将全宗号、年度、件号、保管期限等项目作为必备项目，其他项目为选择项。归档章的规格为长 45 mm，宽 16 mm，分为均匀的 6 格。归档章加盖在文件材料首页上端居中空白位置，使用黑色铅笔填写项目。如果领导批示或收文章占用了上述位置，可将归档章加盖在首页上端的其他空白位置。文件材料首页确无盖章位置时，或属于重要文件材料须保持原貌的，可在文件首页前另附纸页加盖归档章。统计报表等横式文件，在文件右侧居中位置加盖归档章。

（4）数字化扫描

永久和 30 年保管期限的档案，采用专业数字化扫描设备进行规范扫描，所有扫描件自动上传档案管理软件，建立档案信息化系统。数字化扫描处理见图 5-12。

图 5-12　数字化扫描处理

（5）装订

装订以"件"为单位进行，以固定每件文件材料的页次，防止文件材料张页丢失。采用缝纫机左侧轧边，较厚的采用"三孔一线"装订方式。

（6）编目

归档文件依据档号顺序编制归档文件目录，一般设置为序号、档号、文号、责任者、题名、日期、密级、页数、备注等项目。序号用阿拉伯数字填写，每册归档文件目录的序号从"1"开始逐条编制。日期为文件材料的形成时间，以国际标准日期表示法标注年月日，多份文件作为一件的，以排在第一份文件的日期为准，日期无法考证的用"0"充填。文件题名包括文件责任者、文件内容和文种三个要素，文件标题据实抄录；如果没有标题、标题不规范，或者标题不能反映文件材料主要内容、不方便检索的，采用全部或部分自拟标题，自拟的内容外加方括号"[]"。归档文件目录用纸采用 A4 幅面纸张，电子表格编制、横版打印，目录打印一式两份，盒内一份，装订成册一份。盒内目录的档号、文号、题名、日期、页数、密级等内容与盒内每"件"内容完全一致，并与目录总册的信息完全一致。档案管理系统编目和档案文件目录见图 5-13、图 5-14。

（7）填写备考表

备考表置于盒内所有文件材料之后，包括盒内文件情况说明、整理人、检查人和日期等项目。备考表主要填写盒内文件材料的缺损、修改、补充、移出，以及与本盒文件材料内容相关的情况等。

（8）照片档案

每张照片都附有照片说明，包括拍摄时间、摄影者、人物、地点、事由、背景等内容。照片号的年度、照片组号、张号均采用 4 位阿拉伯数字，中间用"-"号连接。实物类同步形成照片档案。实物照片档案见图 5-15。

图 5-13　使用档案管理系统编目

归 档 文 件 目 录

序号	档号	文号	责任者	题　名	日期	密级	页数	备注
1	B115-WP.350200-1-2019-D10-0001	国污普[2019]3号	国务院第二次全国污染源普查领导小组办公室	关于印发《第二次全国污染源普查2019年及后续工作要点》的通知	20190228	非密	6	
2	B115-WP.350200-1-2019-D10-0002	国污普[2019]4号	国务院第二次全国污染源普查领导小组办公室	关于开展污染源基本单位名录比对核实工作的通知	20190510	非密	18	
3	B115-WP.350200-1-2019-D10-0003	国污普[2019]5号	国务院第二次全国污染源普查领导小组办公室	关于进一步做好第二次全国污染源普查数据审核与汇总阶段相关工作的通知	20190705	非密	4	
4	B115-WP.350200-1-2019-D10-0004	国污普[2019]6号	国务院第二次全国污染源普查领导小组办公室	关于开展第二次全国污染源普查质量核查工作的通知	20190805	非密	30	
5	B115-WP.350200-1-2019-D10-0005	国污普[2019]7号	国务院第二次全国污染源普查领导小组办公室	关于印发《第二次全国污染源普查工作总结报告提纲》《第二次全国污染源普查数据分析报告提纲》的通知	20190823	非密	12	
6	B115-WP.350200-1-2019-D10-0006	环办普查函[2019]560号	生态环境部办公厅；农业农村部办公厅	关于做好农业污染源普查数据质量审核工作的通知	20190614	非密	3	
7	B115-WP.350200-1-2019-D10-0007	环办培训函[2019]92号	生态环境部办公厅	关于举办第二次全国污染源普查档案管理暨数据保密管理培训班的通知	20190705	非密	7	
8	B115-WP.350200-1-2019-D10-0008	环办培训函[2019]179号	生态环境部办公厅	关于举办第二次全国污染源普查成果技术报告编制培训班的通知	20191204	非密	7	
9	B115-WP.350200-1-2019-D10-0009		生态环境部第二次全国污染源普查工作办公室	关于核实"对专网填报（录入、导入）报表"执行提交操作的通知	20190107	非密	4	
10	B115-WP.350200-1-2019-D10-0010		生态环境部第二次全国污染源普查工作办公室	关于春节假期暂时关闭省级互联网区污染源普查数据采集与处理系统的通知	20190128	非密	3	

第1页/共59页

图 5-14　档案文件目录

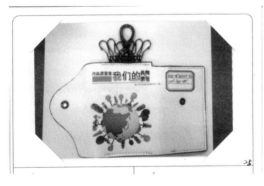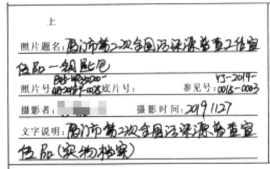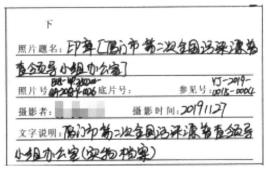

图 5-15　实物照片档案

（9）光盘档案

档案级光盘选择不可编辑或删除模式，采用中速刻录，归档光盘一式三份，一份供查阅使用（套别A），一份封存保管（套别B），一份异地保存（套别C）。每张光盘均填写一个说明文件，用以说明本盘各类信息，主要包括光盘内容、光盘类型、文件类型、制作日期、制作人等。档案级光盘和光盘档案的正面、背面见图5-16。

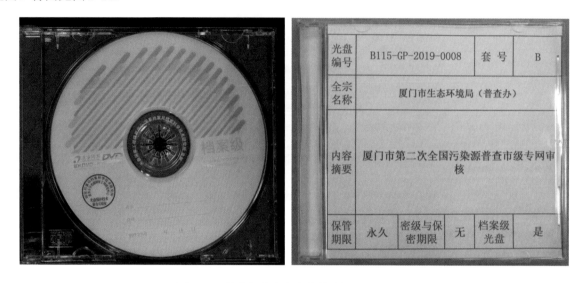

图 5-16 档案级光盘和光盘档案的正面、背面

5.1.2.5 重视档案安全性

为确保档案安全可靠，厦门市始终绷紧"安全弦"、严把"安全关"，周密做好档案的"人防、物防、技防"等安全工作，确保安全保密、万无一失。

（1）实体安全

以有利于档案安全保管为第一原则，设置档案专用库房，安装铁门、铁窗、消防报警系统和视频监控，配备了灭火器材、空调机、除湿机、温湿度记录仪等设备，落实防火、防盗、防高温、防潮、防尘、防光、防磁、防有害生物和防有害气体的"九防"要求，提高档案保管保密水平。档案室配备防盗、防火、防潮等安全设施见图5-17。

（2）信息安全

强化保密思想教育，每逢工作总结部署、日常工作会议、业务培训等，都把安全保密教育贯穿其中，构筑安全思想防线。坚持用制度管人，靠制度办事，厦门市普查办分别与档案整理第三方和普查人员签订了普查档案信息安全责任书。查阅、备份档案资料均采取严格监管措施，兄弟部门、科研机构查阅利用污染源普查档案材料，都签署数据保密交接单，严格按照信息安全保密规定落实。加强办公保密管理，电子文件材料的传输、拷贝均在局域网办公系统上操作，使用专用保密U盘，配备网络安全员定期检查计算机和存储介质，并实时监控网络，保障信息安全。保密U盘见图5-18。

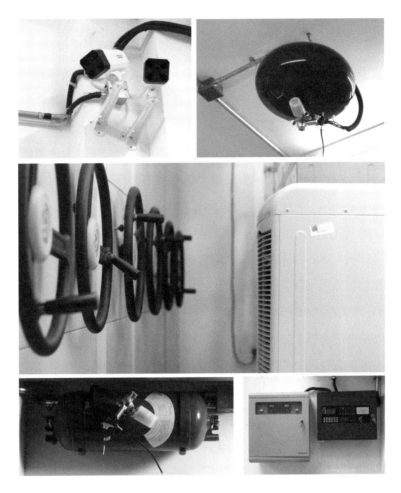

图 5-17　档案室配备防盗、防火、防潮等安全设施

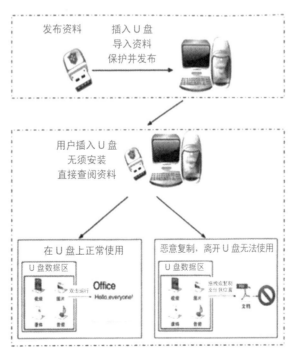

图 5-18　保密 U 盘

5.1.3　工作经验

污染源普查档案是第二次全国污染源普查的真实记录，具有凭证价值的重要属性，是普查结果的具体载体，是"精准治污、科学治污、依法治污"的重要依据，责任重大、使命光荣。厦门市普查档案工作坚持"收、管、用"有机结合，从落实"四个到位"入手，深入推进污染源普查档案依法管理、科学管理、精准管理。2020 年 5 月，厦门市档案管理工作顺利通过验收。厦门市生态环境局教学视频《厦门市第二次全国污染源（工业源）档案管理工作经验介绍》被生态环境部采用并在全国推广。

5.1.3.1　组织领导到位，强化档案管理

（1）切实加强组织领导

厦门市普查办切实扛起全国第二次污染源普查档案管理牵头抓总工作责任，加强统筹部署，强化指导帮扶，有力有效地推进普查档案管理工作。出台了厦门市第二次全国污染源普查档案管理工作制度、责任考核制度、安全保密制度等八项档案管理规章。实行档案管理与普查工作同部署、同管理、同验收，坚持边普查边建设，边采集边建档，边归档边应用，始终将档案的收集、整理贯穿普查的全过程。强化档案管理跟踪问效，将普查文件材料的收集、整理和归档纳入普查工作检查督导，将档案管理指标纳入全市党政领导生态文明建设和生态环境保护目标责任评价考核内容，为档案工作顺利开展提供有力保障。国家、省普查办档案调研见图 5-19。

图 5-19　国家、省普查办档案调研

（2）切实强化服务保障

在经费保障方面，充分满足档案管理工作经费所需，2018—2019 年，厦门市、区两级合计落实普查档案经费 113.16 万元。在人员保障方面，厦门市、区两级分别指定档案专员负责收集普查中具有保存价值的文字、图表、声像、电子及实物等档案材料，分别聘请档案专业团队整理装订普查档案材料。厦

门市、区档案部门全程参与制定档案规范、培训指导和检查督促。在设施保障方面，严格按照国家关于污染源普查档案库房标准设置档案整理室，全部具备防火、防盗和防高温等"九防"要求，配备专用计算机、打印机和档案装具，室内安装 2 个以上摄像头，室外配备私人物品保管柜，档案安全管理得到有力保障。

（3）切实加强安全保密

充分利用工作部署会、业务培训和日常检查等时机，宣传保密知识，强调保密规定，筑牢保密思想防线。普查办分别与档案整理第三方和普查人员立下保密责任状，查阅、备份档案资料均采取严格监管措施，形成一级抓一级、层层抓落实、齐抓共管的安全格局。用于档案数字化工作的计算机、扫描仪等信息设备均为单机模式，统一安装违规外联监控软件和防复制软件，并对信息设备输入、输出接口的使用进行管控。同时，采取电子门禁、视频监控等信息技术，强化保密技术运用，坚决守住档案安全这根红线。

5.1.3.2　资料收集到位，力求应收尽收

（1）管理类档案资料及时收

厦门市对各类管理和指导普查工作的相关文件资料，要求全面完整收集归档，包括普查工作形成的招标文件、通知、制度、报告、调度、宣传、培训、审核记录、汇编和表彰等文书、文件材料，做到应收尽收。按照日整日清的原则，文件资料在文件办理完毕后及时归档，重大会议和活动等文件材料在会议和活动结束当日归档。普查办工作人员对每份文件资料坚持每天清理上交，由档案专员检查确认底稿、正文和附件等原件的是否清晰、完整，符合要求的当日扫描存档，电子台账落实一式三份备份，防止丢失或损毁。

（2）污染源类档案资料阶段收

厦门市将入户清查表、入户调查表、普查综合报表、普查名录库等材料纳入污染源类资料。清查阶段，厦门市普查办赋予镇（街道）专属代码，普查员将普查对象入户清查表及佐证材料收集后，归入所属镇（街道）档案，逐家编号赋予"身份证"，建立"一企一档"台账，便于溯源。全面普查阶段，普查员对照入户调查资料清单，将质量控制单、入户调查表和佐证材料收集后归入"一企一档"，便于质控。普查数据定库后，根据保管期限，分源、逐家整理污染源类档案，按永久类档案或 30 年、10 年期档案分别归档，便于管理。

（3）声像实物类档案资料专项收

厦门市始终把声像实物档案作为普查档案的重要组成部分，包括具有查考价值的普查工作照片、录音录像、纪念品、印章和获奖证书等。其中，普查工作重要会议、重要活动等照片纳入图册集档案，马夹、宣传袋、纪念品等纳入实物宣传档案，印章、"两员"证件等纳入实物证件档案。所有实物均拍照冲洗并纳入图册集档案，所有图册均建立数码照片档案。归档的声像材料、实物统一为原版原件，每幅或每组声像实物都附上文字说明，反映声像实物来源，便于利用查找。数码照片档案见图 5-20。

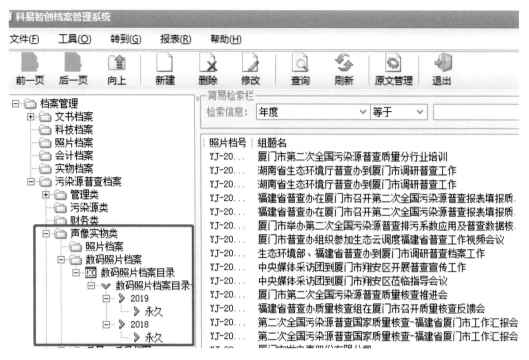

图 5-20　数码照片档案

5.1.3.3　科学管理到位，严格规范归档

（1）对照标准规范归档

认真按照普查档案标准要求，将污染源普查档案文件材料分为管理类、污染源类、财务类、声像实物类和其他类五大类，管理类和污染源类纸质文件材料分件进行整理，污染源类文件材料分源、分类建档，"件"与"件"之间按镇（街道）、居委会（村委会）排列。结合厦门市污染源数量及分布特点，将归档文件以"件"为单位进行分类、排序、编号、编目等，将纸质文件材料进行修整、装订、编页、装盒、排架，将电子文件进行格式转换、归档数据存储。全市普查档案完整、规范，共形成普查档案 2 917 盒（套）。其中，管理类文件档案 289 盒、污染源类档案 2 559 盒、声像实物类档案 41 套、其他类档案 28 套。

（2）依法划定保管期限

厦门市立足于最大发挥档案价值优势，严格按照国家《污染源普查文件材料归档范围与保管期限表》的要求，将全市污染源普查档案的保管期限分为永久和定期两种，定期分为 30 年和 10 年。其中，永久保管期限的有 14 项，30 年保管期限的有 19 项，10 年保管期限的有 19 项。管理类"重要的"归档文件材料保管期限为 30 年或永久；污染源类清查表、入户调查表的保管期限为永久，污染源名录库保管期限为 30 年，其他附件佐证材料为 10 年；不同保管期限的档案合并组为一件整理归档的，保管年限从长。通过合理分类、合法保存的普查档案，充分反映了 10 年来厦门生态环境状况和城市发展的历史面貌，又便于保管和利用。

（3）严格档案复核审查

厦门市始终把普查档案资料的真实性和准确性作为污染源普查的"生命线"，严把复核审查关。档案技术人员严格按照"年度—问题—保管期限"对纸质文件材料进行科学分类、准确分件，普查办档案专员全程跟踪考核，对每一份材料每一个环节逐件审核把关，确保内容不重不漏。为落实审核档案"一事一件"的要求，普查办按"一企一档"要求建立审核记录档案。同时，深入开展"双随机"档案检查工作，厦门市普查办联合市、区档案部门技术专家对全市档案管理工作进行全面考核，找准问题，改出实效。厦门市普查办开展档案工作验收见图 5-21。

图 5-21　厦门市普查办开展档案工作验收

5.1.3.4　档案服务到位，助力环境管理

（1）推动档案服务实用化

档案是污染源普查成果开发应用的起点，厦门市充分应用普查数据支撑生态环境管理需求和课题研究。在落实中央生态环境保护督察反馈问题整改中，准确提供入河（海）排污口位置和水量等数据，助力快速分析溯源；在建设全市生态环境准入与审批综合管理平台中，有力地提供了普查数据落图，与"三线一单"研究成果应用相融合；在开展锅炉及工业炉窑提升改造、"散乱污"排查整治中，及时提供了污染源普查数据，强化大气精准治理。所辖各区也充分应用普查数据，助力打赢污染防治攻坚战。如思明区将普查数据应用于固定污染源排污许可清理整顿和发证登记工作，海沧区将普查数据应用于应对空气质量变化、涉镉等重金属整治、危废排查整治、木制加工行业消防安全整治，翔安区将普查数据应用于铁路沿线的工业企业、小作坊整治，普查成果应用氛围良好，成效显著。

（2）推动档案服务信息化

紧紧围绕加快建设高颜值厦门，以档案管理系统为平台，将档案信息化建设纳入信息技术总体规划，研究开发了"厦门市第二次全国污染源普查成果应用系统"，最大限度地实现普查档案服务功能。该系统以污染源普查成果的展示和共享为建设目标，以第二次污染源普查数据为全市生态环境领域的"基底数据"，在"智慧环保"三期建设和自然资源承载力预警平台设立独立的污染源普查数据分析应用模块，模块提供了污染源原始数据管理、污染源业务数据分析、污染源空间分布分析、污染源成果展示门户等功能，确保普查数据与各类生态环境应用模块数据互联共享，助力生态环境保护事业的发展。普查成果开发应用见图 5-22～图 5-24。

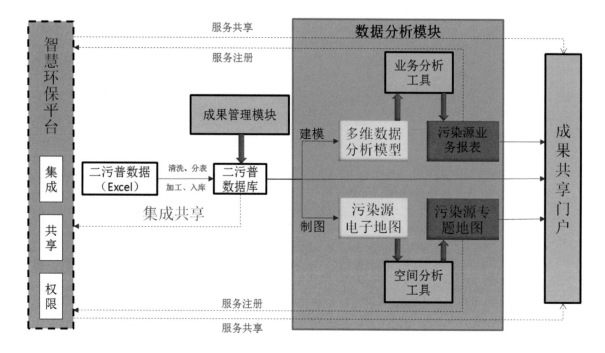

图 5-22　普查成果开发应用总体技术路线

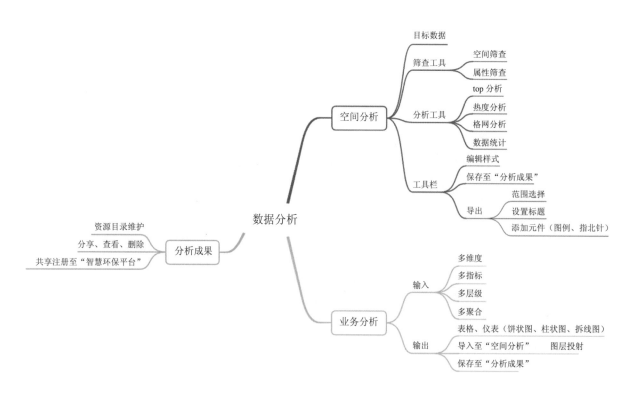

图 5-23　普查成果开发应用数据分析路线

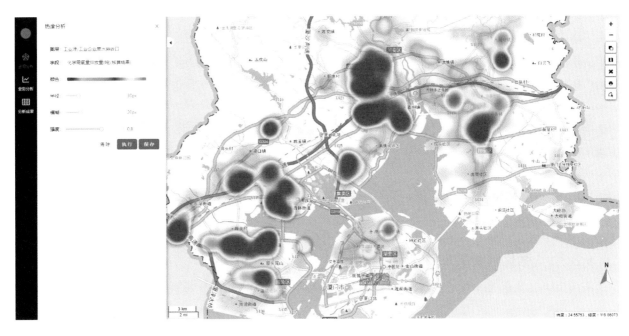

图 5-24　普查成果应用——化学需氧量排放量空间分析

（3）推动档案服务便捷化

厦门市在建档中围绕"以用为本"和为环境管理服务的宗旨，以能用、实用、好用为目标，推动档案服务便捷化。档案整理期间，厦门市、区普查办均配置档案管理专用保密电脑，并安装档案管理应用软件。所有保管期限为30年和永久的管理类和污染源类档案，都经过数字化扫描并录入软件系统，形成档案数据库，可通过关键词和件号调阅文件。为便于档案资料入库，首创档案件号二维码录入模式，纸质档案材料完成数字化扫描后，将每件档案的件号生成二维码，档案入库时通过专用扫描枪扫描二维码，可将二维码对应的件号自动录入档案管理系统，便于准确、快速生成档案目录，实现档案入库的高效、方便、快捷。档案"一件一码"见图5-25。

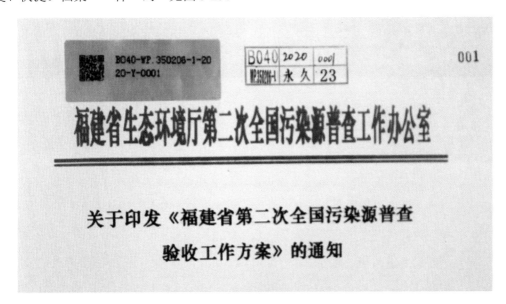

图 5-25　档案"一件一码"

5.2 山东省济南市

5.2.1 基本情况概述

污染源普查档案是普查工作形成的第一手材料，是普查工作的重要成果。济南市第二次全国污染源普查工作办公室坚持"三同时"的原则，严格按照污染源普查档案管理办法及时收集入档，纸质档案与电子档案相结合，内容齐全完整，以达到为环境管理服务的目的，全力支持打赢污染防治攻坚战。

5.2.2 主要做法

5.2.2.1 强化组织保障

济南市第二次全国污染源普查办公室（以下简称济南市普查办）高度重视档案管理工作，普查伊始，市普查办即成立档案组，由济南市档案馆、济南市生态环境局以及普查第三方专业档案人员组成，全程参与普查各阶段档案培训、现场指导、档案整理、档案验收等工作。全市所辖 14 个区县普查办也均按要求成立了档案组，全市上下形成了党委政府统一领导、部门以及各工作组分工协作、全社会共同参与的普查工作格局，有力地保障了污染源普查工作的顺利开展以及各阶段档案的收集、整理等工作。济南市档案馆、生态环境局、普查第三方人员现场交流指导见图 5-26。

图 5-26   济南市档案馆、生态环境局、普查第三方人员现场交流指导

5.2.2.2 加强人员配备

新形势下，各项工作对档案工作人员在业务知识、科学知识以及管理操作能力等方面提出了更新、更高的要求，既要熟悉文件档案管理业务，又要掌握一定的计算机基础和基本技能，还需要对污染源普查工作有全面的了解。为此，济南市普查办配备 2 名专职人员负责对污染源普查所有档案资料的收集、整理、汇总、储存、移交、借阅和保密等工作，采用 A/B 角工作机制增强专业支持，有支撑、有协调、有落实、有保障、有督办地完成工作任务；同时济南市档案馆工作人员以及济南市生态环境局档案室工作人员兼职全市污染源普查档案工作，各区县普查办至少配备 1 名专职人员负责普查档案工作，并配备

一定的兼职人员，健全岗位责任制。专职、兼职人员精通档案管理工作以及普查工作要求，素质高、业务能力强、积极主动、认真负责，为全市污普工作的顺利推进奠定了坚实的基础。

5.2.2.3　建立普查管理制度

济南市普查办为规范济南市污染源普查档案管理，确保档案完整、准确、系统、安全和有效利用，根据生态环境部、国家档案局《关于印发〈污染源普查档案管理办法〉的通知》（环普查〔2018〕30号）以及山东省普查办《关于进一步做好全省第二次全国污染源普查档案管理工作的通知》（鲁污普办〔2019〕13号）等文件要求，并结合济南市档案工作实际，制定了《济南市第二次污染源普查档案管理制度》《济南市第二次污染源普查保密工作制度》《济南市第二次污染源普查督办工作制度》《济南市第二次污染源普查廉政工作制度》《济南市第二次污染源普查调度工作制度》等制度文件，明确了普查档案管理工作具体操作流程、各级各部门对普查数据的保密责任、各级普查机构以及第三方的廉政建设要求、定期调度开展的形式以及内容，保障了全市第二次全国污染源普查工作规范有序推进。济南市第二次全国污染源普查管理等制度文件见图5-27。

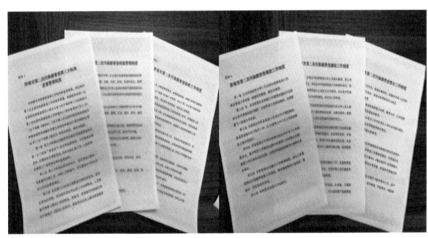

图 5-27　济南市第二次全国污染源普查管理制度文件

5.2.2.4　加大硬件设施配备

济南市在工作准备阶段即按照国家、省普查办要求，高标准、高速度地完成各项准备工作，市级、各区县工作基础条件迅速到位，落实保障经费预算共计4 888.38万元。市级、各区县普查办均设置了专门的办公场所，配全了办公家具、器材，市级以及各区县均设立了专业的档案库房，具备防火、防盗、防高温、防潮、防尘、防光、防磁、防有害生物、防有害气体等保管条件，确保普查档案的安全性。市级以及各区县建设污染源普查档案库房面积共 406 m²，购置档案柜（架）71个、档案盒6 535个、专用档案袋3 301个、硬盘21个、光盘228个，充足的硬件设备保证了全市第二次污染源普查档案工作的顺利实施。济南市第二次全国污染源普查档案设备、光盘及实物档案见图5-28。

图 5-28 济南市第二次全国污染源普查档案设备、光盘及实物档案

5.2.2.5 深化档案规范建设

根据普查工作进度情况，济南市普查办相继印发了《关于转发生态环境部 国家档案局〈关于印发污染源普查档案管理办法〉的通知》的通知》（济污普办〔2018〕9号）、《关于做好我市第二次全国污染源普查档案管理工作的通知》（济污普办〔2018〕11号）、《关于进一步查漏补缺以及报送重点单位档案的通知》（济污普办〔2019〕6号）、《关于报送第二次全国污染源普查档案管理工作情况表的通知》（济污普办〔2019〕9号）、《关于做好迎接省普查办调研污染源普查档案管理相关准备工作的通知》（济污普办函〔2019〕27号）、《关于转发山东省污普办关于污染源普查档案管理以及档案检查验收标准有关文件的通知》（济污普办函〔2019〕55号）、《关于转发〈山东省普查办关于转发污染源普查档案管理工作的关键问题及处理方式的通知〉的通知》（济污普办函〔2019〕61号）以及《关于对第二次全国污染源普查档案整理进展情况开展周调度的通知》等文件，有效保障了普查工作顺利推进，档案规范收集。管理类存档文件见图5-29。

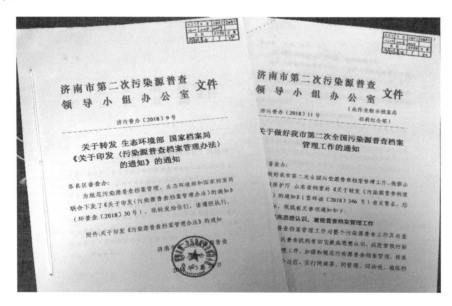

图 5-29 管理类存档文件

5.2.2.6 强化培训指导

济南市普查办高度重视档案培训工作，积极参加国家以及省普查办组织的培训，并向省普查办以及外省市普查办学习先进的档案管理经验，与市档案馆专业人员联合开展档案管理培训，建立档案管理微信群，实时答疑各区县普查档案管理人员在档案管理工作中的问题，无法解答的问题及时形成问题清单，向省普查办请教。为确保污染源普查档案顺利移交同级生态环境部门以及档案馆，在国家、省普查办档案要求的基础上，严格按照进馆要求整理纸质档案、电子档案以及电子目录。2019年10月，在档案整理的关键时期，济南市召开全市第二次污染源普查档案整理工作观摩座谈会，进一步提升全市各级档案管理水平，为全市污染源普查档案顺利通过验收奠定了坚实基础。2020年7月，济南市市普查办、济南市档案馆、济南市档案局组成联合验收组，对各区县普查档案工作进行了逐一现场验收，并同步部署了同级档案移交工作事项及要求。济南市第二次污染源普查档案整理工作观摩座谈会见图5-30。

图 5-30   济南市第二次污染源普查档案整理工作观摩座谈会

5.2.2.7 普查各阶段档案工作

济南市普查办始终坚持档案管理与普查工作"同部署、同管理、同验收"的原则，在顺利完成各阶段工作任务的同时，同步部署档案管理工作，做好普查档案的收集、整理，实现清查方式创新、审核规则创新、核算方式创新。起草的《第二次全国污染源普查数据审核规则》被山东省普查办推荐到部普查办，并在全国省普查办主任会议上做介绍。济南市在山东省率先完成预算编制、率先完成《济南市第二次全国污染源普查实施方案》发布、创新性地完成清查工作、高质量完成宣传工作、率先编制《第二次全国污染源普查数据审核规则》的"五个首先"，得到省普查办领导的高度认可。济南市《第二次污染源普查数据审核规则》目录见图5-31。

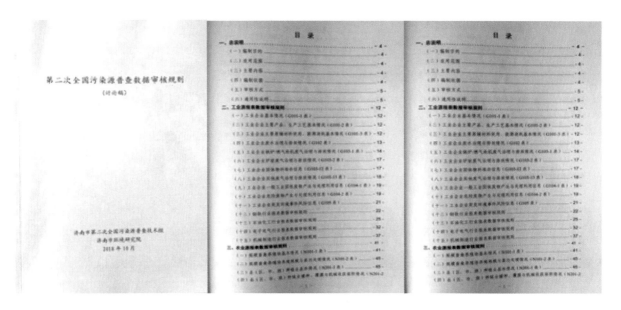

图 5-31   济南市《第二次污染源普查数据审核规则》目录

（1）清查建库阶段

济南市结合济南市智慧环保平台建设，自主开发了"济南市第二次全国污染源普查清查系统"。清查系统提高了数据采集质量，集清查数据线上采集、线上审核、手机端采集实时报送、电脑端审核及时反馈等功能于一体，极大地提高了工作效率。济南市第二次全国污染源普查清查系统见图 5-32。

图 5-32   济南市第二次全国污染源普查清查系统

济南市依据部普查办、省普查办下发的工业源、农业源、集中式污染治理设施数据资料以及市场监管局、城乡水务局提供的生活源锅炉、入河排污口数据资料，建立全市普查的基本名录底册。以基本名录底册为基础，组织普查员，在镇街环保所网格员的配合下，逐一进行清查、核实，完善清查名录底册。对清查名录底册逐一进行审查筛选，最后确定符合条件的普查对象名录。对所有普查对象进行了分类别、分区域的归类处理，逐一登记，为开展普查、配置普查员和普查指导员提供了准确的依据。

　　在清查阶段，济南市普查办要求全市所有企业按照"一企一档"的原则整理档案，企业划分为两类：一是需要全面入户普查的企业，二是不需要全面入户普查的企业。需要全面入户普查的企业按照街道、普查小区整理纸质档案和电子档案。纸质档案主要包括企业法人营业执照和企业清查表，由企业加盖公章后提供；电子档案包含营业执照、定位、现场照片、普查员照片等，这些基础资料可以核对企业的基本情况，确定企业是否在运行，位置是否正确，污染物产生的节点等。不需要全面入户普查的企业按照普查小区整理电子档案，电子档案信息主要包括普查员现场照片和定位。清查档案具体见图 5-33～图 5-35。

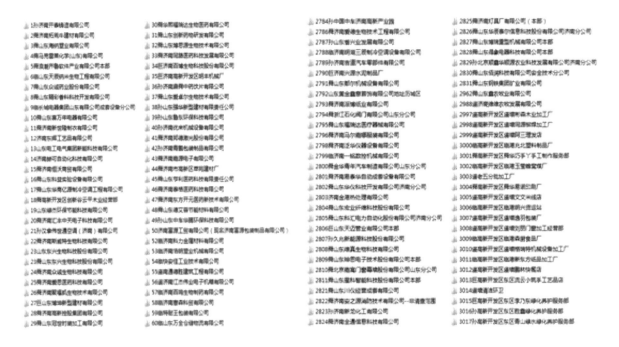

图 5-33　清查档案"一企一档"

（a）巨野河街道办事处

（b）舜华街道办事处

图 5-34　清查纸质档案

（a）现场照片

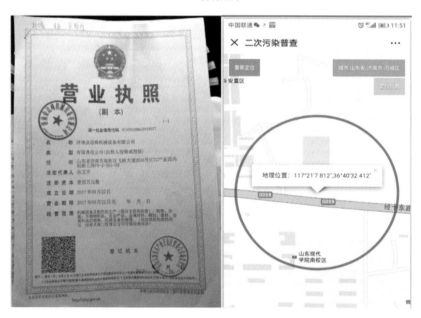

（b）营业执照   （c）定位信息

图 5-35   清查电子档案

　　为了实现清查成果的存储与可视化效果，在坚持"普查成果要科学使用、普查数据要真实有效"的原则下，济南市普查办紧紧围绕"一套数据、一张图、一套科学核算方法"的目标，利用 ArGIS（地理信息系统）软件的数据编辑、误差校正、投影变换、属性库管理将已清查入库的污染源数据转换为点图元文件，形成济南市污染源分布矢量图，矢量图包含了各类污染源的基本信息，可以很方便地在地图上拾取查阅，并且直观地呈现出了济南市五类污染源的分布情况。济南市第二次全国污染源普查清查成果见图 5-36。

图 5-36　济南市第二次全国污染源普查清查成果

（2）普查试点阶段

济南市普查办应用信息化手段，提升现场核查质量。借用遥感影像卫星地图，开展疑似漏查区域核实；引入声学多普勒流速剖面仪（ADCP）开展入河排污口核查工作，实现对排污口的精准定位。采取"先试点，再推广"的普查模式，摸排报表填报过程中存在的各类难题，理顺入户调查工作流程，优化普查数据填报及空间采集方法。在全面入户调查阶段前，组织普查工作人员到不同行业类型的工业企业试填普查报表，与企业环保负责人共同研究数据采集来源和依据，对指标概念不清、数据来源不明、企业难以统计等问题进行汇总，形成了问题清单并研究解决措施，梳理普查阶段需要收集的档案目录，为后期核算提供资料支撑。

（3）全面普查阶段

济南市普查办在全面普查阶段，注重档案资料的收集整理，下发佐证材料清单，要求各区县普查办对每一家调查对象填写普查表格筛选单、佐证材料筛选单，由普查员—普查指导员—普查第三方—质控第三方—普查办多级按序审核，形成质量控制单。全面普查过程中形成的相关数据、图表和其他电子文件作为电子档案一并归档。纸质档案与电子档案分别整理，相互之间检索关系，方便查阅利用。全面入户普查档案示例见图 5-37。

（a）普查表格筛选　　　　（b）佐证材料筛选　　　　（c）质量控制清单　　　　（d）纸质资料清单

图 5-37　全面入户普查档案示例

数据核算阶段，济南市普查办高度重视部普查办以及省普查办审核后下发的问题清单，国家第一轮集中审核以及接下来轮次审核问题、省普查办同步审核问题下发后，专人负责接收，并立即下发到相应区县，及时督促区县整改，并做好档案留存。此外，济南市普查办在现场质控、案头审核、系统审核、软件审核等的基础上，还开展了宏观数据审核、专家会审、交叉审核等，多角度、多方位开展数据审核与质量提升工作，并做好各项审核过程中的档案留存。

济南市普查办及时将普查成果应用于环境管理，将污染源基础信息全部导入智慧环保监管平台，助力网格化环境监管，切实为全市环境质量持续改善提供数据支持。污染源普查基础信息导入智慧环保监管平台见图 5-38。

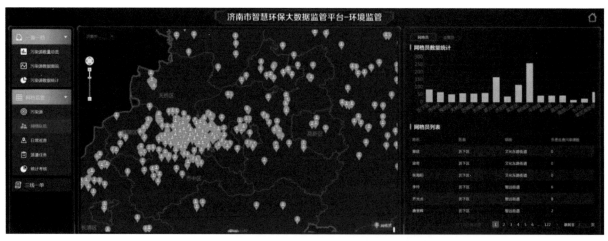

图 5-38　污染源普查基础信息导入智慧环保监管平台

（4）档案整理阶段

普查数据经过部普查办、省普查办审核后，济南市普查办按照《污染源普查档案管理办法》、部普查办、省普查办工作要求以及市档案馆入馆规定，将污染源普查工作中形成的具有保存价值的文字、图表、声像、电子及实物分类归档。

污染源普查文件材料共分为：1 管理类；2 污染源类（2A 工业污染源，2B 农业污染源，2C 生活污染源，2D 集中式污染治理设施，2E 移动源污染源）；3 财务类；4 声像实物类；5 其他类五大类。污染源类又分为工业污染源、农业污染源、生活污染源、集中式污染治理设施和移动污染源五类。

归档的纸质文件材料做到字迹工整、数据准确、图样清晰、标识完整、手续完备，书写和装订材料符合档案保管的要求。电子文件（含电子数据）真实、完整，并在不同存储介质上储存备份两套，同时保证电子文件和纸质文件保持一致。实物档案是将具有保存价值的归档印章、宣传用品等收集齐全、完整无损，整理归档。

保管期限分为永久、定期 30 年、定期 10 年三类，分别以代码 Y、D30、D10 标识。保存永久的档案主要为市级以及各区县普查办印发的通知、报告、函，市级以及区县党政领导有关污染源普查工作的重要讲话、批示，市级以及区县级普查工作会议的报告、讲话、总结、纪要等，市级以及区县级普查办印发的管理办法、实施方案，各级普查文件汇编，污染源普查成果图集，市级以及区县普查机构设置、工作人员名单，污染源普查清查表、填表说明，污染源普查入户调查表、填表说明，市级以及区县级污染源普查机构的年度财务会计报告，污染源普查工作照片、录音、录像，市级以及区县级普查机构印章等。保存为 30 年的档案主要为市级以及各区县级普查机构规章制度、工作总结、工作简报、调研报告，市级以及区县级普查机构召开的专业会议相关文件材料，各类污染源名录库，市级以及区县级污染源普查机构的会计凭证、会计账簿等。保存为 10 年的档案主要为污染源普查培训相关文件材料，普查宣传方案、宣传材料，各类污染源普查数据，各类污染源普查清查产生的相关文件材料（包括营业执照、厂区平面布置图、水平衡图、生产工艺流程图、环评报告、验收报告、清洁生产报告、风险评估报告、突发环境事件应急预案、主要产品、主要原辅材料、主要燃料、用电量、环统数据、环保设施运行台账、废气（水）污染治理设施以及检测报告等 33 项资料），各类污染源普查试点产生的相关文件材料，污染源普查工作标志、奖牌、锦旗等。

管理类和污染源类纸质文件材料均以"件"为单位进行整理，以每份文件为一件，正文、附件为一件。排序时，正文在前，附件在后。原件与复印件为一件，原件在前，复印件在后。有文件处理单或发文稿纸的，文件处理单或发文稿纸与相关文件为一件。一般一次会议为一件。针对不同类型污染源进行采集（或登记）不同数据（或信息）的文件各为一件，内容单薄的相关依据性文件组合为一件。各类污染源的汇总性文件材料各为一件。

文件按照事由、结合时间和重要度进行排列。同一事由的文件，按成文时间的先后顺序排列。重要度由高到低排列。装订以"件"为单位。装订前去除文件上的装订夹、订书钉、曲别针等不合格装订用品。采用左上角装订，将左上侧对齐。较厚的文件采用"三孔一线"装订方式。

排列好的文件按顺序编制档号。在文件材料首页上端空白位置加盖归档章。归档章中填写全宗号、年度、件号、保管期限和页数。文件依据档案顺序编制文件目录，目录表格纸采用 A4 幅面，页面横向设置。备考表按照管理办法要求的尺寸制作，填写后置于盒内所有文件之后。将归档文件按件号装入档案盒。选择与文件厚度相当的档案盒，档案盒能空出一根手指为宜。装订好的档案，按照类别、保管期限，分类上架，安全保存。济南市第二次全国污染源普查档案归档文件目录示例和归档示例见图 5-39、图 5-40。

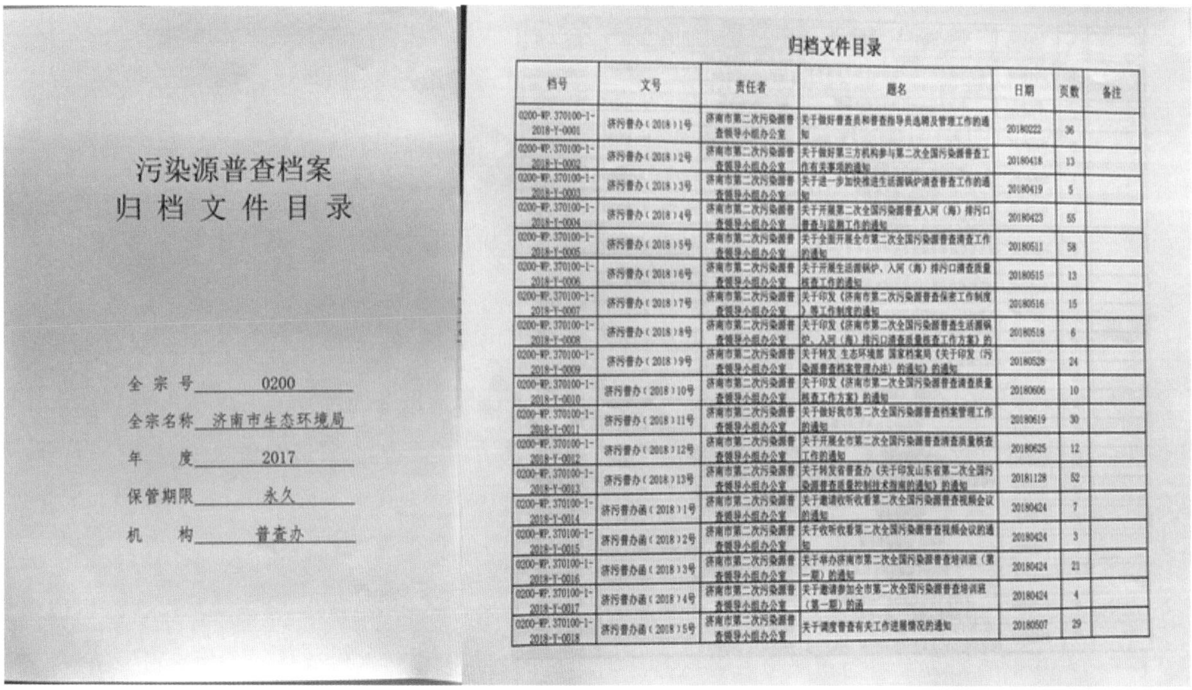

污染源普查档案
归 档 文 件 目 录

全 宗 号　0200
全宗名称　济南市生态环境局
年　　度　2017
保管期限　永久
机　　构　普查办

归档文件目录

档号	文号	责任者	题名	日期	页数	备注
0200-WP.370100-1-2018-Y-0001	济污普办（2018）1号	济南市第二次污染源普查领导小组办公室	关于做好普查员和普查指导员选聘及管理工作的通知	20180222	36	
0200-WP.370100-1-2018-Y-0002	济污普办（2018）2号	济南市第二次污染源普查领导小组办公室	关于做好第三方机构参与第二次全国污染源普查工作有关事项的通知	20180418	13	
0200-WP.370100-1-2018-Y-0003	济污普办（2018）3号	济南市第二次污染源普查领导小组办公室	关于进一步加快推进生活源锅炉清查普查工作的通知	20180419	5	
0200-WP.370100-1-2018-Y-0004	济污普办（2018）4号	济南市第二次污染源普查领导小组办公室	关于开展第二次全国污染源普查入河（海）排污口普查与监测工作的通知	20180423	55	
0200-WP.370100-1-2018-Y-0005	济污普办（2018）5号	济南市第二次污染源普查领导小组办公室	关于全面开展全市第二次全国污染源普查清查工作的通知	20180511	58	
0200-WP.370100-1-2018-Y-0006	济污普办（2018）6号	济南市第二次污染源普查领导小组办公室	关于开展生活源锅炉、入河（海）排污口清查质量核查工作的通知	20180515	13	
0200-WP.370100-1-2018-Y-0007	济污普办（2018）7号	济南市第二次污染源普查领导小组办公室	关于印发《济南市第二次污染源普查保密工作制度》等工作制度的通知	20180516	15	
0200-WP.370100-1-2018-Y-0008	济污普办（2018）8号	济南市第二次污染源普查领导小组办公室	关于印发《济南市第二次全国污染源普查生活源锅炉、入河（海）排污口清查质量核查工作方案》的	20180518	6	
0200-WP.370100-1-2018-Y-0009	济污普办（2018）9号	济南市第二次污染源普查领导小组办公室	关于转发 生态环境部 国家档案局《关于印发〈污染源普查档案管理办法〉的通知》的通知	20180528	24	
0200-WP.370100-1-2018-Y-0010	济污普办（2018）10号	济南市第二次污染源普查领导小组办公室	关于印发《济南市第二次全国污染源普查清查质量核查工作方案》的通知	20180606	10	
0200-WP.370100-1-2018-Y-0011	济污普办（2018）11号	济南市第二次污染源普查领导小组办公室	关于做好我市第二次全国污染源普查档案管理工作的通知	20180619	30	
0200-WP.370100-1-2018-Y-0012	济污普办（2018）12号	济南市第二次污染源普查领导小组办公室	关于开展全市第二次全国污染源普查清查质量核查工作的通知	20180625	12	
0200-WP.370100-1-2018-Y-0013	济污普办（2018）13号	济南市第二次污染源普查领导小组办公室	关于转发省普查办《关于印发山东省第二次全国污染源普查质量控制技术指南的通知》的通知	20181128	52	
0200-WP.370100-1-2018-Y-0014	济污普办函（2018）1号	济南市第二次污染源普查领导小组办公室	关于邀请收听收看第二次全国污染源普查视频会议的通知	20180424	7	
0200-WP.370100-1-2018-Y-0015	济污普办函（2018）2号	济南市第二次污染源普查领导小组办公室	关于收听收看第二次全国污染源普查视频会议的通知	20180424	3	
0200-WP.370100-1-2018-Y-0016	济污普办函（2018）3号	济南市第二次污染源普查领导小组办公室	关于举办济南市第二次全国污染源普查培训班（第一期）的通知	20180424	21	
0200-WP.370100-1-2018-Y-0017	济污普办函（2018）4号	济南市第二次污染源普查领导小组办公室	关于邀请参加全市第二次全国污染源普查培训班（第一期）的函	20180424	4	
0200-WP.370100-1-2018-Y-0018	济污普办函（2018）5号	济南市第二次污染源普查领导小组办公室	关于调度普查有关工作进展情况的通知	20180507	29	

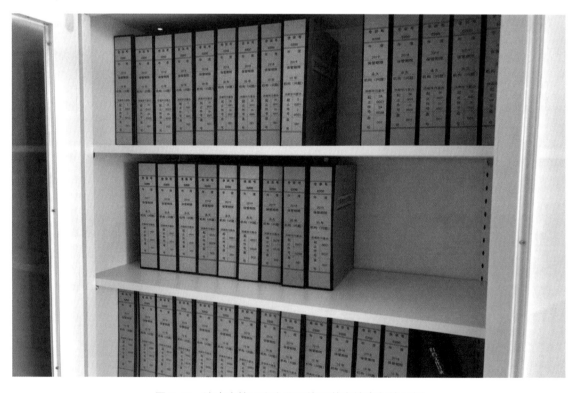

图 5-39　济南市第二次全国污染源普查档案归档文件目录示例

图 5-40　济南市第二次全国污染源普查档案归档示例

5.2.3　工作经验

5.2.3.1　注重建章立制和能力建设

根据国家、省有关档案管理的文件及要求，济南市普查办制定下发了《济南市第二次全国污染源普查档案管理制度》等多份文件，对普查档案进行全过程管理。市级以及区县级普查办均配备专职档案管理人员，济南市生态环境局档案室有关负责同志与济南市档案馆保持密切联系，随时进行指导、规范，保证了档案管理的质量，并且为后期档案移交打好基础。通过组织参加上级普查机构举办的档案培训班、开展全市污染源普查档案培训及档案管理现场观摩交流会等多种方式，不断提升全市各级档案管理水平。

5.2.3.2　注重第一手档案资料的准确性

入户调查阶段是整个普查工作最基础的阶段，必须尽量减少错误和误差。该阶段济南市开展了试填报，同时加强了对普查员和普查指导员的前期培训，讲解污染源普查知识、普查信息采集、核对、录入、产排污核算、分析汇总等各种工作技能，并根据试填报情况在全市部署全面普查阶段档案收集要点。该阶段收集的档案齐全、真实，为后期质量控制减少了工作量，并提高了数据准确性。

5.2.3.3　坚持"以用为本"和为环境管理服务的宗旨

济南市在全面真实准确地收集整理了污染源普查各阶段形成的文件、报告、报表等系列资料的同时，注重同步发挥数据档案支撑作用。工作开展期间，我们就结合环境管理需要，在严格遵守保密制度的前提下，为排污许可管理工作、重点排污单位筛选、全市空气质量分析、重点流域周边企业排查、重污染天气应急清单以及挥发性有机物"一企一策"方案的编制等多方面业务工作提供基础数据支撑。2020年3月，济南市在普查数据应用方面的经验做法被山东省生态环境厅转发山东省其他各市学习借鉴。

5.2.3.4　坚持"数据质量是生命线"

在普查各阶段，秉持质量控制贯穿始终的原则，建立完善市级对区县档案连续指导机制，通过微信群、电话指导等多种形式，使区县档案工作严格按规范完成，做到标准地调取企业资料清单，完善质控表核实机制，实现两次双人输入，保证数据电子档案和纸板档案可对照、可印证，为后期数据核算奠定了基础。

污染源普查档案是环境保护档案的重要组成部分，真实记录第二次全国污染源普查工作的全过程以及每个对象的资料和原始数据，是实行环境管理和决策科学化的重要依据。用活用好普查档案，才可以让普查档案更好地为环境管理服务。

5.3　河南省开封市

5.3.1　基本情况概述

污染源普查档案是第二次全国污染源普查工作的重要成果，是普查数据的有力支持，也是污染源管理的基础性文件材料。第二次全国污染源普查工作启动以后，开封市第二次全国污染源普查领导小组办公室将污染源普查档案管理工作摆在重要位置，严格落实档案建设与普查工作"三同时"制度，着力加强和规范了污染源普查档案管理工作。在部普查办、河南省普查办和开封市档案馆的指导下，开封市第二次全国污染源普查工作办公室（以下简称开封市普查办）创新思维，积极探索新模式、新方法，总结出一套符合开封实际的档案管理模式：一是提前谋划、及早部署。在污染源普查工作开始之前，开封市第二次全国污染源普查领导小组办公室便确定了"边普查、边归档"的建档思路，并抽调专人负责，购置建档设备，对各类资料、普查数据分门别类做好归档工作。二是创新方法、注重实效。在纸质档案整理的基础上，开封市积极探索科学的档案管理模式，提高档案调用的及时性，经过反复摸索，开创了"纸质档案+电子档案"的档案管理模式，更好地实现了档案管理智能化、普查档案服务环境管理的目标。

5.3.2　主要做法

开封市普查办在档案建立上，严格按照"分级负责，严格规范，纸电同步"的原则；在档案整理上，严格遵照"边普查边收集、边收集边整理、边整理边归档、边归档边使用"的原则；在档案利用上，严格遵守"函来函往、领导审批、单独反馈"的原则，确保普查档案完整准确、系统规范、有效利用、使用安全，充分发挥普查成果推广价值。

5.3.2.1　组织管理方法

（1）成立档案组，落实责任制

普查之初，开封市普查办成立档案组，实行领导负责制，制定了开封市第二次全国污染源普查档案管理人员岗位责任制，开封市普查办档案工作分管领导负责污染源普查档案管理工作的人、财、物保障到位，监督执行档案管理制度，科学管理污染源普查档案。档案组下设综合（农业）组档案管理员、技术组档案管理员、数据组档案管理员、督办组档案管理员和宣传组档案管理员。市级技术支持单位河南源通环保工程有限公司在档案管理方面提供了4人技术支持团队归入档案组，档案组人员全部进行岗前培训，参与开封市第二次全国污染源普查档案管理全程工作。

为确保污染源普查档案管理工作有人抓、有人管、有人干，全市抽调25名专职人员，各县（区）普查办统一设置1～2名专职档案人员，在市档案组指导下，专门负责污染源普查档案材料收集、整理，并严格按照"普查前有准备、普查中有收集、普查后有整理"的工作思路开展工作，确保档案管理工作有规可依，档案管理人员专司其职，进一步充实了污染源普查档案管理工作的人才队伍，为普查档案同时开展、同时推进、同时完成奠定了坚实基础。

（2）足额落实经费，物资配备齐全

普查经费是制约普查工作成功与否的关键因素，没有普查经费做保障，普查各项工作都无法有效开展。为了确保开封市普查工作真正落实到位，开封市第二次全国污染源普查领导小组办公室高度重视经费落实情况，多次积极协调有关部门做好经费落实工作，同时开封市财政部门多次召开会议，督促落实普查经费。2019年6月，开封市常务副市长在污染源普查档案管理工作推进会上强调了污染源普查档案建设要与污染源普查工作并重，市财政大力支持污染源普查工作。本着"用多少拨多少"的原则，共落实普查经费 800 万元，保障了开封市污染源普查档案管理工作的顺利开展。开封市常务副市长组织召开档案管理工作推进会见图 5-41。

图 5-41 开封市常务副市长组织召开档案管理工作推进会

为落实档案管理制度，开封市第二次全国污染源普查领导小组办公室建立了 $16 m^2$ 的污染源普查专用档案室，按照"十防"等要求，配备了空调、温湿度计、灭火器、档案柜等专用设备，优化了档案管理环境，为档案的存放和管理提供了良好的基础保障。为确保普查工作、档案整理工作同步推进，开封市第二次全国污染源普查领导小组办公室购置污染源普查档案整理、建档、管理专用电脑 4 台、打印机 4 台（彩打机 1 台，黑白打印机 3 台）、彩色扫描仪 2 台、相机 1 台、录像机 1 台、碎纸机 1 台、档案专用装订机 1 台、打孔机 1 台、专用档案盒 1 000 余个，刻制了归档章 1 个，为同时开展、同时推进、同时完成普查档案奠定了坚实的物质基础。

（3）完善制度建设，实施规范管理

为进一步完善开封市第二次全国污染源普查档案管理制度体系，2019 年 5 月，开封市普查办印发了《开封市第二次全国污染源普查档案管理制度》，共 16 条，涵盖了污染源普查分类方案、归档范围、档案整理工作流程、安全保密及利用、档案工作管理体制、档案管理职责、库房管理等。各县（区）也分别制定了档案管理制度，各级普查机构明确了污染源普查档案负责人，形成协调统一的档案管理工作格局，确保污染源普查档案管理工作高效推进。同时市（县、区）普查办将"污染源普查文件材料归档要求""污染源普查保密管理工作要求"制作成展板，上墙挂在档案室，做到了制度上墙、职责入心。开封市第二次全国污染源普查档案管理制度如图 5-42 所示。

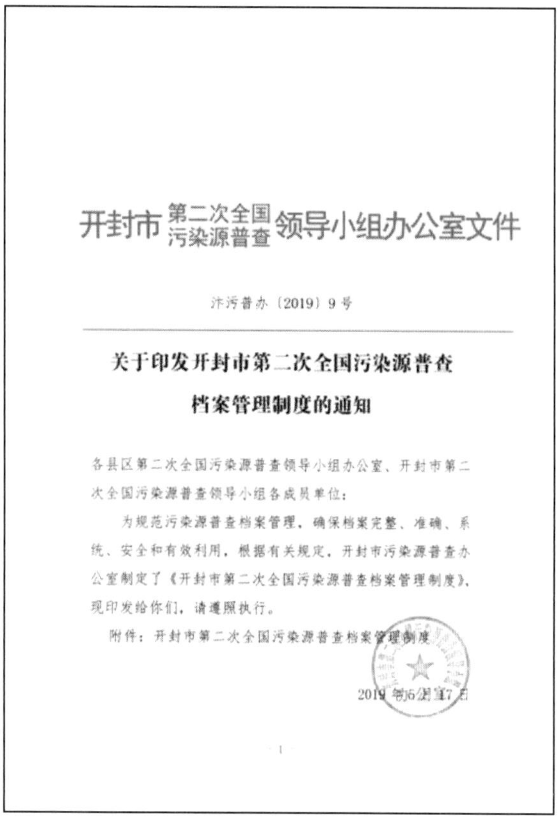

开封市第二次全国污染源普查领导小组办公室文件

汴污普办〔2019〕9号

关于印发开封市第二次全国污染源普查档案管理制度的通知

各县区第二次全国污染源普查领导小组办公室、开封市第二次全国污染源普查领导小组各成员单位：

为规范污染源普查档案管理，确保档案完整、准确、系统、安全和有效利用，根据有关规定，开封市污染源普查办公室制定了《开封市第二次全国污染源普查档案管理制度》，现印发给你们，请遵照执行。

附件：开封市第二次全国污染源普查档案管理制度

2019年6月17日

- 1 -

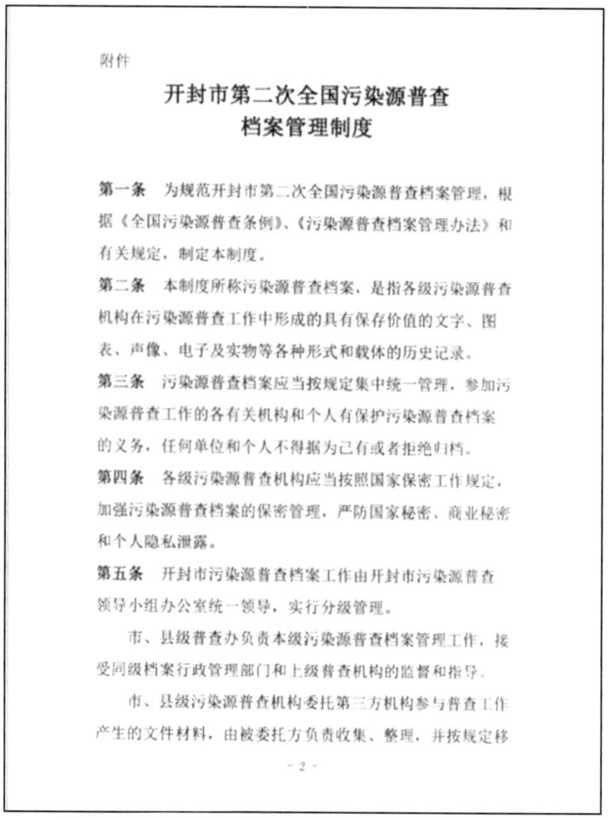

附件

开封市第二次全国污染源普查档案管理制度

第一条 为规范开封市第二次全国污染源普查档案管理，根据《全国污染源普查条例》、《污染源普查档案管理办法》和有关规定，制定本制度。

第二条 本制度所称污染源普查档案，是指各级污染源普查机构在污染源普查工作中形成的具有保存价值的文字、图表、声像、电子及实物等各种形式和载体的历史记录。

第三条 污染源普查档案应当按规定集中统一管理，参加污染源普查工作的各有关机构和个人有保护污染源普查档案的义务，任何单位和个人不得据为己有或者拒绝归档。

第四条 各级污染源普查机构应当按照国家保密工作规定，加强污染源普查档案的保密管理，严防国家秘密、商业秘密和个人隐私泄露。

第五条 开封市污染源普查档案工作由开封市污染源普查领导小组办公室统一领导，实行分级管理。

市、县级普查办负责本级污染源普查档案管理工作，接受同级档案行政管理部门和上级普查机构的监督和指导。

市、县级污染源普查机构委托第三方机构参与普查工作产生的文件材料，由被委托方负责收集、整理，并按规定移

- 2 -

图 5-42　开封市第二次全国污染源普查档案管理制度

（4）强化档案培训，提高管理水平

开封市普查办高度重视污染源普查档案管理培训工作，为减少信息衰减，采用全市统一培训的方法进行培训。2018 年 9 月，开封市第二次全国污染源普查领导小组办公室邀请了开封市档案馆专家和开封市保密局专家分别就“污染源普查档案的收集整理”“污染源普查保密知识讲座”等内容对全市负责普查档案管理的专职人员共计 25 人进行了档案管理与保密培训。通过培训学习，档案管理人员提高了对档案管理工作重要性的认识，克服了重普查、轻档案的思想，扭转了普查结束再做档案的观念，掌握了开封市污染源普查档案管理的基本要求，明确了污染源普查档案的范围、内容、保管期限、操作程序等建档标准，不但提高了档案管理标准，还增强了保密意识；2019 年 9 月，开封市普查办召开了开封市第二次全国污染源普查数据交叉会审、档案管理暨普查数据保密管理培训班，各县（区）分管污染源普查工作的局长、普查工作办主任及技术人员参会培训，学习了河南省第二次全国污染源普查数据质量提升、档案整理暨数据安全管理培训班的精神，强调了档案管理工作的重要性，对档案整理进度慢的县（区）进行重点帮扶指导，避免走弯路。开封市第二次全国污染源普查档案管理培训见图 5-43。

图 5-43　开封市第二次全国污染源普查档案管理培训

（5）制定档案整理流程，助推档案整理规范化

按照《污染源普查档案管理办法》要求，开封市、县普查办明确专职档案工作人员对污染源普查文件材料进行归档。2018 年 9 月 4 日，开封市召开档案管理培训会，提高了档案管理人员对建档工作重要性的认识，在此基础上，由开封市普查办和市档案馆统一制定市级和县（区）档案整理规范指导档案整理工作，并制定了开封市第二次全国污染源普查档案整理工作流程，将收集好的文件资料按照档案整理工作流程进行组件、分类、编号、数字化、装盒、排架等，分门别类做好档案整理工作，使纸质档案和电子档案整理形成一个有序的整体，提高了档案管理工作的效率。开封市第二次全国污染源普查档案整理工作流程如图 5-44 所示。

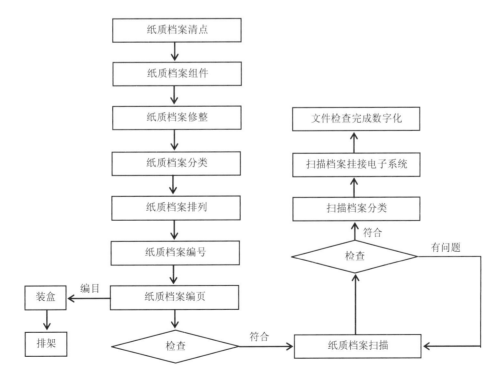

图 5-44　开封市第二次全国污染源普查档案整理工作流程

（6）坚持示范推进，落实检查考核

为避免档案管理工作出现反复、走弯路现象，开封市普查办带头对普查资料整理归档，并形成范本在全市推广，让各县（区）普查办"学有榜样、做有模样"。同时，建立了每季度组织召开污染源普查档案管理现场会制度，通过观摩学习，查摆问题，共同提高。

开封市普查办档案工作组每季度召开一次全市档案工作会议，讲评、安排档案工作等；每月定期深入县（区），通过查看建档资料、听取汇报等形式进行评比，确保考核工作进度和归档质量。此外，开封市普查办每季度对各县（区）污染源普查档案管理工作进行全面检查考核，对档案整理较好的县（区）进行表彰，对档案工作整理不到位的县（区）进行帮扶，增强"有第一就争、有红旗就扛"的档案管理氛围，充分调动档案管理人员的工作积极性与主动性，推动档案管理工作高质量发展。开封市档案工作季度会和县（区）档案工作考核见图5-45。

（a）档案工作季度会　　　　　　　　　　　　　　（b）县（区）档案工作考核

图5-45　开封市档案工作季度会和县（区）档案工作考核

（7）统一审查审核，提高档案管理水平

为提高档案管理水平，开封市普查办结合开封市在档案整理过程中形成的有益经验，将质量审核和档案整理同步进行，按照"四个保证"要求严格核查归档。"四个保证"即在普查表填报上保证"原始真实性"，在资料审查上保证"合规有效性"，在普查技术指导上保证"逻辑合理性"，在资料归档整理上保证"系统完整性"，确保归档资料真实、准确、合理、完整。开封市、县（区）普查办将质量控制贯穿到档案整理工作的全过程，做到了"有问题及时提出，有质疑现场核实，有困难共同解决"，整体提高了开封市第二次全国污染源普查档案整理水平。开封市档案工作组统一审查审核归档资料见图5-46。

5.3.2.2　纸质档案整理归档

按照生态环境部和国家档案局印发的《污染源普查档案管理办法》和河南省印发的《河南省第二次全国污染源普查档案管理实施细则》《开封市第二次全国污染源普查档案管理制度》的要求，结合开封市档案馆关于档案整理的相关要求，开封市完成了第二次全国污染源普查纸质档案的归档。开封市第二次全国污染源普查纸质档案按照"五个统一"进行归档。

图 5-46　开封市档案工作组统一审查审核归档资料

（1）统一收集整理

开封市在第二次全国污染源普查开始之际，开封市普查办就定下了"边普查边归档"的工作思路，并要求各县（区）抽调专人负责，对普查工作中的各类文件材料、表册数据分门别类做好归档工作。按照"有用的都存下来、存下来都准确"的原则，做好普查存档的前期收集工作。前期收集工作中每一类都做到精细分类，如文件资料按照国家普查文件、省普查文件、市普查文件、县（区）普查文件等分类收集，会议资料按照电视电话会议、视频会议、技术培训会、软件培训会、"两员"培训会、推进会、调研会等分类收集。开封市普查办对原始资料认真梳理分类，及时查缺纠错，确保了每份档案资料数据准确、内容齐全。资料收集归档到位，为档案归档工作打下了良好基础。普查资料收集分类与梳理分类见图 5-47、图 5-48。

图 5-47　普查资料收集分类

图 5-48　普查资料梳理分类

（2）统一组件整理

开封市、县（区）普查办统一对收集整理的文件资料以"件"为单位进行整理。

管理类文件材料：开封市普查办和各县（区）普查办对边普查边收集的文件、会议、培训、"两员"选聘、数据保密、简报、名录库、清查表、普查表、质量核查、帮扶、宣传、大事记等资料按照《污染源普查档案管理办法》的要求，遵循普查文件材料的形成规律和特点对其进行清点、组件。

污染源类文件材料：污染源普查清查表依据区域划分组件，县（区）清查表以乡镇为单位作为一件存档，不建议纳入入户调查对象的佐证材料和证明以乡镇为单位作为一件存档，清查纳入入户调查对象情况汇总表以源为单位作为一件存档；普查表按照河南省"一企一档"的要求，将每个普查对象的"系统导出打印的普查表""入户调查原始表""质量控制单""佐证材料"等作为一件存档，普查过程中关闭、停产、其他的佐证材料和证明以县（区）为单位作为一件存档，入户调查汇总表以源为单位作为一件存档。

（3）统一分类整理

按照《污染源普查档案管理办法》《河南省第二次全国污染源普查档案管理实施细则》和《开封市第二次全国污染源普查档案管理制度》的要求，开封市、县（区）普查机构对收集整理的文件资料进行分类整理。开封市第二次全国污染源普查档案共分为五大类：一是管理类；二是污染源类（2A 工业污染源、2B 农业污染源、2C 生活污染源、2D 集中式污染源处理设施、2E 移动污染源、2F 污染源综合类）；三是财务类（由于开封市普查经费没有独立账户，将经费申请文件归入管理类）；四是声像实物类；五是其他类材料。按照《污染源普查档案管理办法》的要求，根据文件材料的成文时间，每一类文件材料保管期限分为永久、定期 30 年、定期 10 年。开封市、县级普查办明确专职档案工作人员统一对每件普查材料进行分类。普查过程形成的各类文件、"两员"选聘资料、数据保密相关资料、简报、大事记、宣传方案、质量核查报告、总结报告、技术报告、验收报告等归入管理类，各县（区）清查阶段纳入入户调查对象情况汇总表、不建议纳入入户调查对象情况汇总表、纳入入户调查对象清查表、不建议纳入入户调查对象佐证材料、名录库、名录比对记录及报告等归入污染源类。

开封市、县（区）普查机构按照档案整理流程对污染源普查文件材料进行了归档。

（4）统一编号编页

按照《污染源普查档案管理办法》的要求，将每件排列好后，逐件编写档号、页码，各类文件材料按照档案行政管理部门分配的全宗号-WP（全国污染源普查档案）．行政区域代号-文件类别代码-年度-保管期限代码-件号的格式编制档号；页码的编写位置在正页面右上角、反页面左上角的空白处，页码使用黑色铅笔编写。

（5）统一装订入盒

文件资料以"件"为单位进行装订，装订方式采用线装。装订后的污染源普查纸质档案，经开封市普查档案工作小组审查，统一按照档案类别和件号的顺序，编制归档文件目录和检索目录后装入档案盒，装盒后的文件材料，统一填写备考表和档案盒的盒脊。

（6）纸质档案整理归档成效

按照《污染源普查档案管理办法》《河南省第二次全国污染源普查档案管理实施细则》和《开封市第二次全国污染源普查档案管理制度》的要求，结合开封市档案馆关于档案整理的相关要求，开封市普查办对普查期间已形成的各类文件、表册、声像等资料完成了归档工作，市级污染源普查纸质档案共形成管理类 325 件，污染源类 27 件，声像实物类 245 件，其他档案 3 件，合计 600 件，48 个档案盒。开封市档案工作组夯基础、解难题、促规范将各类档案进行了归档，记录了每个阶段的普查工作。2020年 7 月 9 日，《中国档案报》在新时代专业档案工作栏目刊登了《创新方式方法　全面提升污染源普查档案管理水平——河南省开封市第二次全国污染源普查档案管理工作纪实》，分享了开封市普查档案管理经验，对开封市普查档案工作具有积极意义。各类污染源具体见图 5-49～图 5-54。

归 档 文 件 目 录

序号	档号	文号	责任者	题名	日期	页数	备注
1	0156-WP.410201-1-2018-Y-0020	豫污普办〔2018〕36号	河南省普查办	河南省第二次全国污染源普查领导小组办公室转发国务院第二次全国污染源普查领导小组办公室关于印发第二次全国污染源普查制度的通知	20180912	188	
2	0156-WP.410201-1-2018-Y-0021	豫污普办〔2018〕38号	河南省普查办	河南省第二次全国污染源普查领导小组办公室关于转发李干杰部长在第二次全国污染源普查工作推进视频会议上的讲话的通知	20180912	20	
3	0156-WP.410201-1-2018-Y-0022	汴环文〔2018〕117号	开封市环境保护局	开封市第二次全国污染源普查局内任务分工的通知	20180329	4	
4	0156-WP.410201-1-2018-Y-0023	汴污普办〔2018〕1号	开封市普查办	关于转发第二次全国污染源普查普查员和普查指导员选聘及管理工作指导意见的通知	20180206	15	
5	0156-WP.410201-1-2018-Y-0024	汴污普办〔2018〕5号	开封市普查办	关于做好开封市第二次全国污染源普查普查员和普查指导员选聘及管理工作的通知	20180327	8	
6	0156-WP.410201-1-2018-Y-0025	汴污普办〔2018〕11号	开封市普查办	关于转发豫污普办【2018】11号的通知	20180408	56	
7	0156-WP.410201-1-2018-Y-0026	汴污普办〔2018〕14号	开封市普查办	关于转发国污普【2018】7号文件的通知	20180511	11	
8	0156-WP.410201-1-2018-Y-0027	汴污普办〔2018〕34号	开封市普查办	关于转发豫污普办【2018】36号文件的通知	20180920	191	

图 5-49　管理类文件归档文件目录样式

图 5-50 管理类归档文件（以一件文件为例）

归 档 文 件 目 录

序号	档号	文号	责任者	题名	日期	页数	备注
1	0156-WP.410201-2-2018-D30-0003		开封市普查办	开封市第二次全国污染源普查名录库（示范区）	20180427	128	
2	0156-WP.410201-2-2018-D30-0004		开封市普查办	开封市第二次全国污染源普查名录库（龙亭区）	20180427	45	
3	0156-WP.410201-2-2018-D30-0005		开封市普查办	开封市第二次全国污染源普查名录库（顺河区）	20180427	95	
4	0156-WP.410201-2-2018-D30-0006		开封市普查办	开封市第二次全国污染源普查名录库（禹王台区）	20180427	68	
5	0156-WP.410201-2-2018-D30-0007		开封市普查办	开封市第二次全国污染源普查名录库（鼓楼区）	20180427	96	

图 5-51 污染源类文件归档文件目录样式（以污染源类综合类的一个档案盒为例）

图 5-52 污染源类归档文件（以污染源类综合类为例）

开封市第二次全国污染源普查
生活源入户调查对象汇总表

开封市第二次全国污染源普查工作办公室
2019 年 12 月

图 5-53　污染源类归档文件（以一件污染源类生活源为例）

图 5-54　声像实物类归档文件

0156 | 2019 | 0002
WP.41020115 | D30 |

河南省第二次全国污染源普查领导小组办公室

邀 请 函

开封市第二次全国污染源普查领导小组办公室：

我办拟于 2019 年 9 月 11 日对全省各地市普查机构的档案管理人员进行档案管理和数据保密培训，培训内容为：污染源普查资料整理归档以及电子档案管理系统建设等。特邀请张传虎主任授课，请予以支持为盼。

2019 年 9 月 4 日

图 5-55　其他类归档文件

5.3.2.3　档案管理系统

（1）建档依据

为顺应档案信息化、数字化、电子化管理要求，结合《污染源普查档案管理办法》《河南省第二次全国污染源普查档案管理实施细则》和《开封市第二次全国污染源普查档案管理制度》的要求，在整理、完善污染源普查纸质档案的基础上，开封市同步开发了开封市第二次全国污染源普查档案电子管理系统，市、各县（区）都有专属的账号和密码，污染源普查档案使用的安全性和规范性大大提高。纸质档案转变为数字化电子档案，推进了全市污染源普查档案一体化管理，档案电子管理系统操作方便、一目了然，做到了"人人懂流程、人人会操作"，提高了污染源普查档案管理水平。

（2）档案电子管理系统结构

开封市第二次全国污染源普查档案电子管理系统具有检索、阅览、上传、下载、保存、共享等功能。根据开封市档案整理实际情况，档案电子管理系统分为三级标准化目录（一级目录 4 项、二级目录 13 项、三级目录 20 项），点击每一级目录，均可显示上传的相应内容，实现了资源数字化、档案查得到，为充分发挥档案再利用提供了有力支撑和保障。

在环保专网环境下输入档案电子管理系统网址，进入登录界面，输入相应的账号密码，即可进入电子档案管理系统首页。档案电子管理系统首页左边一列显示的是检索目录（文件归档目录和企业归档目录）和信息采集窗口（资料管理菜单）。第一个检索目录是文件归档目录，第二个检索目录是企业归档目录，归档目录和纸质档案的归档文件目录——对应，从左到右依次显示档号、文号、责任者、题名、日期、页数和备注，文件归档目录和企业归档目录主要作用是快速定位同类档案资料，迅速查找纸质档案。第三个是资料管理菜单，主要用来上传资料，首先选择所上传资料的类别，点击浏览，打开上传资料即完成上传。

档案电子管理系统首页的右上角显示的是一级目录，包括管理类、污染源类、声像实物类和其他类，各类一级目录下设二级目录和三级目录。

管理类的二级目录包括普查文件、宣传资料、数据保密、"两员"资料、大事记和普查报告，管理类的三级目录包括国家普查文件、豫普查文件、汴普查文件、区县文件、工作简报、保密协议、数据交接、保密相关、"两员"合格名单和基本信息、年度大事记等。

污染源类的二级目录包括普查名录、比对名录、普查数据库和相关资料；三级目录包括工业污染源、农业污染源、集中式污染治理设施、生活污染源和移动污染源、清查资料、核查资料等。

声像实物类的二级目录包括照片、音像资料和相关实物；三级目录包括工作照片、会议照片等。

其他类主要是污染源普查工作的其他重要相关材料，如数据使用审批表、邀请函等。

开封市第二次全国污染源普查档案管理系统如图 5-56 所示。

图 5-56   开封市第二次全国污染源普查档案管理系统

（3）档案数字化加工

根据开封市第二次全国污染源普查档案整理工作流程，纸质档案未装订前进行数字化加工，开封市普查办配备了两台高速扫描仪用于纸质档案的扫描工作，对经过检查的纸质档案进行扫描，对扫描后的文件通过建立层级文件夹进行分类，然后通过档案电子系统的资料管理菜单上传到电子系统，完成纸质档案的数字化。

（4）档案电子系统信息采集

遵循检索方便、操作简单的原则，开封市第二次全国污染源普查档案电子管理系统设置了两个信息采集窗口。第一个是通过后台"SQL"上传检索目录，检索目录包含文件归档目录和企业归档目录，检索目录是纸质档案的归档文件目录的汇总，其中文件归档目录包括管理类、声像实物类和其他类。企业归档目录包括污染源类。检索目录的录入是通过 Excel 表格信息格式录入，首先将文件归档目录内容汇总到一个 Excel 表格中，然后将 Excel 表格信息通过数据库导入方式完成档案信息采集，企业归档目录的信息采集也是如此。第二个信息采集窗口是通过首页资料管理菜单采集信息，点击"资料管理菜单"，根据文件类别、档号信息等将扫描后的文件上传到档案电子管理系统中。档案电子管理系统信息采集窗口见图 5-57。

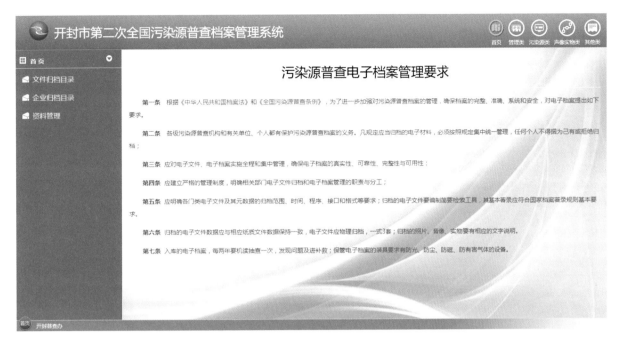

图 5-57　档案电子管理系统信息采集窗口

（5）档案电子系统的查询、阅览和下载

检索目录的查询：以首页检索目录的企业归档目录为例，在题名查询栏里输入相应的关键字，点击"查询"就可以显示该关键字对应的污染源类资料，例如某个普查对象的基本信息和盒号，方便检索纸质档案。

三级标准化目录的查询、阅览和下载：以普查文件为例，点击三级目录"汴普查文件"，即可显示所有归档的开封市文件材料，在文件名查询栏里输入相应的关键字，点击"查询"就可以显示该关键字对应的文件材料的档号、日期、文件名，点击"阅览"即可查询该文件材料内容，点击"下载"即可对该文件材料进行下载。查询和阅览普查文件见图 5-58、图 5-59。

图 5-58　查询普查文件

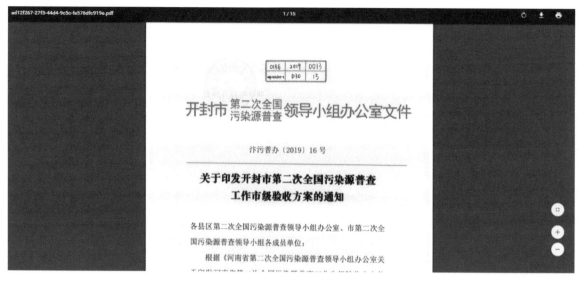

图 5-59　阅览普查文件

（6）档案的安全利用

在档案的安全利用方面，污染源普查档案查阅按照《开封市第二次全国污染源普查档案管理制度》的要求执行，数据库登录有专人负责，电子档案数据进行了安全备份，一种方式是通过普查档案电子管理系统进行安全备份，另一种方式是通过刻录机在环保专网环境下将电子档案数据刻录成光盘进行安全备份。开封市严格落实"函来函往、领导审批、单独反馈"的原则，制定了"开封市第二次全国污染源普查数据审批表"和"数据使用承诺函"，经开封市污染源普查主管领导审批后方可查阅普查数据。开封市第二次全国污染源普查数据审批表如表 5-1 所示，开封市第二次全国污染源普查数据使用承诺函如表 5-2 所示。

表 5-1　开封市第二次全国污染源普查数据审批表

申请部门填写			
申请部门		申请人	
申请日期		联系电话	
申请内容			
申请用途			

申请部门主管领导意见	我部门保证申请数据使用者按照保密协议要求使用数据。 签字： 年　　月　　日
数据归口管理部门审批意见	
污染源普查主管 领导审批意见	签字： 年　　月　　日

表 5-2　开封市第二次全国污染源普查数据使用承诺函

数据使用承诺函

　　根据《中华人民共和国保守国家秘密法》和其他相关法规，了解有关保密法规制度，知悉应当承担的保密义务和责任，并承诺仅将开封市第二次全国污染源普查工作办公室所提供的＿＿＿＿＿＿＿＿＿＿＿＿＿＿＿＿＿＿＿＿＿＿＿＿＿＿＿＿

用于＿＿＿＿＿＿＿＿＿＿＿＿＿＿＿＿＿＿，不扩大知悉范围，不用于其他任何场合，不向任何组织或个人泄露数据，确保数据信息安全。

　　特此承诺。

承诺人：

日期：

5.3.2.4　普查数据库建设

（1）建设依据

根据《国务院关于开展第二次全国污染源普查的通知》（国发〔2016〕59 号）、《河南省第二次污染源普查领导小组关于开展河南省第二次全国污染源普查的通知》（豫污普〔2017〕1 号），开封市以"全市统一领导，部门分工协作，县（区）、乡镇（办事处）分级负责，共同参与"的原则组织实施了开封市第二次全国污染源普查工作，这对于掌握开封市辖区内污染源分布状况、排放污染物种类、数量和处理情况，研判开封市环境态势及变化趋势，制定有针对性的环境保护政策规划，实施有效的污染管控措施，不断提高环境治理系统化、科学化、法制化、精细化和信息化水平，科学治污、精准治污，加快推进生态文明建设，补齐全面建成小康社会的生态环境短板具有重要意义。

（2）开封市普查数据库建设情况

一是全面保证数据库完整性。清查建库阶段，在国家下发的名录库、河南省下发的名录库及开封市水利、质监等部门对名录库进行增补的基础上，各县（区）在开封市普查办的指导下对辖区内清查对象逐一进行"地毯式"排查，开封市普查办主任带队到 10 个县（区）进行督导检查，并对工作进度慢的县（区）重点指导，形成了纳入入户调查对象名单和不建议纳入入户调查对象名单，并对从名录库中剔除的企业进行逐一备注说明。入户调查阶段，报表填报中根据实际情况分别采取先难后易、先集中后单兵、加强宣传、整体推进等方式推进入户调查工作，对个别的重点企业采取"定人定源"形式分类指导填报，在工业源填报的同时，积极与其他成员单位沟通，同步填报综合报表，确保应纳入的对象均纳入数据库中。数据汇总阶段，通过开展名录比对、帮扶指导、整改"回头看" 达到"应查尽查、不重不漏"的目标，产排污核算环节摸清了主要污染物排放数量，完善了污染源信息数据库。

二是全面保证数据库准确性。开封市普查办建立了开封市第二次全国污染源普查责任体系和普查数据质量溯源制度，各级普查机构均明确了普查质量负责人，严格遵守了开封市第二次全国污染源普查责任体系和开封市第二次全国污染源普查数据质量溯源制度，做到了制度上墙、职责入心。为保证普查数据库准确性，开封市采取人工审核与软件审核相结合、重点审核与全面审核相结合、微观审核与宏观审核相结合的审核思路，对普查数据全面审核。开封市普查办运用在入户调查填报中形成的有益经验，结合自身实际，采取"有问题及时提出，有质疑现场核实，有困难共同解决"的方式，充分发挥三方（普查对象、普查"两员"和第三方技术组）合力，将质量控制贯穿整个入户调查工作的全过程，确保了普查数据准确、真实、可靠。开封市第二次全国污染源普查数据质量溯源制度见图 5-60。

三是全面保证数据库合理性。开封市按照河南省普查办要求从六个方面保证数据库的合理性：一是根据全市各类源污染物产排量汇总表审核极值、异常值；二是分单表审核各项重要指标；三是分行业汇总全市企业，按行业活动水平进行行业审核；四是针对整体数据质量较差的县（区），集中力量开展该县（区）的微观审核，具体审核企业报表；五是利用 Access 审核工具开展审核；六是对比环统总量，分析各类污染物总量异常情况，根据异常情况详细对比第二次污染源普查与环统填报的数据差异。

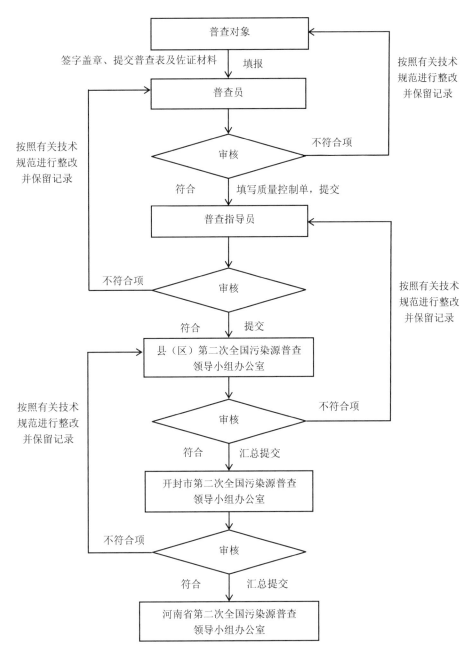

图 5-60 开封市第二次全国污染源普查数据质量溯源制度

（3）数据库建设成果

开封市第二次全国污染源普查工作按照国家和河南省部署要求科学组织实施，严格质量控制，摸清了各类污染源的基本情况、主要污染物排放数量、污染治理情况等，建立了重点污染源档案和污染源信息数据库。掌握了全市工业污染源、农业污染源等五类污染源的数量、行业和地域分布，污染治理设施的运行情况、污染治理水平等基本信息和数据。普查数据库结果同开封市区域经济社会发展水平、产业结构和环境质量现状基本相符，为加强污染源监管、改善环境质量、防控环境风险、服务环境和发展综合决策提供了依据。开封市第二次全国污染源普查成果汇报暨数据审核工作会见图 5-61。

图 5-61   开封市第二次全国污染源普查成果汇报暨数据审核工作会

5.3.3   工作经验

开封市在第二次全国污染源普查档案管理工作中创新思维，积极探索，总结出一套符合开封市实际情况的档案管理模式。2018 年 10 月 29 日，河南省生态环境厅在开封市举办河南省第二次全国污染源普查主任现场观摩培训班，开封市普查办主任向全省介绍了工作经验，会后参会人员对开封市的档案进行了观摩；开封市普查办主任于 2019 年 7 月 19 日到西宁市、2019 年 7 月 21 日到葫芦岛市在全国污染源普查培训会上进行经验介绍；兄弟地市也多次来开封市就档案管理工作进行交流探讨。开封市第二次全国污染源普查档案管理工作经验主要有以下五个方面。

5.3.3.1   领导重视，制度健全是档案管理工作的关键

开封市第二次全国污染源普查档案管理工作的顺利开展关键在于领导重视、制度健全。2017 年 7 月，开封市启动第二次全国污染源普查工作以来，开封市委、市政府高度重视档案整理工作。2019 年 6 月，开封市副市长在污染源普查档案管理工作推进会上强调污染源普查档案建设要与污染源普查工作并重，要建成纸质档案和电子档案相结合的档案管理系统，在资金保障上市财政大力支持，从人、财、物三个方面保障污染源普查档案管理工作的推进。为进一步完善全市第二次全国污染源普查档案管理制度体系，2019 年 5 月，开封市普查办印发了《开封市第二次全国污染源普查档案管理制度的通知》，明确规定了污染源普查档案管理职责和归档、借阅、检查验收等内容，进一步细化了污染源普查文件材料归档范围。健全的制度不仅有助于科学完成污染源普查档案管理工作，还有助于激发档案管理人员的积极性，提高工作效率。

5.3.3.2   技术支持，专业指导是档案管理工作的保障

开封市委、市政府统筹协调将开封市档案馆、开封市保密局补充纳入了开封市普查领导小组，开封市档案馆抽调 2 名专业技术人员参与污染源普查档案管理工作，开封市档案馆对开封市档案管理技术人员进行培训，巡回各县（区）并参与市级档案验收工作，全程指导开封市普查档案整理工作，确保了污

染源普查档案工作落到实处，实现了污染源普查档案管理工作的专业性、针对性和实效性。

5.3.3.3　明确思路，凝心聚力是档案管理工作的基础

普查工作时间紧、任务重，"边工作边收集、边收集边整理、边整理边归档"本身就是一个不断探索、持续向好的过程。为确保普查工作与档案工作的同步性，开封市普查办和各县（区）普查办确定了"专员管理"的思路，保证档案管理工作的连续性，并由开封市普查办建立了开封市污普档案管理交流群，在交流群里，开封市普查办和各县（区）普查办档案管理人员按照《污染源普查档案管理办法》和开封市档案馆要求，结合工作实际，定期梳理档案整理做法、经验分享给各档案管理人员，信息及时沟通，避免重复工作；每次参加国家、省档案管理培训后，市普查办便立即安排档案管理工作，全力向前推进，留出充足时间开展查漏补缺、经验总结等工作，以便为下个阶段工作开展创造条件。开封市的档案管理交流群正能量满满，对于县（区）上传的档案整理照片，群员一起点赞，互相鼓励，互相支持，对档案整理进度慢的县（区）进行帮扶，给予重点指导，持续提升开封市第二次全国污染源普查档案整理水平。

5.3.3.4　培训到位，层层把关是档案管理工作的前提

在河南省普查办档案管理培训的基础上，为增强培训效果，减少信息衰减，2018年9月开封市普查办邀请了开封市档案馆和开封市保密局专家对全市25名普查档案管理专职人员进行培训，帮助其掌握开封市污染源普查档案管理的基本要求，明确了污染源普查档案的范围、内容、标准、操作程序等要求，确保污染源普查建档工作"人人懂流程、人人会操作"。通过培训学习，档案管理人员提高了对建档工作重要性的认识，克服了重普查、轻档案的思想，扭转了普查结束再做档案的观念；为及时解决县（区）归档工作中的问题，提高档案管理水平，档案管理技术人员不定期深入县（区）现场示范整理，层层把关，提高档案整理质量。首先是开封市普查办档案技术人员指导县（区）整理档案，其次是开封市普查办档案技术人员对各县（区）整理的档案进行现场核实，把好技术质量关，解决"不会干、不愿干、不同步、不规范"的问题，确保污染源普查工作每进行一步，档案资料收集整理跟进一步。例如入户调查的原始材料，不仅要内容完整、准确无误，还要有企业、普查员、普查指导员签字后方可入档，否则不得入档，这样是为了确保普查档案的收集、整理、归档全面、真实、准确。

5.3.3.5　答难解疑，示范推进是档案管理工作的助力

开封市普查办档案工作组每季度召开一次全市档案工作会议，充分发挥开封市档案馆的作用，定期对各县（区）整理档案过程中发现的问题答难解疑、安排档案工作等；为避免污染源普查档案管理工作出现重复和走弯路的现象，开封市确定开封市普查办作为全市污染源普查档案管理的示范办，对整理好的档案资料形成范本，在全市推广，此外开封市普查办不定期对各县（区）污染源普查档案管理工作进行检查考核，对档案整理较好的县（区）进行表彰，对档案工作整理不到位的县（区）要求进行整改，营造档案管理浓厚氛围，充分调动档案管理人员工作的积极性与主动性，推动档案管理工作高质量发展。

下一步开封市普查办将不断提高污染源普查档案管理水平，为政府精准决策、打赢污染防治攻坚战，实现科学治污、精准治污提供档案支撑。

6 区县级污染源普查档案管理实践

6.1 浙江省嘉兴市桐乡市

6.1.1 基本情况概述

桐乡市位于浙江省北部，隶属于嘉兴地区，以世界互联网小镇——乌镇闻名于世。借助世界互联网大会——乌镇峰会这个平台，桐乡市的"智慧城市"建设走在全国前列，其中"智慧环保"作为"智慧桐乡"的重要家庭成员，在推进生态文明建设和美丽桐乡建设的征途中发挥着重要作用。现如今，"智慧环保"平台又添丁——桐乡市第二次全国污染源普查档案信息已被纳入平台，在环境管理、环境执法、排污许可等方面发挥了重要作用。

桐乡市第二次全国污染源普查工作于 2017 年 8 月正式启动，档案管理工作同步启动。为了使普查工作留下"踏石留印、抓铁有痕"的"印痕"，桐乡市在普查伊始就着手部署普查档案管理工作，落实专项经费、制定工作制度、安排专职人员。靠前部署，工于细节，历经前期准备、清查建库、入户调查、数据审核整改和名录库比对核实、污染物产排量核算、数据汇总和分析等各个阶段，桐乡市普查办收集、整理形成了完备的普查过程资料库，并按照标准规范加工成档案，成为溯源普查过程的重要依据、展示普查成果的重要载体和鉴往知来的重要线索。

经过两年多的不懈努力，桐乡市共完成 37 078 件普查资料的收集、整理和加工存档工作；形成永久保存的档案有 36 346 件（包括管理类档案有 283 件、污染源类档案 36 063 件）、30 年期的档案有 96 件（均为管理类档案）、10 年期的档案有 636 件（包括管理类档案 189 件、污染源综合类档案 447 件）。桐乡市第二次全国污染源普查档案归类分布情况见表 6-1 和图 6-1。

表 6-1 桐乡市第二次全国污染源普查档案归类分布情况

年份	永久		30 年		10 年		小计	
	管理类	污染源类	管理类	污染源类	管理类	污染源类	管理类	污染源类
2017	17	0	0	0	0	0	17	0
2018	180	21 654	49	0	139	0	368	21 654
2019	86	14 409	47	0	50	447	183	14 856
合计	283	36 063	96	0	189	447	568	36 510

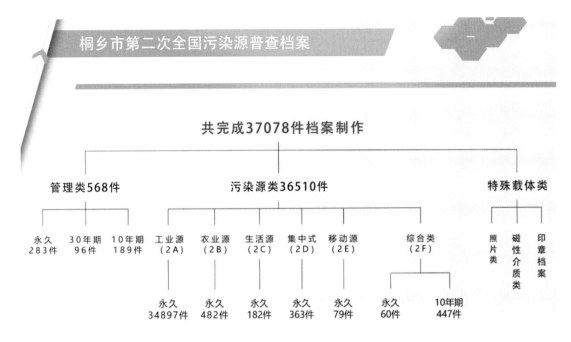

图 6-1　桐乡市第二次全国污染源普查档案归类分布情况

　　10 年一次的普查成果来之不易，为了存好、用好这份成果，桐乡市还对 10 年前第一次全国污染源普查期间产生的永久和 30 年期档案进行了补充数字化和移交入馆工作，使污染源普查档案更加完整、系统、具有延续性。

6.1.2　主要做法

　　治污要治本，治本先清源。第二次全国污染源普查是一次重大的国情调查，污染源普查档案是普查成果的集中体现，是检验普查工作质量的重要凭证，对于指导生态环境管理和科学化决策、完善环保大数据建设具有重要价值。

　　桐乡市第二次全国污染源普查共有普查对象 14 082 个，包括工业源 13 592 个，畜禽规模养殖场 59 个，集中式污染治理设施 165 个，非工业企业单位锅炉 6 家共 10 台，加油站 75 个，储油库 4 个，入河排污口 1 个，行政村 176 个。普查对象数量居嘉兴市各县（市、区）前列，其中工业源涉及行业大类 33 个，行业小类 365 个，呈现数量多、行业分类广、小微企业占比高等特点。污染源普查工作开展以来，工作过程中形成的大量文件、数据、图表、照片等资料给普查档案管理工作带来了极大的挑战。

　　为规范有序地做好普查档案管理工作，桐乡市攻坚克难，多措并举，在档案的收集整理全过程始终坚持"重部署、广收集、细整理、精加工"的原则，扎实推进、精益求精。

6.1.2.1　加强统筹部署，贯彻落实"三同时"制度

　　桐乡市始终坚持档案管理和污染源普查工作"同部署、同管理、同验收"的"三同时"制度。一是同部署。桐乡市普查办成立之初，就确定了一名专职档案管理人员，明确其职责；制定了完善的档案管理制度，包括工作制度、考核制度、保密制度等，并贯彻至污普过程的始终；落实专项普查档案经费，委托第三方档案服务公司进行普查档案的分类整理和数字化加工；将普查档案管理工作纳入质量控制范

围，由第三方质控服务单位进行全程监督与管控。二是同管理。事中收集，即普查各阶段工作边开展边收集资料，头脑中时刻装着归档之事，特别是重要场景的照片等难以再现的资料要第一时间收集，避免"断档"；同步整理，收集的资料及时整理、归类、装盒存放，由专人保管，避免遗失；清查表、普查表及支撑材料的收集、整理工作纳入质量控制范围。三是同验收。2019年11月初，桐乡市普查办组织开展了五类污染源普查表的导出、打印和普查对象的确认盖章工作；再通过购买服务的方式由第三方档案服务公司将所有供存档的资料加工成标准档案；前后历时近3个月。2020年1月下旬，桐乡市第二次全国污染源普查工作和档案管理工作同步通过上级验收，工作成效深受验收组好评。

6.1.2.2　强化全面收集，扎实完成分类定限工作

高效的档案整理工作是建立在资料齐全的基础之上的。桐乡市普查办档案管理工作人员本着高度认真负责的态度，以"应收尽收、应归尽归、不重不漏"为原则，分门别类、细致入微地做好各阶段普查资料的全面收集与分类定限工作，确保资料真实、完整、齐全、具有保存价值。

在管理类资料的收集上，坚持"以我为本"的原则，本单位所发的文件必须全部归档；其他单位的来文分两种情况：需要办理的文件全部归档，阅知类的文件选择性归档。收、发文件均归入管理类1A-永久期类别；污染源普查的工作计划、工作方案、工作报告、第三方招投标文件、合同及空间信息管理系统版本更新说明等资料，归入管理类1A-30年期类别；工作过程中产生的各类调度表、问题整改清单及保密承诺书等资料，归入管理类1A-10年期类别；各类报道、信息、简讯等宣传文件，归入管理类1B-10年期类别。

在污染源类资料的收集上，按照工业污染源、农业污染源、生活污染源、集中式污染治理设施、移动源分类收集。以普查对象为单位，收集的资料包括清查表、普查表、质量控制清单（仅限工业污染源）、各类支撑证明材料及各类汇总表等。其中工业污染源类表格归入污染源类2A-永久期类别；农业污染源类表格归入污染源类2B-永久期类别；生活污染源类表格归入污染源类2C-永久期类别；集中式污染治理设施表格归入污染源类2D-永久期类别；移动源类表格归入污染源类2E-永久期类别；各类名录库、汇总表、普查小区编码等归入污染源类2F-永久期类别；各村委会关于企业全年停产、全年关闭等的证明材料，归入污染源类2F-10年期类别。

在财务类资料的收集上，由于普查办属于临时机构，没有独立的财务机构，故部分资料的收集和存档由嘉兴市生态环境局桐乡分局实施，纳入分局的档案管理。

在声像实物类资料的收集上，侧重收集普查全过程的关键节点、关键人物及重要场景的影像资料，普查办的印章以及总结表彰阶段的各类证书、奖状等。主要包括：普查过程中电视台采访报道的视频、污普档案教学视频等电子文件，存入4A-永久期类别；全市动员部署会议、宣传、培训、入户、质控等重要场景的优选照片，存入4B-永久期类别；普查领导小组及其办公室的印章存入4E-永久期类别；普查过程中的各类获奖证书存入4F-永久期类别；普查过程中获得的奖牌存入4G-永久期类别。桐乡市第二次全国污染源普查档案归类情况见表6-2。

表 6-2　桐乡市第二次全国污染源普查档案归类情况

档案类别	保管期限	归入的资料
管理类 1A	10 年	保密承诺书、各类调度表、各类比对核实清单等
	30 年	招、投标文件；中标通知书；各类合同；各类工作汇报、工作总结、工作方案、工作计划、工作制度、评估报告；系统操作手册、空间信息管理系统版本变更说明等
	永久	国家、浙江省、嘉兴市、桐乡市各类收文；桐乡市普查办各类发文
管理类 1B	10 年	各类信息、简讯、宣传报道等
污染源类 2A	永久	工业源的清查表、普查表、质量控制清单等
污染源类 2B	永久	农业源类：畜禽规模养殖场的清查表、普查表；水产养殖场普查表；种植业典型地块抽样调查表
污染源类 2C	永久	生活源类：入河（海）排污口普查表、生活源锅炉普查表、行政村生活污染普查表
污染源类 2D	永久	集中式污染治理设施清查表、普查表
污染源类 2E	永久	移动源：加油站、储油库油气回收普查表
污染源类 2F	10 年	污染源综合类：村委会对辖区内 2017 年全年停产企业证明材料；各关闭企业 2017 年全年关闭证明材料
	永久	污染源综合类：普查小区编码、系统导出的各类汇总表、名录库等各类源综合表格
声像实物类 4A	永久	电视台采访报道视频、污普档案视频等电子文件
声像实物类 4B	永久	普查工作各阶段重要场景的照片
声像实物类 4E	永久	普查领导小组及其办公室的印章
声像实物类 4F	永久	普查过程中的各类获奖证书
声像实物类 4G	永久	普查过程中获得的奖牌

6.1.2.3　创新工作机制，着重抓好表格确认环节

档案收集整理过程中，最重点也是最难点的部分是普查对象对普查表格的确认这一环节。桐乡市涉及各类污染源普查对象共计 1.4 万余个，因为入户调查时填报的普查表仅有基本信息和生产活动水平数据，没有污染物核算结果，且反复核实的过程中表格信息改动处较多，出于存档的纸质表格与污染普查软件中信息的一致性考虑，桐乡市普查办决定将普查软件中各类污染源的最终普查表格作为存档的版本，于是就涉及普查表格的导出、打印及普查对象的核实、确认等流程；少数移动源、农业污染源等普查表格入户填报信息未经改动的，则不再进行确认。

桐乡市普查办组织第三方技术服务单位，耗时近一个月，完成了所有普查表格的导出、格式调整和打印；之后历时半个月，完成了普查对象的确认工作。所有的工作环节中，普查对象对普查表的确认为重中之重，因为只有做好了这一步，普查表才能成为可供存档的资料。由于普查对象数量众多，为了能在短时间内完成任务，桐乡市普查办统筹协调，成员单位各司其职，镇（街道）化整为零、将工作任务分解落实到每一个普查小区，即落实到村（社区），利用网格化管理的便利优势，由网格员负责组织每一个网格内的普查对象完成对普查表格的确认。确认过程中产生的疑问，由桐乡市普查办技术组负责统一解答。

对于已关闭、已搬迁或始终无法取得联系的普查对象，由村（社区）将情况说明进行汇总，形成汇

总表，盖村委会（居委会）公章并上报桐乡市普查办存档，桐乡市普查办组织对该部分情况进行抽查复核。

普查表的确认工作主要包括两个环节：

①终版普查表的导出和打印。为方便操作，以普查小区为单位建立文件夹，并按照每个普查小区的普查对象清单，从普查软件中逐份导出普查表，因为导出时间在 2019 年 11 月初，普查软件中尚未部署供打印的普查表格式，故导出后的普查表经过批量调整格式后再打印，然后按普查小区装袋存放。

②普查表由普查对象确认及加盖公章，形成供存档的正规表格。其中工作量最大的是工业源，由村、社区负责落实，分三种情况：

对于状态为"运行"且一切正常的企业，由企业负责人对表中信息进行确认无误后填写《入户调查数据质量控制清单》并签章；再在每张普查表的表头盖公章，最后盖骑缝章。有疑问的，由桐乡市普查办统一解答；确有错误的，普查软件中修改后重新打印确认。

对于状态为"运行"，但在村范围内已经无法找到或无法联系上的企业，由村委会在该企业的 G101-1 表右上角进行情况说明及加盖村委会公章；对已搬离该村但仍在本市范围内的企业，由搬迁后所在地村委会落实企业确认工作。

以上两种情况下的普查表均存入污染源类 2A-永久期档案。

对于状态为"其他""停产""关闭"的企业，由各村（社区）出具情况说明汇总表，并加盖村委会（居委会）公章，汇总表存入污染源类 2F-10 年期档案；这部分企业的普查表则直接存入污染源类 2A-永久期档案。污染源类 2F-10 年期档案样式见图 6-2。

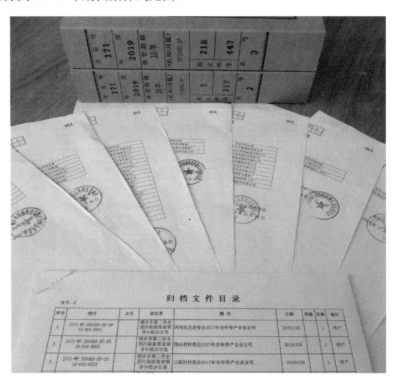

图 6-2　污染源类 2F-10 年期档案样式

农业源的综合报表，由农经部门进行确认；畜禽规模养殖场普查表，由农经部门组织普查对象确认；种植业典型地块和水产养殖业使用入户调查时的普查表直接存档；以上表格均存入污染源类 2B-永久期档案。

生活源锅炉普查表由村委会（居委会）组织普查对象确认；《行政村生活污染基本信息》表由各村委会确认；存入污染源类 2C-永久期档案。

农村生活污水集中处理设施普查表由所在村的村委会确认；集中式污水处理厂、生活垃圾集中处置厂及危险废物集中处置厂普查表由桐乡市普查办组织普查对象确认；存入污染源类 2D-永久期档案。

移动源使用入户调查期间填报并盖章的普查表直接存入污染源类 2E-永久期档案。五类污染源普查表格的存档样式见图 6-3。

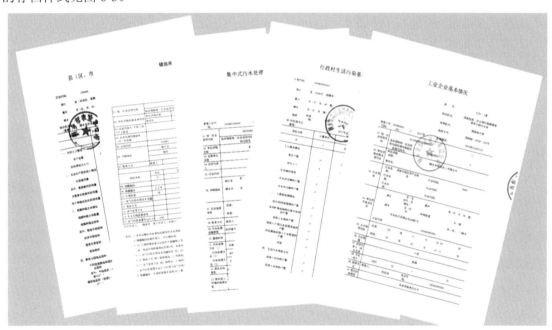

图 6-3 五类污染源普查表格存档样式

软件中导出的各类汇总表加盖桐乡市普查办的公章，存入污染源类 2F-永久期档案。所有的汇总表均在 2019 年 12 月 26 日国家普查数据库定库之后导出。

6.1.2.4 发挥工匠精神，保障档案加工规范整齐

为将归类整理完毕的各类普查资料加工成符合规范的档案，桐乡市普查办采取招标方式购买服务，将专业的事情交给专业机构做。第三方档案服务公司用时一个半月，按照"简化整理、深化检索"的原则，将所有普查资料华丽变身，加工成规范、工整的档案。主要加工过程如下：

（1）分件

根据档案管理规范要求对前期收集的纸质材料进行分件，管理类和污染源类材料均以"件"为单位进行整理。

（2）排列

依据分类定限情况，按照事由、结合时间和重要程度，逐一对文件进行排列。

（3）编号

首先编页号，在正页面右上角、反页面左上角的空白处编写流水页号（空白页不编号）；然后编件号，对排列好的文件按顺序编制流水件号。

（4）盖归档章

在文件材料首页上端居中的空白位置加盖归档章，并填写归档章相关信息（包括全宗号、机构代码、文件类别、年度、保管期限代码、件号、总页数）。

（5）编目

根据分类定限情况和件号顺序，编制归档文件目录（包括序号、档号、文件标题、分类号、责任者、日期，页数、盒号、保管期限等）。

（6）扫描

为实现档案管理数字化和智能化，纸质档案整理完毕后，对所有档案进行了扫描，并用档号对数字图像进行命名，与其归档目录一一对应。为确保档案数字化成果安全，采取了异地异质多套方式进行备份存储。

（7）装订

对完成扫描的所有文件，采用缝合线装法或"三孔一线"装订法进行逐件装订。

（8）装盒

装订完成后，填写备考表，完善档案盒相关信息（包括盖机构封面章、盒脊背信息章等），详细检查、核对目录及需装盒的文件材料，核对无误后按照目录在上、相应档案文件在下的原则按件号顺序装盒。

（9）上架

完成装盒的档案，分类别、年度按盒号顺序暂存在档案整理室，等待移交入馆。完成装盒的污染普查档案见图 6-4。

图 6-4 完成装盒的污染源普查档案

6.1.2.5　同步移交进馆，确保档案安全妥善保存

按照《污染源普查档案管理办法》的要求，桐乡市普查办在对所有档案进行整理并清点记录后，于2020年6月与嘉兴市生态环境局桐乡分局办理了移交手续，再由桐乡分局与桐乡市档案馆办理移交手续，2020年6月底，所有30年期限和永久期限的档案，包括"二污普"的352盒36 442件及10年前装订好的"一污普"的24盒355件，全部移交至新落成的桐乡市档案馆，清点消杀，妥善保存。10年期限的档案置于嘉兴市生态环境局桐乡分局档案室保存。

实体档案移交档案馆的同时数字档案同步移交。数字化的档案（连同"一污普"补充的数字化档案）全部挂接到桐乡市室藏档案综合管理系统，实现档案数据网络化动态管理。普查对象的基础信息已导入"智慧环保"平台，在环境保护工作中发挥了积极作用，具体见图6-5～图6-7。

图 6-5　污染源普查档案移交至市档案馆上架

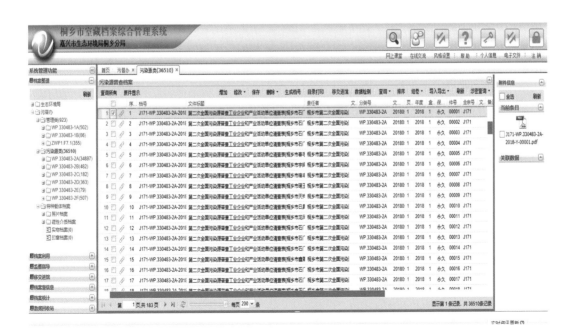

图 6-6　数字化档案挂入档案综合管理系统

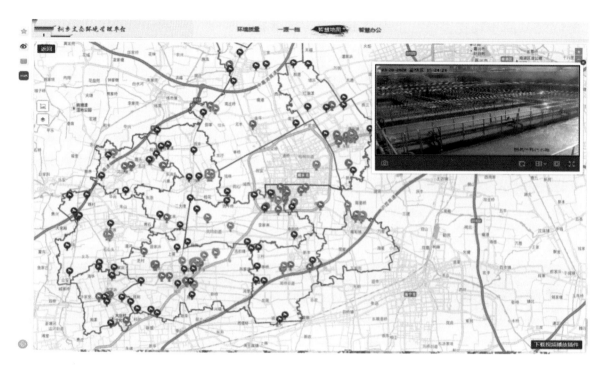

图6-7 "二污普"基础信息导入"智慧环保"平台

6.1.3 工作经验

6.1.3.1 强化建章立制，档案管理有章可循

为确保高质量地做好普查档案管理工作，桐乡市提前谋划，在普查前期准备阶段，成立普查领导小组办公室之时，就落实了专人负责档案管理工作，将档案资料的收集、整理、归类等工作贯穿于整个普查过程。普查伊始便落实了档案管理专项资金，保障档案管理工作顺利进行，并制定了一系列行之有效的制度，包括《桐乡市第二次全国污染源普查档案管理制度》《桐乡市第二次全国污染源普查档案分类方案》《桐乡市第二次全国污染源普查档案责任考核制度》《桐乡市第二次全国污染源普查保密管理制度》等，为全市档案工作的规范开展提供了制度保障。

6.1.3.2 秉承专业精神，档案整理"四性"彰显

（1）完整性

由专职档案管理员负责普查档案的管理工作，根据普查进展做到"边普查，边存档"，实时将普查过程收集的资料进行分门别类的整理，并定期开展资料的查漏补缺，确保管理类、污染源类和特殊载体类等各类档案应收尽收、齐全完整。

（2）规范性

一是对普查软件中导出的最终版本的普查表，由普查对象确认并填写质控确认单，盖章签字后形成供存档的普查表；二是委托专业档案加工第三方单位，对需存档的所有资料按规范要求专业加工，形成最终的档案。

（3）系统性

一是确保各类污染源的各类普查资料应归尽归，形成完整的"二污普"档案库；二是将"一污普"期间产生的永久和 30 年期档案进行了数字化加工，并将纸质档案和数字档案一并移交桐乡市档案馆，保证了普查资料的连续性。

（4）安全性

一是在加工整理的过程中，要求相关人员签订保密协议，加工场所安装监控，确保普查资料中的商业秘密和技术保密不外传；二是档案加工完成后，整体移交至档案馆专业保存，确保安全；三是通过上传挂接桐乡市室藏档案管理系统、"智慧环保"系统、硬盘拷贝存储等方式，实现异地异质多套数据备份，确保档案数据绝对安全。

6.1.3.3 加强协调沟通，档案移交顺理成章

普查档案整理技术性强，规范要求复杂，在相关档案整理规范和细则尚未明确的情况下，桐乡市普查办第一时间认真研究档案整理工作的要求，及时与省、市普查办及县市级档案管理部门保持对接，及时解决档案整理过程中遇到的各种疑难问题；并就档案的移交进馆要求进行提前沟通；桐乡市档案管理部门的技术负责人全程参与和指导普查档案的归档整理工作，通过开展培训和现场指导，极大地提升了全市档案管理工作质量，做到了事前有归档意识，事中随时收集，事后及时规范整理，推动了桐乡市普查档案管理工作标准化、规范化建设，使整理好的档案移交入馆变得通畅顺利。

6.1.3.4 注重价值挖掘，档案活用变身"宝典"

普查存真求实，归档鉴往知来。承载着全市五类污染源信息的 1.4 万余份普查表、普查过程中产生的近 300 份各级各类文件、清查阶段的 2.1 万余份清查表以及其他各类档案，形成了信息量约 200 万条的大数据库，这是花费巨大财力、物力和精力，获得的一份来之不易的普查成果。如何用好污染源普查这个庞大的数据库，让"死档案"变成"活宝典"？档案管理工作验收之后，桐乡市普查办携手相关部门，致力于普查档案的应用研究。一是浓缩档案管理过程的一些经验做法，拍摄了档案管理教学视频《五类普查表的确认过程详解》，由生态环境部官网"第二次全国污染源普查"专栏、第二次全国污染源普查官方微信及全国环保网络学院等媒体平台公开发布，为尚未完成档案整理和加工的地方提供参考；二是与"智慧环保"平台资源共享，将普查对象的基础信息如地理定位、行业类别等导入平台，服务于环境管理、环境执法、环境规划、排污许可证清理等日常工作；而"智慧环保"平台不断更新、日益完备的数据库也必将为下一次污染源普查所用。

6.2 广东省广州市番禺区

6.2.1 基本情况概述

番禺为秦置古县，位于美丽富饶的南粤大地，有着 2 200 多年的悠久历史和灿烂文化。番禺区总面积为 529.97 平方千米，总人口约为 300 万人。多年来，番禺区认真践行"绿水青山就是金山银山"的发展理念，2017 年被评为"全国工业百强区"和"全国绿色发展百强区"。

番禺区委、区政府高度重视第二次全国污染源普查工作，将其纳入重点督办事项，高位推动普查任务落实。番禺区共有工业源约 1.4 万个，数量居广州市各区之首，涉及行业大类 31 个、小类 456 个，呈现数量多、行业分类广、中小型企业占比高等特点。

污染源普查工作开展以来，番禺区在工作过程中形成了大量的文件、数据、图表、音视频等档案资料，给普查档案管理工作带来了极大的挑战。为切实按上级要求做好普查档案整理工作，在省普查办、市普查办、区档案局、区国家档案馆的指导下，根据《污染源普查档案管理办法》和《广东省第二次全国污染源普查档案管理实施细则》（粤环〔2019〕27 号）等文件要求，番禺区完成 766 盒 43 963 件档案的整理归档工作，纸质档案幅面数量为 281 306 张，排架长度 30.64 米。

6.2.2 主要做法

为规范有序地做好普查档案管理工作，番禺区攻坚克难、多措并举，形成了一系列行之有效的做法。

6.2.2.1 强化组织领导，为普查档案工作顺利推进提供基础保障

为按时保质完成普查档案整理工作，首先番禺区成立档案工作领导小组，分管副区长担任组长，番禺区档案局、区生态环境局、区水务局、区农业农村局等部门为成员单位，负责组织实施和监督指导全区污染源普查档案工作，将档案收集整理工作贯穿普查全过程。其次，制定专项工作方案，理顺各部门责任和工作要求，明确区档案局负责监督、指导、检查各相关单位普查档案工作完成情况，番禺区普查办负责整理管理类、声像实物类档案，番禺区生态环境分局负责整理工业源档案，番禺区水务局负责整理入河排污口、城镇污水处理厂、农村集中式污水处理设施的污染源档案，区农业农村局负责整理农业源档案，强化区内各部门之间的协调联动，确保普查档案整理工作有序推进、衔接顺畅。最后，落实工作专班，并根据档案工作专业性、技术性强的特点，聘请有资质的第三方档案公司开展人员培训、技术答疑、监督指导、数字化扫描等工作，先后投入档案工作人员 300 多人，确保普查档案整理质量符合验收规范。

6.2.2.2 加强协调沟通，确保档案整理符合规范入馆条件

普查档案整理工作技术性强、规范要求繁杂。在相关档案整理规范和细则尚未明确的情况下，番禺区普查办第一时间认真研究档案整理工作要求，及时与省、市、区各相关部门保持沟通对接。

在涉及普查工作专项文件、报表数据等业务要求方面，积极与省、市普查办沟通，及时协调解决档案整理过程中遇到的各种疑难问题；在涉及档案文件进馆规范方面，得到番禺区档案局、番禺区国家档案馆的专业技术指导，做到档案质量既满足普查工作专项整理要求，又满足番禺区国家档案馆的进馆规范。2020 年 3 月，番禺区污染源普查档案通过番禺区档案局、番禺区国家档案馆检查验收，普查档案已达到番禺区国家档案馆的进馆标准和区级检查验收要求，待普查工作全面结束后，即可将普查档案移交进馆。番禺区档案局、番禺区国家档案馆对普查档案整理情况进行现场指导和检查见图 6-8。

图 6-8 番禺区档案局、番禺区国家档案馆对普查档案整理情况进行现场指导和检查

6.2.2.3 开展同步归档，保证档案资料全过程留痕可溯

番禺区高度注重工业源档案材料的收集整理，实行档案工作与普查工作"同部署、同管理、同验收"，落实档案资料全过程留痕。清查建库和入户调查阶段，每位普查员必须落实普查表格和佐证材料收集、整理、保存三个步骤，做到普查任务完成当天要将全部资料交由番禺区普查办统一保存。数据审核修改阶段，番禺区先后进行了三轮现场复核，对表格的历次修改稿均整理归档，务求表格数据完整齐全。普查数据定库阶段，全面落实企业签章确认工作，分批次、分区域导出调查表格，充分调动企业、村居、镇街、第三方普查机构各方力量，"一对一"做好企业沟通工作，耐心、细致地解释表格数据的核算方法，通过企业对定库数据予以复核印证，确保数据真实准确。最终完成归档档案 766 盒 4.3 万件，纸质幅面数 28 万张，涉及企业 1.4 万家。图 6-9 为普查数据定库后，企业对表格进行签章确认。

图 6-9 普查数据定库后，企业对表格进行签章确认

6.2.2.4 做好分类整理，将建档规范落到实处

根据《污染源普查档案管理办法》和《广东省第二次全国污染源普查档案管理实施细则》（粤环〔2019〕27 号）等文件要求，番禺区污染源普查档案共分为 4 类，具体为管理类、污染源类、声像实物类和其他类（其中普查财务档案资料由各单位财务部门统一归档）。综合考虑各类档案的复杂程度和数量等方面，

管理类、声像实物类和其他类档案主要由专职档案员负责开展，污染源类由专职档案员统筹、兼职档案员负责落实。推进档案分类整理的过程中，番禺区普查办每天对档案的整理质量、每周对档案整理进度进行抽查督办，每个工作阶段对工作的整体情况进行系统评估，发现问题及时督办整改，做到确保档案整理分类工作符合质量和序时进度要求。

番禺区档案资料整理均以"件"为单位进行。在同一保管期限下，按照事由、时间和重要程度进行排列，会议文件材料等成套文件，结合番禺区国家档案馆的要求，采取集中式的排列方式。各类型档案归档及分类情况如下。

（1）管理类档案

管理类档案有22盒共285件，幅面数为8 987张，详尽、完整地整理了污染源普查工作过程中番禺区普查办及相关职能部门于管理和指导普查工作开展的重要文件材料，具体包括普查机构设置文件、工作方案、会议纪要、领导批示和讲话材料、宣传文件、培训文件、工作总结、通报、报告等。

（2）污染源类档案

污染源类档案有739盒共43 618件，幅面数为272 285张，主要包括各类污染源普查清查表、入户调查表终稿、入户调查表修改稿、清查普查和普查名录库、清查和普查数据库终稿以及相关企业佐证材料等。

（3）声像实物类档案

声像实物类档案有67件，具体包括照片档案2册46件，实物档案11件，声像档案1册10件。照片档案主要选取了反映番禺区普查工作中重要的会议、活动等照片，包括党政机关领导检查督办污染源普查工作的照片，番禺区普查办及相关部门组织各类会议、培训、开展质控活动、宣传活动的照片等。声像档案主要保存了国家、省、市下发的普查宣传视频文件以及番禺区自行制作的宣传视频、音频文件。实物档案主要包括"两员"证件、"两员"服饰、宣传海报和册子等。

（4）其他类档案

其他类（即光盘类）档案有1册共12件，主要包括前述管理类、污染源类和声像实物类档案对应的数字化副本、清查系统软件、清查电子数据库以及普查电子数据库等。按普查小区对入户调查表格和相关佐证材料进行清点、分类、汇总见图6-10。

图6-10　按普查小区对入户调查表格和相关佐证材料进行清点、分类、汇总

6.2.2.5　注重佐证材料收集，为环境管理提供依据

在开展污染档案资料收集和整理过程中，番禺区除了完成清查表格终稿和入户调查表格终稿、历次修改稿的归档工作，还注意收集、整理相关污染源的佐证材料，作为定期10年污染源类档案归档。图6-11为普查指导员和普查员到企业收集相关佐证材料。

对运行状态的工业源，收集整理其营业执照、排污许可证、环评审批等文件的复印件归档；对非运行状态的工业源，收集整理镇街确认并加盖公章的证明文件、企业现场照片等文件归档。共归档各类佐证材料217盒1.4万件，纸质幅面数约10万张，将为日后环保审批手续办理、排污许可证发放、污染防治攻坚战等工作中提供基础资料和参考依据。

图6-11　普查指导员和普查员到企业收集相关佐证材料

6.2.2.6　注重成果应用开发，助力打好污染防治攻坚战

番禺区积极拓展普查档案数据应用，在全面实施普查档案数字化管理的基础上，根据国家、省、市第二次全国污染源普查的统一要求和番禺区打好污染防治攻坚战的实际需要，在广州市各区中率先开发了"番禺区污染源普查数据应用管理系统"，将普查档案进行数字化开发，与现有的番禺环保"数字三期"系统进行数据对接。该系统可通过地图定位查找到相应的企业，可按需要对各类企业信息、数据进行筛选、统计、汇总，可根据监察情况对企业信息实施动态更新，实现了对区内工业污染源的全面感知、智慧评价和精准管理。目前，该系统数据已应用到《番禺区区域空间生态环境评价项目》编制、涉镉等重金属重点行业企业排查整治、固定污染源排污许可清理整顿、"散乱污"场所清理整治、黑臭河涌治理等工作当中，助力番禺区打好污染防治攻坚战。番禺区污染源普查数据应用管理系统见图6-12。

（a）区域分类查询功能界面

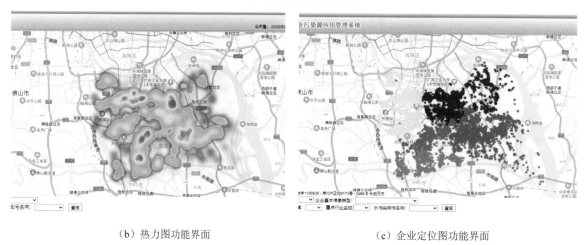

（b）热力图功能界面　　　　　　　　　　（c）企业定位图功能界面

图 6-12　番禺区污染源普查数据应用管理系统

6.2.3　工作经验

6.2.3.1　提高思想认识，切实增强做好污染源普查档案工作的责任感和使命感

污染源普查工作时间紧、任务重，产生的档案资料种类繁多、数量大。要做好档案普查工作，提高思想认识是前提条件。要牢固树立"四个意识"，坚定理想信念，深刻认识到做好污染源普查工作对于打好打赢污染防治攻坚战的重要性，尤其要认识到污染源普查档案是普查成果的最终体现，也是今后污染源管理的基础资料和重要依据，切实增强做好污染源普查档案工作的责任感和使命感，在攻坚各阶段污染源普查任务的同时，落实档案工作"三同步"（与普查工作"同部署、同管理、同验收"），做到档案资料收集完整、分类准确、整理及时、存放安全、有效利用。

6.2.3.2　及早谋划认真准备，是落实档案工作"三同步"的前提

要落实档案工作"三同步"，就需要在推进普查工作的同时，针对档案工作及早谋划、认真准备。番禺区污染源基数大、普查任务重，因此档案工作也呈现工作量大、类别多、时间紧等特点。要在清查

建库、入户调查、数据审核和总结验收等各阶段，同步做好档案工作收集、整理、存放、管理等系列繁重的工作，必须做到不等不靠，提前理顺工作思路，明确时间节点和部门分工，落实人员和经费。

6.2.3.3　调动一切普查力量、人员和机构，形成强大工作合力

做好档案工作，如何组织人员队伍是关键。为此，番禺区调动一切普查力量、人员和机构，形成强大工作合力。首先，番禺区配备了档案整理的专职、兼职人员，组织区生态环境、水务、农业农村等职能部门按要求推进档案整理工作；同时考虑到档案专业性强、技术要求高，为确保档案质量，委托具备档案管理服务资质的公司，派遣专业的档案技术人员协助开展档案培训、过程监督指导、电子化扫描等工作。其次，在档案资料收集阶段，按照全区 16 个镇街网格，依托 5 个属地基层环保所、16 个镇街环保中队和第三方普查机构，落实档案收集整理工作。再次，在数据定库阶段，建立从企业到村居、镇街、第三方普查机构、区普查办的五级责任体系，一对一做通企业思想工作。最后，在档案资料分类组件、编号编目、数字化扫描等阶段，充分利用具备专业资质第三方公司的技术力量，派遣专业的档案技术人员协助开展档案培训、过程监督指导、电子化扫描等工作，调动一切力量，形成污染源普查工作的强大合力。

6.2.3.4　拓展成果应用，发挥档案的生命力

档案的生命在于利用。档案学家吴宝康教授曾指出，档案必须利用，通过利用来充分发挥其作用，实现档案自身的社会价值。番禺区在谋划普查工作时，已考虑推进档案成果应用工作，根据国家、省、市第二次全国污染源普查的统一要求和番禺区打好污染防治攻坚战的实际需要，开展普查数据应用管理系统开发工作。目前，该系统已经正式投入使用，将普查成果与现有番禺市环保"数字三期"系统相融合，建立分类查询、统计、汇总分析等基本功能外，还增加实时地图定位和数据动态更新功能，将普查档案成果落地生效，持续发挥普查档案的生命力，为后续生态环境管理工作提供第一手数据支撑，助力打好打赢污染防治攻坚战。

6.3　新疆维吾尔自治区乌鲁木齐市米东区

6.3.1　基本情况概述

根据生态环境部和国家档案局《关于印发〈污染源普查档案管理办法〉的通知》（环普查〔2018〕30 号）、新疆维吾尔自治区第二次全国污染源普查领导小组办公室《关于加强自治区第二次全国污染源普查档案管理工作的通知》（新污普〔2018〕24 号）、乌鲁木齐市第二次全国污染源普查领导小组办公室关于转发《〈关于加强自治区第二次全国污染源普查档案管理工作〉的通知》的通知（乌二污普办函〔2019〕51 号）要求，米东区于 2017 年 11 月正式启动了第二次全国污染源普查工作。在普查工作启动后，设立专职普查档案管理员，严格按照档案管理要求开展档案归整工作；安排专人负责档案管理，严抓普查档案质量。米东区污普办严格按照相关档案整理要求落实收集、整理、保管、利用、移交等各项工作，做到完整收集、规范整理、安全保管和有效利用。并严格按照《保密法》的相关规定，将档案整理和保密工作与污染源普查工作同步部署、同步实施、同步检查、同步验收。依据档案管理要求，按照管理类、

污染源类、财务类、声像实物类、其他类进行严格分类归档，并严格按照污染源普查档案的保管期限进行分类存放，确保纸质档案的完整、系统、规范。电子档案有专人进行管理，包括建立了各类污染源清普查名录库、基础信息数据库，数据平台等，并根据日常工作的不断更新，实行污染源数据动态化管理，方便管理部门及全社会共享普查成果。为了留下普查工作"踏石留印、抓铁有痕"的"印痕"，米东区污普办在普查工作一开始就着手部署普查档案管理工作，落实了专项经费，制定了工作制度，安排了专职人员。

经过两年多的不懈努力，米东区污普办最终制作完成档案 3 670 件，其中管理类 660 件、污染源类 2 891 件、财务类 41 件、声像实物类 121 件，见图 6-13。

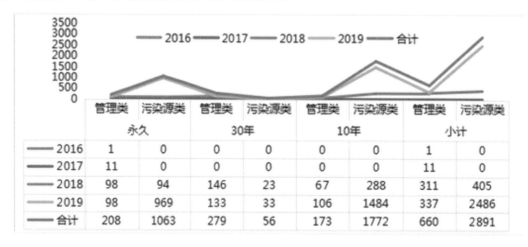

（a）各源档案统计情况

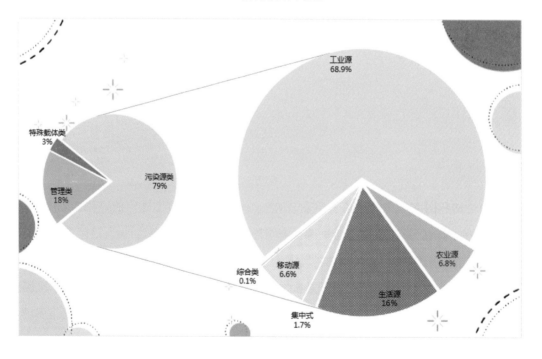

（b）各源档案分布情况

图 6-13　米东区各类污染源普查档案统计与分布情况

6.3.2 主要做法

6.3.2.1 组织管理方法

（1）建立组织机构，落实工作责任

为按时保质保量完成普查档案整理工作，米东区严格按照《污染源普查档案管理办法》，高度重视普查档案管理工作，成立污染源普查档案管理组，设置专门的资料档案室，用于污染源普查资料的存放和档案资料的整理。配备普查工作专用电脑 20 台，打印复印设备 9 台，环保专网（环保通软件、视频系统）1 套，包括档案柜、档案袋（盒）、装订用具等；做到了普查工作和普查档案管理工作同步进行。在污染源普查工作开展过程中，米东区普查办始终坚持把档案管理与污染源普查工作同部署、同推进，使档案管理的每一个环节都跟上污染源普查工作的节奏和步伐。

米东区普查办明确了污染源普查档案工作的基本要求，进行了任务分工，认真组织学习上级普查办印发的《污染源普查档案管理制度》和《关于污染源普查档案管理办法细则》，确定专人负责档案的收集与整理工作，制定了档案管理机制、档案管理人员，制订了相关的工作程序。这些措施为污染源普查档案建立与管理的规范化打下了基础。

（2）开展专题培训，提升档案质量

米东区污染源普查办参加了国家、自治区、市级污染源普查档案工作培训，贯彻落实上级有关档案管理要求，完善档案管理细则。邀请市污染源普查办专家、区档案局专家现场指导资料归档工作。在整理工作过程中，虚心学习，共同探讨，对难以分类的文件认真进行鉴别，达到正确归类。

6.3.2.2 纸质文件整理归档

以普查档案有迹可循为目标，米东区普查办就对各阶段的痕迹资料进行收集、整理、归类、建档，确保污染源普查档案完整规范。普查工作大致划分为前期准备[包括机构设立与人员配备、试点（实施）方案制定、经费落实、"两员"选聘、宣传与培训等]、清查建库（各源名录筛选与名录库建立）、全面普查（入户调查与数据采集、数据审核、质量核查、数据汇总）三个阶段，米东区普查办对照乌鲁木齐市第二次污染源普查档案收集范围和内容清单进行档案资料收集归档，确保普查全过程档案资料完整收集。

（1）管理类

管理类文件材料主要指污染源普查工作过程中各级污染源普查机构用于管理和指导普查工作开展的相关文件材料。包括以下内容：

1）收集

在日常污染源普查工作中，要求及时归纳整理产生的各类工作资料，做到工作资料日清日交。工作人员将当日的完结的工作资料收集完备交档案人员进一步整理。避免了资料因长时间未收集而造成的遗失现象。

2）分类

按照相关要求，根据文件材料的成文时间，管理类文件材料保管期限分为永久、定期 30 年、定期 10 年，分别以代码 Y、D30、D10 标识。保存永久的档案主要为：各级党政机关有关污染源普查工作的通知、意见及批复等；各级党政领导有关污染源普查工作的重要讲话、批示、题词等；各级污染源普查机构的请示、批复、报告、通知等（重要的）；普查工作会议的报告、讲话、总结、决议、纪要等；污染源普查机构进行第三方委托而产生的相关文件材料（重要的）；各级污染源普查机构进行质控、检查、验收、总结等工作而产生的相关文件材料（重要的）；部普查办印发的管理办法、实施方案、指导意见、技术规定等；普查文件汇编；普查机构设置、人事任免、工作人员名单；污染源普查表彰决定，先进集体、个人名单。保存 30 年的档案主要为：污染源普查机构的请示、批复、报告、通知等（一般的）；污染源普查机构规章制度、工作计划、工作总结、工作简报、调研报告、大事记等；污染源普查机构召开的专业会议及相关文件材料等；各级污染源普查机构进行第三方委托而产生的相关文件材料（重要的）；污染源普查机构进行质控、检查、验收、总结等工作而产生的相关文件材料（重要的）；污染源普查技术报告、系数手册、数据集等相关材料汇编（重要的）；公开出版内部编印的污染源普查材料（重要的）；污染源普查使用的计算机应用程序软件说明等；保存 10 年的档案主要为：污染源普查机构进行第三方委托而产生的相关文件材料（一般的）；污染源普查机构进行质控、检查、验收、总结等工作而产生的相关文件材料（一般的）；污染源普查培训相关文件材料；污染源普查宣传方案、宣传材料等有关评论和报道；其他与管理相关的文件。

3）分件

文件以"件"为单位进行整理归档。一般以每份文件为一件，文件正本与定稿为一件；正文与附件为一件；原件与复制件为一件；转发文与被转发文为一件；报表、名册、图册等一册（本）为一件；来文与复文各为一件；请示与批复各为一件；报告与批示各为一件。

"为一件"是指在实体上装订在一起，编目时只体现为一条条目。归档文件的整理工作，必须遵循文件的形成规律，保持文件之间的有机联系。排列方法强调按事由排列。

归档文件按照不同年度、不同机构（问题）等形成的客观规律进行相对集中，维护不同文件间的有机联系。排列文件时，强调了"事由原则"，将同一事由形成的文件排列在一起，使文件间的有机联系得以充分体现。

4）排列

归档文件材料收集、修整、分类完毕，首先需要使用符合档案保护要求的装订材料重新加以装订，固定文件页次，防止文件张页丢失，便于归档后保管和利用的作用。装订前首先应将原有的订书钉、回形针等对文件保存造成影响的金属物品拆掉（原文件已使用不锈钢钉的保持原装订不动）。其次必须对它们进行排序。顺序如下：正本在前，定稿在后；正文在前，附件在后；原件在前，复制件在后；转发文在前，被转发文在后；复文在前，来文在后。汉文本在前，少数民族文字文本在后。不同文字的文本，无特殊规定的，中文本在前，外文本在后。有文件处理单的，可放在最前面，这样可以作为首页加盖归档章，从而更好地保护正本的原始面貌。最后应将"件"内的各页按一定方式对齐，便于将来翻阅利用。

文件按照事由、结合时间和重要度进行排列。同一事由的文件，按成文时间的先后顺序排列。重要度由高到低排列。装订以"件"为单位，见图 6-14。

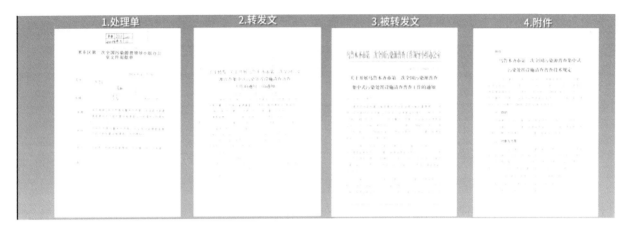

图 6-14　文件排列要求及示意图

5）装订

装订前去除文件上的装订夹、订书钉、曲别针等不合格装订用品。采用左上角装订，将左上侧对齐。纸张数少于 10 张的采用单孔装订；10 张以上的文件则采用三孔装订。注意修裱应采用糨糊或专用胶水，不得用胶带粘贴；应对字迹模糊的、易扩散的、易磨损的、易褪色的文件材料进行复制（复制后需在备考表内注明）；采用的装订材料应符合档案保护要求，不得包含或产生可能损害文件材料的物质；装订文件材料应牢固、安全、平整，做到不损页、不倒页、不掉页、不压字、不影响阅读；装订要求见图 6-15。

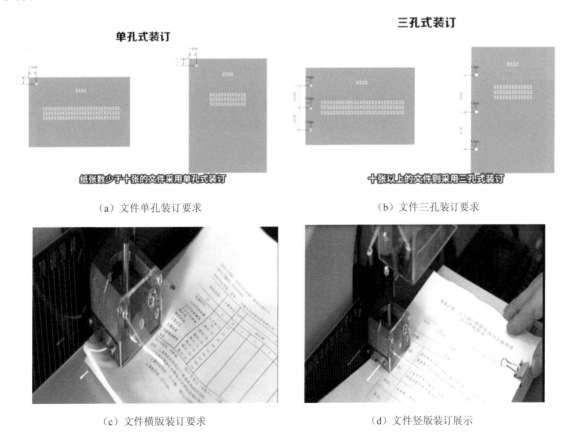

图 6-15　文件装订要求及示意图

6）归档文件的盖章、编号、填写页数

排列好的文件按顺序编制档号 [注意：单双面混合文件空白页不需要编写；装订成册文件且有连续页码的不需要编写；在一件文件内页码或页码不连续的需要重新编写；文件前附白纸需从白纸起始编写（如归档章无处加盖时，需在前加白纸应写上文件名）]。

在文件材料首页上端中心空白位置加盖归档章（归档章的格式其规格为长 45 mm，宽 16 mm，分为均匀的 6 格）。归档章中填写全宗号、年度、件号、保管期限和页数，归档章格式见图 6-16（注意：如领导批示或收文章占用了上述位置，可将归档章加盖在首页上端的其他空白位置；文件材料首页确无盖章位置或属于重要文件材料须保持原貌的也可在文件首页前另附纸页加盖归档章；盖章时，归档章不得压住文件材料的图文字迹，也不宜与收文章等交叉）。

图 6-16　归档章格式

7）编目

文件依据档案顺序编制文件目录，目录表格采用 A4 幅面，页面横向设置，一式两份，盒内一份，装订成册一份，见图 6-17。

归档文件目录

序号	档号	文号	责任者	题名	日期	页数
1	30-WP.650109-2D-2018-Y-0001	/	米东区普查办	乌鲁木齐市第二次全国污染源普查集中式污染处理设施现场清查表【卡子湾街道】	20180427	1
2	30-WP.650109-2D-2018-Y-0002	/	米东区普查办	乌鲁木齐市第二次全国污染源普查集中式污染处理设施现场清查表【铁厂沟镇】	20180430	1
3	30-WP.650109-2D-2018-Y-0003	/	米东区普查办	乌鲁木齐市第二次全国污染源普查集中式污染处理设施现场清查表【长山子镇】	20180427	1
4	30-WP.650109-2D-2018-Y-0004	/	米东区普查办	乌鲁木齐市第二次全国污染源普查集中式污染处理设施现场清查表【三道坝镇】	20180625	1
5	30-WP.650109-2D-2018-Y-0005	/	米东区普查办	乌鲁木齐市第二次全国污染源普查集中式污染处理设施现场清查表【盛达东路居委会】	20180425	2
6	30-WP.650109-2D-2018-Y-0006	/	米东区普查办	乌鲁木齐市第二次全国污染源普查集中式污染处理设施现场清查表【古牧地镇】	20180424	2
7	30-WP.650109-2D-2018-Y-0007	/	米东区普查办	乌鲁木齐市第二次全国污染源普查集中式污染处理设施现场清查表【柏杨河乡】	20180428	2
8	30-WP.650109-2D-2018-Y-0008	/	米东区普查办	乌鲁木齐市第二次全国污染源普查生活污水集中处置设施清查普查表【羊毛工镇】	20180501	1
9	30-WP.650109-2D-2018-Y-0009	/	米东区普查办	乌鲁木齐市第二次全国污染源普查生活污水集中处置设施清查普查表【芦草沟乡】	20180430	1
10	30-WP.650109-2D-2018-Y-0010	/	米东区普查办	乌鲁木齐市第二次全国污染源普查生活污水集中处置设施清查普查表【柏杨河乡】	20180427	1
11	30-WP.650109-2D-2018-Y-0011	/	米东区普查办	乌鲁木齐市第二次全国污染源普查生活污水集中处置设施清查普查表填报说明	20180000	3
12	30-WP.650109-2D-2018-Y-0012	/	米东区普查办	乌鲁木齐市第二次全国污染源普查生活垃圾集中处置设施清查普查表填报说明	20180000	3
13	30-WP.650109-2D-2018-Y-0013	/	米东区普查办	乌鲁木齐市第二次全国污染源普查集中式污染处理设施现场请查表	20180000	3

图 6-17　档目录格式

8）填写备考表

备考表按照管理办法要求的尺寸制作，填写后置于盒内所有文件之后。备考表主要填写盒内材料的缺损、修改、补充、移出以及与本盒文件材料内容相关的情况等，见图 6-18（整理人：一项应填写负责人整理该盒文件材料的人员姓名，应由整理人签名或加盖个人名章以示对文件材料整理情况负责；检查人：填写负责检查该盒文件材料整理质量的人员姓名，应由检查人签名或加盖个人名章以示对整理质量检查情况负责；日期：分别填写整理和检查完毕的日期）。

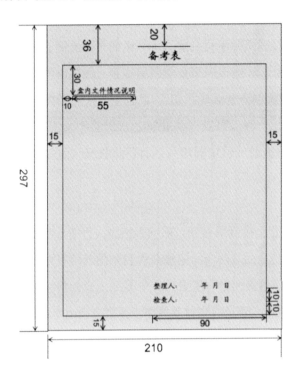

图 6-18　案表格式

9）装盒排架

将归档文件按件号装入档案盒。选择与文件厚度相当的档案盒，档案盒以能空出一根手指为宜。装订好的档案，按照类别、保管期限，分类上架，安全保存，见图 6-19。

（2）污染源类

为进一步规范完善佐证资料的收集，米东区普查办按照《关于进一步做好第二次全国污染源普查佐证资料收集工作的通知》（乌二污普办函〔2018〕98 号）中的佐证材料清单（见表 6-3～表 6-14），结合实际情况，全面完善。米东区普查办在污染源普查档案资料整理归档阶段，对照档案整理归档有关技术规范拟订了《关闭、停产、其他状态情况说明模板》《小微企业情况说明模板》《四经普情况说明模板》《散乱污情况说明模板》等，无法提供但确需提供的资料可以通过各类情况说明模板的方式提供。各镇街普查员对照各类污染源佐证材料和各个普查对象普查表数据，按照完整性、一致性原则，对各类污染源普查对象普查数据进行最终核定，保障了普查资料的完整性、准确性。

图 6-19　档盒排架

表 6-3　工业源佐证材料目录

企业名称：　　　　　　　　　　　　　　（停产□　正常运营□）

序号	需提供内容	有	无	备注
1	营业执照			
2	厂区平面布置图			
3	主要工艺流程图			
4	水平衡图			
5	项目的环评（环境影响报告书/表）及批文（批文复印件）			
6	项目的竣工环境保护验收监测报告及验收意见			
7	清洁生产审核报告			
8	危险废物处置协议及 2017 年危险废物转移联单			
9	2017 年度主要物料（或排放污染物的前体物）使用量数据			
10	2017 年生产报表			
11	2017 年煤（油、燃气）收费票据/汇总表			
12	2017 年电收费票据/汇总表			
13	2017 年水收费票据/汇总表			

序号	需提供内容	有	无	备注
14	其他收费票据/汇总表			
15	产污、治污设施运行记录			
16	废气、废水监测报告（自动监测数据报表、企业自测数据、监督性监测数据）			
17	排污许可证（2017年度）			
18	其他能够证明其填报数据真实性、可靠性的资料			
19	无法提供相关佐证材料的说明			

表6-4　清查阶段工业源佐证材料目录

企业名称：　　　　　　　　　　　　　　　　　　（停产□　正常运营□）

序号	需提供内容	有	无	备注
1	用"时间相机"标记有相关信息的照片			
2	清查表的纸质版和电子版资料			

表6-5　园区环境管理信息佐证材料目录

园区名称：

序号	需提供内容	有	无	备注
1	园区平面图或边界范围图			
2	园区管理部分盖章认可的注册企业及园区实际生产企业清单			
3	相关人民政府批复			
4	园区内企业产值占比清单			
5	自动监测站点照片或手工监测的检测报告			
6	有园区应急预案的需要提供副本			
7	现场核实收集的其他支撑材料			

表6-6　集中式佐证材料目录

企业名称：　　　　　　　　　　　　　　　　　　（停产□　正常运营□）

序号	需提供内容	有	无	备注
1	厂区平面布置图			
2	排水管网图			
3	主要工艺流程图			
4	2017年度主要物料（或排放污染物的前体物）使用量数据			
5	水平衡图			
6	煤（油、燃气）、电、水等收费票据			
7	产污、治污设施运行记录			
8	环评、清洁生产报告及各种监测报告单			
9	普查对象认为其他能够证明其填报数据真实性、可靠性的资料			
10	厂区内如有锅炉，须填报《非工业企业单位锅炉污染及防治情况》（S103表）			
11	协同处置危险废物的企业须填报集中式污染治理设施普查表			
12	普查表填报的其他相关支撑材料			

表 6-7　清查阶段集中式佐证材料目录

企业名称：　　　　　　　　　　　　　　　（停产□　正常运营□）

序号	需提供内容	有	无	备注
1	用"时间相机"标记有相关信息的照片			
2	清查表的纸质版和电子版资料			
3	2017 年状态为"已关闭"，但自治区要求核实的，须分别由乡镇一级、区县普查办证明			
4	无生活污水和生活垃圾集中处置设施的说明，包括负责部门（如水务部门）或乡镇一级的说明，以及区县普查办的说明			

表 6-8　入河（湖、库排污口）佐证材料目录

企业名称：

序号	需提供内容	有	无	备注
1	用"时间相机"标记有相关信息的照片			
2	清查表的纸质版和电子版资料			

表 6-9　生活源锅炉佐证材料目录

企业名称：　　　　　　　　　　　　　　　（停产□　正常运营□）

序号	需提供内容	有	无	备注
1	生活源锅炉相关证照			
2	指示锅炉名牌			
3	明确锅炉运行周期			
4	能源消耗台账或相关佐证资料			
5	指示污染治理设施并出示污染治理设施建设、扩建、改建相关文件、合同或其他相关佐证资料			

表 6-10　生活源—行政村佐证材料目录

企业名称：

序号	需提供内容	有	无	备注
1	加盖公章的行政村生活源污染基础信息表			
2	普查表填报的其他相关支撑材料			

表 6-11　储油库油气回收情况佐证材料目录

企业名称：　　　　　　　　　　　　　　　（停产□　正常运营□）

序号	需提供内容	有	无	备注
1	正门照片			
2	营业执照			
3	环境影响评价书（表）和相关验收报告			
4	油气回收的检测报告			
5	年周转量台账			
6	现场核实照片（例如在线监测系统照片）			
7	普查表填报的其他相关支撑材料			

表 6-12 加油站油气回收情况佐证材料目录

企业名称：   （停产□ 正常运营□）

序号	需提供内容	有	无	备注
1	正门照片			
2	营业执照			
3	环境影响评价书（表）和相关验收报告			
4	油气回收的检测报告			
5	年销售量台账			
6	现场核实照片（例如防渗漏监测设施照片）			
7	普查表填报的其他相关支撑材料			

表 6-13 油品运输企业油气回收情况佐证材料目录

企业名称：   （停产□ 正常运营□）

序号	需提供内容	有	无	备注
1	正门照片			
2	营业执照			
3	油品运输量台账			
4	油气回收的检测报告			
5	总油罐车清单			
6	具有油气回收系统的油罐车清单			
7	普查表填报的其他相关支撑材料			

表 6-14 纳入清查名录—入户调查时关闭企业佐证材料目录

企业名称：

序号	需提供内容	有	无	备注
1	核实确认的 2017 年度清查表			
2	乡镇（街道）确认情况属实后提供加盖公章情况说明			
3	普查人员现场核实照片（带经纬度）			

　　污染源类档案包括工业污染源（2A）、农业污染源（2B）、集中式污染源治理设施（2D）、移动污染源（2E）、生活污染源（2C）、其他污染类（2F）。污染源类将普查档案按照档案管理要求分为永久、30年、10年保存。保存为永久档案资料主要有：各源普查清查表、填表说明及相应电子文件；各源普查入户调查表、填表说明及相应电子文件。保存为 30 年档案资料主要有各源名录库。保存为 10 年普查档案资料主要有：各源产排污系数手册；各源普查数据；各源普查清查产生的相关文件资料（例如清查定位照片及佐证材料、普查佐证材料等）。

　　污染源类档案按照各源佐证材料目录排列，装订、盖章、编目、装盒等同管理类一致。

　　（3）财务类

　　普查经费列入本地区财政预算，保障了普查工作顺利推进。在财务类档案文件的收集整理上，重点整理归档普查机构年度预算、专项项目招标、委托合同及预算执行情况等类文件。

（4）声像实物类

普查工作中按照"全过程、全领域、全覆盖"的要求，细化照片档案收集整理范围和方法，充分收集普查过程中的照片、实物和其他类型载体的材料，力求全方位记录和反映米东区普查办普查工作。对各种培训、会议、调研、质控、宣传等工作照片纳入重点收集范围。

1）照片档案整理

照片档案说明见图6-20。

（a）照片档案盒

（b）照片档案目录

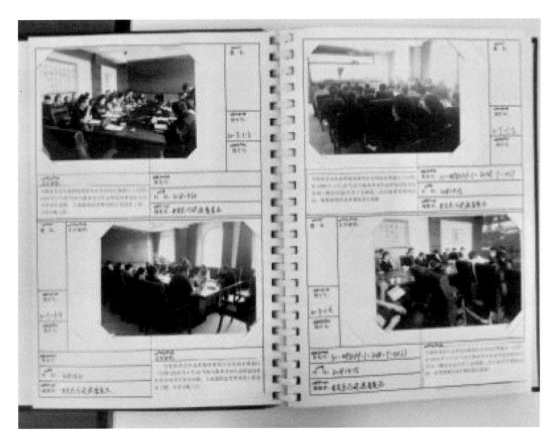

（c）照片档案卡片

图 6-20　照片档案

2）电子档案整理

按照档案管理要求，将管理类永久保存档案、污染源类永久保存档案扫描保存至光盘，以便查阅，见图 6-21。

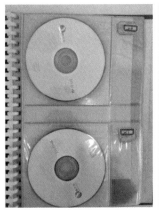

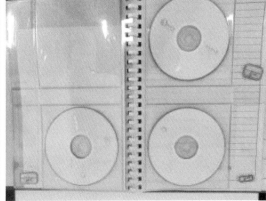

（a）光盘档案盒　　　　　　　　　　（b）档案光盘

图 6-21　电子档案

3）宣传册等档案整理

宣传档案见图 6-22。

（a）普查宣传　　　　　　　　　　　　　　（b）宣传册

图 6-22　宣传档案

（5）其他类

将各级审核反馈问题、软件变更说明归为其他类收集整理。

6.3.2.3　档案数字化建设

（1）建档依据

根据新疆维吾尔自治区生态环境厅及新疆维吾尔自治区档案局《关于印发〈新疆维吾尔自治区第二次全国污染源普查档案管理实施细则〉的通知》（新环办发〔2019〕116 号）的要求，为进一步规范自治区第二次全国污染源普查档案管理，确保普查档案完整、准确、系统、安全和有效利用，将纸质档案转变为数字化电子档案，推进了米东区污染源普查档案一体化管理。档案电子管理系统操作方便、一目了然，做到了"人人懂流程、人人会操作"，提高了污染源普查档案管理水平。

（2）信息采集

纸质档案的建设同时，同步建设电子档案，纸质档案数字化，设计多种信息采集方案。每一类采用多种信息采集方式，一是通过信息界面窗口实现了档案系统信息逐条著录，实现了人机对话方式；二是通用表格信息录入可以预先使用通用表格录入档案信息，这种方式方便多人多台电脑录入，汇总后导入档案管理系统数据库；三是通过数据库导入等多种方式进行档案信息采集，并对采集到的档案信息进行分类整理、归档和存储，进行统一的档案信息库管理。

6.3.2.4　普查数据库建设

（1）完整性

清查建库阶段，根据国家、自治区、乌鲁木齐市下发名录以及调取其他相关单位名录，米东区普查办对名录库进行增录补缺，坚持"全面覆盖、应查尽查、不重不漏"的原则，开展"地毯式"清查名录库摸底工作，逐单位进行现场核查（图 6-23），对从名录库中剔除的企业进行备注说明原因。入户调查阶段，认真落实部普查办《关于开展第二次全国污染源普查查漏补缺专项行动的通知》的要求，先后组织开展环统数据、统计数据、"散乱污"、电网、"四经普"、信访、重污染天气及"12369 投诉"等名录"全覆盖"比对，确保应纳入的对象均纳入数据库中，不纳入普查的备注其原因。产排污核算阶段，对照各源系数手册中的"四同原则"，逐源逐行业审核报表，确定差错和原因并进行修改核算，全面保证核算数据的完整性。

（a）普查员现场核查

（b）市普查办现场指导

图 6-23　现场核查

（2）准确性

为保证普查数据的准确性，米东区采用数据汇总审核、数据比对审核、数据查询审核（包括排序审核、交叉审核、关联审核、范围审核、关键指标排序筛选异常值）、数据集中会审（分行业对比审核、按企业规模比较审核、对比环统及统计数据审核）对普查数据进行全面审核（图 6-24）。米东区普查办组织开展本区范围内的集中会审、交叉会审、部门联合会审、行业会审、现场抽审等数据审核工作，对有问题的数据进行逐一核实和修正。米东区普查办接受了国家污普办的数据指导、参加了自治区污普办组织的集中会审、参加了乌鲁木齐市普查办自编软件汇总审核和集中会审、普查数据的宏观校核等一系列全面审核工作。在数据审核阶段，累计收到国家反馈问题清单生活污染源 200 条、工业污染源 1 162 条、集中式污染治理设施 2 条、农业污染源 109 条；自治区反馈问题清单工业源 500 条、农业源 80 条、集中式污染治理设施 10 条；乌鲁木齐市普查办集中会审期间，对所有源所有企业均进行了系统的审核，共计反馈问题清单 785 条，"Web 系统—集中会审""Web 系统—地图模块""Access 审核软件"的审核问题 2 134 条。米东区普查办在接收反馈问题后，对有问题的汇总结果，查明原因并做好记录，返回普查员核查校正，并报上一级普查机构。所有数据全部审核完成后，组织有关质量控制人员对数据进行质量评估，并写出质量评估报告；最后对数据进行整理合并，确保普查数据准确、真实、可靠。

（a）部普查办赴新疆指导工作　　　　（b）国家反馈问题整改质量审核会

（c）米东区普查数据集中会审　　　　（d）乌鲁木齐市普查办组织集中会审

图 6-24　普查数据审核会

（3）合理性

米东区普查办从宏观把控，微观细核，结合地方统计年鉴、环统数据、规模以上企业统计局数据等资料，逐源进行数据分析、比对、校核，分行业反复研判普查数据的合理性。同时邀请米东区各成员单位进行数据对接、审核，对普查数据进行审议。先后两次召开普查数据质量评估研讨会，专题讨论普查数据是否符合行业特点，同时对部分行业及 VOCs 产排量进行研究讨论，进一步夯实数据合理性。

（4）数据库建设成果

米东区第二次全国污染源普查工作按照国家、自治区、乌鲁木齐市及米东区政府部署要求科学组织实施，严格质量控制，建立了一套精准的污染源基础数据库，翔实地掌握了全区内工业污染源、农业污染源、生活污染源、集中式污染治理设施、移动污染源五类污染源数量、行业和地域分布，污染治理设施的运行情况、污染治理水平等基本信息。普查数据库结果同米东区产业结构和环境质量现状基本相符，为打好污染防治攻坚战、改善环境质量精准施策，加快推进生态文明建设发展提供了科学依据。

6.3.3 工作经验

普查档案是普查工作成果的最终体现，全面记录了第二次污染源普查各个阶段的工作计划、方法、实施过程和最终成果，是环境保护档案的重要组成部分，为环境管理和科学决策提供重要参考，为以后开展污染源普查工作提供了宝贵的经验，因此做好本次普查档案工作尤其重要。普查档案整理工作时间紧、任务重，困难多，为解决"不会干、不愿干、不同步、不规范"的问题，乌鲁木齐市米东区普查办一是在思想上提高对普查建档工作重要性的认识，克服重普查、轻档案的思想，扭转普查结束再做档案的观念；二是组织人员积极参加部污普办、自治区及乌鲁木齐市组织的各类普查档案培训；三是及时梳理整理可归档资料，归纳总结档案整理办法，提升工作效率。对档案整理过程中的问题早发现、早解决，避免污染源普查档案管理工作出现重复、走弯路现象。

乌鲁木齐市米东区普查办在第二次全国污染源档案管理工作中，在及时性、完整性、规范化方面做了一些有效的探索，取得了较好的成绩：一是各级领导高度重视，档案管理工作部署早、安排早、落实早；二是制定了可操作性强的制度和工作网络，提高了档案收集的质量和效率；三是加强培训与交流，得到各级档案管理部门的支持与指导，使得档案管理工作系统、规范、完整、安全；四是日常管理工作严格、细致，充分利用档案资料，及早为环境管理服务，在环保专项执法行动、普查成果应用、编制规划和控制计划等方面及时地得到很好的应用。

污染源普查档案是污染源普查重要成果之一，在普查工作过程中产生的大量的文件、数据、图表、音像资料和实物，是污染源工作的重要依据，具有十分重要的参考价值和历史价值。档案的价值重在应用。因此不仅要建立健全污染源普查档案，而且要灵活运用普查信息资料，充分发挥普查工作的经济效益和社会效益，让普查档案成为环境管理、环境治理和生态文明建设重要支撑依据，为改善环境质量、实现污染防治精细化管理提供助力。

7 污染源普查档案管理常见问题答疑

由于全国各地污染源普查档案管理培训进度和效果不一致，而且各地档案管理部门的一贯做法和具体要求与《污染源普查档案管理办法》（环普查〔2018〕30号）有些许差异，所以各地在进行普查档案管理及文件材料整理归档过程中，存在很多细节问题。在专题调研和日常工作中，部普查办综合（农业）组安排专人进行常见问题收集，并及时研究讨论进行答疑，形成文字材料统一下发并做成PPT在培训班上进行详细讲解。本章将涉及的常见问题进行了系统梳理，并分类进行总结归纳。

7.1 《污染源普查档案管理办法》的有关问题

（1）哪些是污染源普查档案？

答疑：《污染源普查档案管理办法》第二条已经明确定义："各级污染源普查机构在污染源普查工作中形成的具有保存价值的文字、图表、声像、电子及实物等各种形式和载体的历史记录。"注意该定义的关键词是"具有保存价值的"，至于哪些历史记录（文字、图表、声像、电子及实物等）具有保管价值？请各级普查机构根据《文件材料归档范围和保管期限表》结合生态环境管理需求，自行确定。

（2）第三方机构形成的文件材料是否需要归档？

答疑：《污染源普查档案管理办法》第三条第三款规定："各级污染源普查机构委托第三方机构参与普查工作产生的文件材料，由被委托方负责收集、整理，并按规定移交委托方归档，委托方应当进行相关指导。"因此，第三方机构形成的文件材料需要归档，收集整理方为第三方机构，归档保管方按照保管和移交程序依次为普查办→同级生态环境厅（局）→同级国家综合档案馆。

（3）参与普查档案管理工作的第三方机构是否必须要有涉密资质？

答疑：参与普查档案管理工作的第三方机构不是必须要有涉密资质，但有资质的优先。没有资质的也可以，但参与前必须按《关于加强第二次全国污染源普查保密管理工作的通知》（国污普〔2018〕6号）的要求，签署《保密协议书》和《保密承诺书》。

（4）重要的普查档案是否必须进行扫描归档？

答疑：不是必须。请遵从同级档案行政管理部门有关要求执行。至于哪些需要扫描（永久/30年），请与同级档案行政管理部门共同商定。

衍生问题：签字盖章后的纸质清查表和普查表是否必须扫描归档？

答疑：签字盖章后的纸质清查表和普查表是否需要扫描归档，部普查办不做强行要求，请与同级档案行政管理部门进行沟通协调。

（5）上级下发的文件是否必须归档原件？

答疑：原则上归档的文件材料应当为原件。但实际工作过程中，很多因素导致个别文件材料无法实现原件归档。一般情况下，只有如下四种情况允许以复制件归档：

①国务院（办公厅）下发的文件；

②在生态环境厅（局）已经保存原件的文件；

③上级普查机构或有关单位以传真或扫描件形式下发的文件。

④通过专网/内网下发的事务性文件（无文号）。

（6）哪些电子文件应当同时转换为纸质文件归档？

答疑：《污染源普查档案管理办法》第十二条第四款规定：具有重要价值的电子文件应当同时转换为纸质文件归档。注意关键词"具有重要价值的"。一般情况下，保管期限为永久的都是具有重要价值的。例如，清查表和普查表（一手资料），要求同时保存纸件（签字盖章），且纸件与普查数据库里的电子件（终稿）应完全保持一致，并建立检索关系。

衍生问题：对于普查表来说，归档的"电子文件"是指普查软件系统导出来的 Excel 表，还是签字盖章后的普查表扫描版？

答疑：准确来说，签字盖章后的普查表扫描版只是纸质文件的数字化副本，并不是严格意义上的"电子文件"，所以这里的"电子文件"指的是普查软件系统导出来的 Excel 表。二者都应该分别归档：普查表终稿签字盖章后需要以纸件永久保存，同时将与其保持一致的 Excel 导出，经磁盘或光盘存储和备份，进行防写入保护即可；或者将整个软件系统或数据库按照《电子文件归档与电子档案管理规范》（GB/T 18894—2016）进行归档或备份即可。

（7）最后形成的普查档案是否可以直接向同（上）级国家综合档案馆移交？

答疑：原则上，各级普查机构形成的普查档案向同级环境保护主管部门移交；各级环境保护主管部门再向同级国家综合档案馆移交。特殊情况下（如环境保护主管部门没有储存空间），普查机构也可以将普查档案直接向同（上）级国家综合档案馆移交，但前提是获得同级环境保护主管部门批准，且同（上）级国家综合档案馆愿意接收。

衍生问题：机构改革后，生态环境分局普查机构的档案应该移交至地市生态环境局归档还是区县档案行政管理部门？

答疑：机构改革过渡期间能完成档案验收工作的，尽量移交至区县档案行政管理部门；若不能在过渡期间完成的，由地市级生态环境局会同档案行政管理部门统一协调解决。

7.2 《文件材料归档范围和保管期限表》的有关问题

（1）如何判定哪些文件材料需要"永久"保管？

答疑：判定原则——是否具有非常重要的价值？注意这里的"价值"包括现实使用价值和历史价值。

衍生问题：保管期限表里列出的文件材料是否都必须确定保管期限？

答疑：不是必须，需要根据不同类别文件材料的具体内容确定。注意普查文件材料还包括资料部分和销毁部分，即基本没有/没有现实使用价值和历史价值的文件材料，这类材料可以不用确定保管期限。

（2）"质控、检查"有关文件材料归为哪一类？

答疑：原则上，"质控、检查"有关文件材料应归为"管理类"；但针对各类污染源开展的质控和检查相关文件材料，也可以归为"污染源类"，以保持污染源类档案的系统性，同时方便查阅利用。如果这些文件材料能按各类污染源分开的，可以按照不同污染源类别归档，如工业污染源 2A，农业污染源 2B；如果不能分开的，可统一归入"污染源类 2"或"污染源综合类 2F（地方自设类别）"。

（3）系数手册、汇总数据如何归档？

答疑：

①两者归为"管理类"和"污染源类"都可以，需要根据实际情况判定。判定原则——是否能按各类污染源分开，能分开的，按照不同类别归入"污染源类"；不能分开的（如汇编成册的），可归入"管理类"，也可以归入"污染源类 2 或 2F"。

②系数手册、汇总数据的电子版每级普查机构均需归档，纸质版不做强行要求，建议省级存一份，有条件、有需求的地市和区县也可打印存档。

衍生问题：清查名录底册、普查小区代码表、水系代码表等是否必须打印？保管期限如何界定？

答疑：

①电子版每级普查机构均需归档，纸质版不做强行要求，建议省级存一份，有条件、有需求的地市和区县也可打印存档。

②保管期限可结合工作需求，根据文件材料的重要程度，自行确定。

③本级入户调查的普查对象名录汇总表，还是建议每级都打印一份，保管期限 30 年/10 年均可。

（4）如果按照"一源一档"要求归档，清查表/普查表与佐证材料保管期限不一致的如何处理？

答疑：按照基本原则——"就高不就低"，即需要"永久"保存。针对必须要扫描的地区，佐证材料不建议"永久"保存（减少扫描工作量），建立对应检索关系保存 10 年即可。这样与"一源一档"要求不冲突，因为佐证材料的重要信息已反映在普查表中。如果已规定佐证材料必须归入"一源一档"的，可选择其中重要的部分页复制后归入（针对报告类较厚的材料）。

（5）普查经费没有独立账户的该如何归档？

答疑：有独立账户的按本办法要求归档，没有独立账户的应该与同级生态环境厅（局）财务部门核实，理应由财务部门统一归档。

衍生问题：成员单位或伴生放射性矿有关部门的财务档案是否需要移交统一归档？

答疑：不需要，不同单位的财务档案按有关要求自行归档。

（6）具体哪些照片归档，保管期限如何确定？

答疑：归档的照片并不是越多越好，要挑选重要会议和重要过程有代表性的照片进行打印归档（一般一个场景选择 1~2 张即可）。可结合自身工作需求，根据具体归档对象的保管利用价值等因素判定其重要性属于"重要的"还是"一般的"。

7.3 《纸质文件材料整理技术规范》的有关问题

（1）档号的格式能否微调？

答疑：可以微调。如"管理类"代号"1"可补齐为"01"；"污染源类"可增加"2F—综合类"；"声像实物类"可细化为"4A—照片类、4B—光盘类、4C—实物类"等。

注意："WP."中的点在右下，不在中间；管理类"1"后面没有点；件号为流水件号，可以超过 4 位数；形成时间可以跨年，以最后形成时间为准。

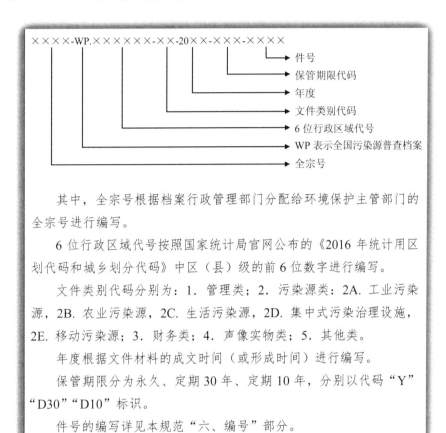

　　其中，全宗号根据档案行政管理部门分配给环境保护主管部门的全宗号进行编写。

　　6 位行政区域代号按照国家统计局官网公布的《2016 年统计用区划代码和城乡划分代码》中区（县）级的前 6 位数字进行编写。

　　文件类别代码分别为：1. 管理类；2. 污染源类：2A. 工业污染源，2B. 农业污染源，2C. 生活污染源，2D. 集中式污染治理设施，2E. 移动污染源；3. 财务类；4. 声像实物类；5. 其他类。

　　年度根据文件材料的成文时间（或形成时间）进行编写。

　　保管期限分为永久、定期 30 年、定期 10 年，分别以代码"Y""D30""D10"标识。

　　件号的编写详见本规范"六、编号"部分。

衍生问题：新增或合并的区县/工业园区无全宗号或行政区划代码的，如何编制档号？

答疑：

①无全宗号的，可以与同级档案行政管理部门抓紧协调分配全宗号；短期无法分配的，与同级档案行政管理部门协商解决（需同步考虑移交问题），也可以考虑采用上级生态环境厅局的全宗号（有行政区划代码可以区分）。

②无行政区划代码或两者都没有的，请同级生态环境部门与档案行政管理部门协商解决（需同步考虑移交问题）。

（2）每一份佐证材料都必须单独为一件来编制归档文件目录的题名吗？

答疑：不是必须。《纸质文件材料整理技术规范》中 13 页倒数第 4 行已明确："内容单薄的相关依据性文件材料也可组合为一件"，即"组件"；归档文件目录的题名可以进行概化为一个名字，尽可能反映各件有关信息即可。

（3）佐证材料确实无原件的，是否可以保存复制件？

答疑：原则上，需要签字盖章类的证明材料（如关闭、停产、破产搬迁证明）都应该为原件。但佐证材料的原件在普查对象手中确实无法提供的，可以保存复制件。

（4）众多佐证材料如何排序？

答疑：可以按照如下两种方式排序：

①按照普查表的表号或有关指标出现的先后顺序对应的佐证材料进行排列；

②按照本章附表《陕西省工业源普查对象需提供的佐证材料清单》中所列材料的先后顺序进行排列（个别材料的确没有的可跳过）。

衍生问题：清查表/普查表终稿及有关材料应该如何排序？

答疑：建议排序如下：终稿（签字盖章）→质控单（非必须）→历次修改稿（建议不超过 3 份，非必须）。由于清查表/普查表需要永久保存，针对必须要扫描的地区，建议只保存签字盖章的终稿（减少扫描工作量），不建议将"历次修改稿"一并存入；而 "历次修改稿 "可作为污染源类的相关文件材料，保存 10 年即可。

（5）部分地区的档案馆提出可以在移交前不装订，方便他们用专业机器扫描，但地方指导文件中都要求文件装订完整，如果不装订又不符合验收标准。请问该怎么解决？

答疑：遵从档案行政管理部门的意见，先不装订，移交时方便扫描，但其他编号、装盒等需要满足《污染源普查档案管理办法》的要求，验收的时候可跟检查组说明情况。

（6）编页号是否必须使用黑色铅笔？页号的位置是否必须在右上角？

答疑：

①不是必须使用黑色铅笔（只是为了方便修改和补充漏页）；

②编页号的工具和位置，可以完全按照同级档案行政管理部门有关执行。

（7）同一类别的档案，是否不同保管期限单独编写件号？

答疑：按照"不同类别—不同形成年度—不同保管期限"分别从"1"开始编写件号。如工业源的 2A，每一个年度保存永久、30 年、10 年的档案都分别从"1"开始编写件号。

注意：同一类别、同一年度、同一期限的文件件号唯一，即档号唯一，这样才能精确检索定位。如 2A-2018-D10-1……2A-2018-D10-9999

（8）归档章的尺寸和格式是否可以调整？

答疑：可以调整，但不能随意调整，需要按照同级档案行政管理部门的有关规定进行调整。

（9）"机构或问题"按规范应填写为"WP. ××××××-××"，太长了，可否精简？

答疑：

①尽可能按规范编写，方便与其他项目档案区分开来；

②也可以按照同级档案行政管理部门的有关规定进行适当精简；

③验收时，如果"机构或问题"进行了精简，但能够明确分类的（如"WP.××××××"部分未填写），可不算错误。

（10）归档文件目录其中一项是"责任者"，企业材料在存档时，"责任者"应该填写企业还是普查办？

答疑：按规范应该填写"制发文件材料的组织或个人，即文件材料的发文机关或署名者"，对于企业材料（即佐证材料）来说，应该填写档案资料的形成主体，填普查办或生态环境厅（局）都可以。

归档文件目录
（式样）

序号	档号	文号	责任者	题名	日期	页数	备注

衍生问题：当同一类别、同一年度、同一保管期限的文件材料需要装入两个档案盒时，两个档案盒中归档文件目录的序号均从"1"开始还是要求衔接？

答疑：对于盒内的归档文件目录，分别从"1"开始编写序号，但档号中的件号需要衔接；对于装订成册的归档文件目录，序号和件号应保持一致，都需要衔接。

（11）装订成册的归档文件目录封面必须是竖版吗？

答疑：横版竖版都可以，可遵从同级档案行政管理部门的一贯做法。由于归档文件目录内容很多，横版更为美观，也方便查阅，所以推荐横板（《污染源普查纸质文件材料整理技术规范》中的示例是为了方便排版，做成了竖版的样式）。

衍生问题：不同类别、不同年度、不同保管期限的档案需要分别成册装订归档文件目录吗？

答疑：

①归档文件目录装订成册时：同一保管期限、同一年度的必须装订在一起（不同保管期限、不同年度的档案移交和销毁时间不一样，切忌交叉），不同类别的可以装订在一起。

②装订成册时可以按如下先后顺序逐一进行：同一行政机构→同一保管期限（年度）→同一文件类别（也可不考虑）。

污染源普查档案
归档文件目录

全　宗　号　＿＿××××＿＿

全宗名称　＿＿××环境保护局＿＿

年　　度　＿＿2018＿＿

保管期限　＿＿永久＿＿

机　　构　＿＿普查办＿＿

（12）规范中档案盒的盒脊和封面未提到，是否有固定的格式要求？

答疑：需要按照同级档案行政管理部门规定的格式和要求执行。

注意：千万不能随意自己制定，否则可能导致无法移交。应当主动咨询同级档案行政管理部门，他们应该有固定的格式要求，或者有固定的档案盒制作商。

7.4 文件材料签字盖章等有关问题

（1）纸质清查表正式归档前，其中的基本信息是否需要普查对象签字盖章？若清查表中有关信息经核实需要修改的，是否需要重新签字盖章？

答疑：

①根据《第二次全国污染源普查清查技术规定》，纸质清查表中的基本信息需要普查员及审核人签字，并未规定必须要普查对象签字盖章。

②若清查表中有关信息经核实确实应该修改的，需要重新签字确认。若修改过程有问题清单并已签署整改确认单（或质量控制单）的，可以将问题清单和整改确认单（或质量控制单）作为附件一并归档即可，清查表不用重新签字确认；若没有问题清单和整改确认单（或质量控制单）的，可以按照如下方式进行处理：a. 若修改较少，修改后可以保持页面整洁清晰的，由修改人直接在被修改信息附近空白处注明"错误核实方式、与谁核实的、修改人（签字）、核实日期"等重要信息；b. 若修改较多，修改后页面混乱不堪的，可由软件系统将清查表终稿导出，打印后，请普查员及审核人核实并签字确认。

（2）纸质普查表正式归档前，其中的基本信息和生产活动水平是否需要普查对象签字盖章？若普查表中有关信息经核实需要修改的，是否需要重新签字盖章？

答疑：

①根据《第二次全国污染源普查制度》，纸质普查表中的基本信息和生产活动水平需要"单位负责人""统计负责人（审核人）"及"填表人"签字，并于普查表表头"单位详细名称（盖章）""养殖场名称（盖章）""居/村民委员会盖章""填报单位名称（盖章）""综合机关名称（盖章）"等处加盖单位公章。对于确实没有单位公章的普查对象，可以由普查对象负责人加盖个人章，或者签字并按手印。

②若普查表中有关信息经核实确实应该修改的，需要重新签字盖章。若修改过程有问题清单并已签署整改确认单（或质量控制单）的，可以将问题清单和整改确认单（或质量控制单）作为附件一并归档即可，普查表不用重新签字盖章；若没有问题清单和整改确认单（或质量控制单）的，可以按照如下方式进行处理：a. 若修改较少，修改后可以保持页面整洁清晰的，由修改人直接在被修改信息附近空白处注明"错误核实方式、与谁核实的、修改人（签字）、核实日期"等重要信息；b. 若修改较多，修改后页面混乱不堪的，可由软件系统将普查表终稿导出，打印后，请上述①中有关人员和单位核实确认后签字盖章。

（3）有完整问题清单，并且已经签署整改确认单（或质量控制单）的纸质清查表修改稿，是不是可以不用签字？

答疑：若前期稿未签字的，修改稿仍然需要签字。如果历次修改稿中，有一稿已经签字确认，之后的整个修改过程中有完整问题清单，并且已经签署整改确认单（或质量控制单），最后归档的清查表终稿可以不用重新签字确认。

（4）完整问题清单，并且已经签署整改确认单（或质量控制单）的纸质普查表修改稿，是不是可以不用签字盖章？

答疑：若前期稿未签字盖章的，修改稿仍然需要签字盖章。如果历次修改稿中，有一稿已经签字盖章，之后的整个修改过程中有完整问题清单，并且已经签署整改确认单（或质量控制单），最后归档的普查表终稿，可以不用重新签字盖章。

（5）纸质普查表正式归档前，是否需要普查对象对污染物产排量核算结果进行确认并签字盖章？

答疑：区县级普查机构可以将普查对象的污染物产排量核算结果告知普查对象，但不需要普查对象签字盖章。普查对象对采用系数法核算的产生量和排放量结果有异议的，区县级普查机构应向其做好解释说明。

（6）对于基本信息和生产活动水平与污染物核算结果共存的普查表（如 G103—1 表），普查对象签字盖章后是否代表其认可该表中的污染物产排量核算结果？

答疑：普查对象签字盖章只代表其对基本信息和生产活动水平及有关监测数据的真实性和准确性负责，并不代表其认可污染物产排量核算结果。

（7）软件系统打印的普查表是否需要有核算结果？

答疑：需要打印有核算结果的版本。采用系数法核算出的产生量和排放量不需要普查对象签字确认，但普查表中其他需要签字盖章的位置还是要签字盖章，因为其中仍然包含基本活动水平信息或数据，这是《污染源普查条例》（第二十五条）和《第二次全国污染源普查制度》明确规定了的。对于不愿意盖章的，普查办需要做好解释[《污染源普查条例》（第三十五条）]，可以考虑请普查对象签字表明不对核算结果负责。

（9）从普查软件系统规范输出的普查表基本和普查制度中的表式保持一致，对于大企业来说，需要盖章的位置就特别多，是否每个位置都要盖章？

答疑：不要求每个位置都要盖章，但对每一个表号普查表首页要求盖章的位置必须盖章，并对所有后续页码加盖骑缝章。

（9）由于企业关闭、停产、破产、搬迁等原因联系不上，而无法对基本信息和生产活动水平进行签字盖章的该如何处理？

答疑：由于企业关闭、停产、破产、搬迁等原因无法签字盖章的纸质普查表在归档时，应附上企业所在地乡镇、街道、社区有关部门或居/村民委员会等盖章确认的企业关闭、停产、破产、搬迁等有关证明材料。县级普查机构应该对本行政区所有无法签字盖章的企业逐一核实、汇总和说明有关情况，并盖章确认。

7.5　其他问题

（1）普查数据审核过程中，可能会对软件系统中同一普查表有关数据进行多次修改，而历次修改记录软件系统本身无法保存，国家普查机构是否要求必须保存所有修改记录？

答疑：国家普查机构不要求对软件系统中的电子表的所有修改记录进行保存，但为了保障数据安全，建议有条件的普查机构选择普查数据审核的关键阶段，将软件系统中的有关数据整体导出，然后以电子文件的形式进行保存和备份。具体哪些关键阶段的数据需要保存和备份由省级或市级普查机构研究确定。

补充说明：这里建议保存的"修改记录"指的是电子版汇总数据表的修改记录，或者数据库的运行记录（关键阶段），单个普查表的修改记录不建议导出保存，工作量太大，也没什么意义。

（2）最终形成的普查数据库及相关电子文件（包括普查名录、核算结果、相关图表、数据分析报告等）该如何归档？是否需要备份？

答疑：省级普查机构需要对全省形成的普查数据库及相关电子文件（包括普查名录、核算结果、相关图表、数据分析报告等）进行统一归档和备份，须采用不同存储介质和存储方式备份 2 套，有条件的省份还可以进行"同省异城"备份。普查数据归档时，必须同步归档元数据和背景信息；普查数据迁移后，必须按要求检测其真实性、完整性、可用性、安全性。具体操作方法可参考《电子文件归档与电子档案管理规范》（GB/T 18894—2016）等有关文件执行。有条件的市级和县级普查机构也可对本级形成的普查数据库进行归档和备份。

（3）根据《污染源普查档案管理办法》，各普查对象的清查表和普查表保管期限为永久，要求保存纸件，但很多清查表和普查表历经多次修改都不是终稿，终稿一般都在软件系统中，是否可以将软件系统中的清查表和普查表导出打印后统一归档？之前修改过的纸质清查表和普查表是否还需要一并归档？

答疑：

①由各级普查机构将本级负责的、经国家普查机构审核确定的清查表和普查表（终稿）从软件系统导出打印，并按要求签字盖章，附上"历次修改稿"（建议不超过 3 份）或相应问题清单和整改确认单（或质量控制单）作为附件一并归档，相应的电子表也以电子文件的形式一并存档。若最后一次修改过的纸质普查表与软件系统中的普查表终稿能够完全匹配的，则不需要打印软件系统中的普查表终稿，只需将最后一次修改过的纸质普查表签字盖章后，归档保存即可。

②若"历次修改稿"确实比较多（大于 3 份），建议由省级或市级普查机构研究，根据重要工作阶段统一规定哪些阶段的修改稿需要归档，如第 1 轮数据审核、第 2 轮数据审核，第 1 次质量核查、第 2 次质量核查等；若没有"历次修改稿"，但有详细问题清单和整改确认单（或质量控制单）的，也可以只附详细问题清单和签署过的整改确认单（或质量控制单）。

（4）档案管理系统是否必须配置？国家普查机构是否会统一部署？

答疑：各级普查机构可以根据自身档案管理工作基础、可支配经费、管理和利用需求等情况，自行决定是否需要配置档案管理系统，国家普查机构不做强行要求，也不会开展招投标和统一部署等有关工作。但是，为了方便自身对普查档案的管理和利用，建议有条件的普查机构进行配置，配置前请与同级生态环境部门和档案行政管理部门有关职能处（科、股）室充分沟通衔接，获取他们的指导和帮助；有条件的省级或市级普查机构也可以进行统一安排和部署。

（5）普查档案管理的检查验收是否和普查工作同时验收？验收内容包括哪些？验收是否全覆盖？

答疑：

①根据《污染源普查档案管理办法》"三同时"工作要求，普查档案管理工作应该和普查工作同时验收。

②检查验收时普查档案管理只是其中一部分，档案管理方面主要针对 2017—2019 年已形成的普查资料整理归档工作进行检查验收，重点检查档案管理制度建设情况、人员经费情况、保管设施配备情况，以及档案的完整性、系统性、准确性、规范性和安全性等。

③检查验收时，原则上要求国家对省级普查机构全覆盖，省级对本行政区地市级普查机构全覆盖，地市级对本行政区县级普查机构全覆盖，对各普查机构档案资料（含电子资料）的查阅比例不低于 10%。其他具体安排和有关要求按照第二次全国污染源普查检查验收有关文件执行。

（6）普查资料的整理归档贯穿普查工作全过程，普查成果总结发布阶段仍然会有很多重要档案产生。若普查档案和普查工作同验收，待普查所有工作结束前，是否还会再次组织普查档案检查验收？

答疑：普查工作结束前，不再单独组织普查档案检查验收，但各级普查机构应当严格按照《污染源普查档案管理办法》的要求做好后续资料的整理归档工作，同级生态环境主管部门的档案管理职能处（科、股）室应该提前介入和接管有关工作，普查工作结束后，按照《污染源普查档案管理办法》第十七条的有关规定进行普查档案的移交。原则上各级普查机构应该将本级最终汇总形成的普查档案移交清单报送至上级生态环境主管部门审查和备案，对于审查不合格的普查机构，上级生态环境主管部门应当责令其 1 个月内完成整改。

（7）污染源普查档案是否必须向同级国家综合档案馆移交？何时移交？

答疑：污染源普查档案移交至同级生态环境主管部门以后，是否还要（或何时）向同级国家综合档案馆移交，应该遵从同级生态环境主管部门或档案行政管理部门现有规定；若没有规定的，由同级生态环境主管部门和档案行政管理部门自行协商解决。

（8）农业源和伴生放射性矿普查档案该如何归档？

答疑：

①关于农业源普查档案。农业源的普查工作如果由生态环境部门普查机构组织实施的，农业源相关普查档案直接由生态环境部门普查机构统一归档；如果由农业农村部门普查机构组织实施的，原则上，农业源相关普查档案也应该交由生态环境部门普查机构统一归档，若农业农村部门普查机构不愿意移交原件，可交复印件至生态环境部门普查机构统一归档，但须加盖档案复制专用章，并附带普查档案移交清单。

②关于伴生放射性矿普查档案。伴生放射性矿普查工作由生态环境系统的辐射环境监管部门组织实施，为了保证普查档案的系统性和完整性，建议伴生放射性矿普查档案交由生态环境部门普查机构统一归档，并附带普查档案移交清单。

衍生问题：

①伴生放射性矿普查初测时产生的有关材料是否需要归档？

答疑：需要归档，建议保存 10 年即可。

②伴生放射性矿普查有关文件材料该如何分类？

答疑：伴生放射性矿普查属于工业源普查范畴，故应该按照"工业源 2A"进行分类。

（9）农业源和伴生放射性矿普查档案收集整理的责任方是谁？

答疑：普查档案的收集整理责任方应该为文件材料的形成方，即"谁形成，谁负责收集整理"；同级普查机构有责任进行监督指导，同时配合做好有关工作。

补充说明：农业源和伴生放射性矿普查档案移交至普查办后，是否要衔接普查办的档号，或是否要整合进成册的归档文件目录，可以自行决定，方便管理和查阅即可。

（10）《第二次全国污染源普查公报》发布以前，普查数据及有关资料是否可以提供给有关职能处（科、股）室、技术支持单位和第三方机构？

答疑：原则上，《第二次全国污染源普查公报》正式发布前，普查数据及有关资料不能对外提供。

①若有关职能处（科、股）室、技术支持单位开展普查有关工作确有需要的，可以按程序提供有关数据资料。但为了保障普查数据及有关资料安全，数据提供前必须同时满足以下要求：

a. 有关职能处（科、股）室和技术支持单位必须正式来函向同级普查机构详细说明有关情况；

b. 普查机构必须详细列出即将对外提供的所有数据清单，报同级（省、市或县）普查领导小组办公室主任审批同意后，方可刻盘提供；

c. 数据资料提供前，普查机构必须与有关职能处（科、股）室和技术支持单位签署保密协议书、与接触数据的所有人员签署保密承诺书；

d. 其他未尽事宜必须满足《关于加强第二次全国污染源普查保密管理工作的通知》（国污普〔2018〕6号）的要求。

②确有必要委托第三方机构开展普查有关工作的，也不得将本行政区普查数据和有关资料全部提供给第三方机构，普查数据的分析处理必须由各级普查机构负责，第三方机构可以提供必要的协助，但不得接触核心的普查汇总数据，并且第三方机构的介入必须同时满足以下几点要求：

a. 第三方机构必须经合法合规的招投标程序引入，且驻扎在普查机构，采用普查机构统一提供的电脑开展有关工作，电脑应该设置数据资料拷出限制；

b. 提供给第三方机构协助处理的有关资料，必须报同级（省、市或县）普查领导小组办公室主任审批同意后，方可刻盘提供；

c. 有关资料提供前，普查机构必须与第三方机构签署保密协议书、与接触数据的所有人员签署保密承诺书；

d. 其他未尽事宜必须满足《关于加强第二次全国污染源普查保密管理工作的通知》（国污普〔2018〕6号）的要求。

（11）国家普查机构能否统一明确一下，普查对象应该提供的佐证材料清单具体包括哪些？

答疑：由于全国各地行业差异较大，且各地生态环境监管做法和要求各不相同，所以国家层面很难统一明确普查对象应该提供的佐证材料清单范围，建议省级或市级普查机构结合自身的工作实际和生态环境监管需求，分源、分类明确本行政区普查对象应该提供的佐证材料清单范围（确实没有的可以不提供），有针对性地指导下属地区开展普查档案整理归档工作。附表列出了《陕西省工业源普查对象需提供的佐证材料清单》，供其他地区参考。

附 表

陕西省工业源普查对象需提供的佐证材料清单

序号	佐证材料
1	营业执照（复印件加盖公章）
2	厂区平面布置图
3	生产工艺流程图复印件（需标出废水、废气产生的工艺段，另外每个生产工艺流程图需注明对应的产品名称）
4	2017 年度企业年报
5	2017 年产品生产总值
6	2017 年燃料名称及用量
7	2017 年度煤（油、燃气）收费单
8	2017 年度水费单及用水总量
9	2017 年企业主要产品名称及产量清单（如企业有多种生产工艺，则产品产量需根据不同生产工艺进行罗列）
10	2017 年主要原辅材料名称及用量清单
11	排污许可证（有新版的则需提供，22 位代码）
12	排污许可证年度执行报告（2017 年）（国家排污许可证发放时需提供）
13	在生产项目各阶段的环评、现状评价报告
14	2017 年度企业环保台账或环保减排方案
15	清洁生产审核报告
16	水平衡图
17	产污、治污设施运行台账
18	废水、废气处理设施设计方案
19	2017 年度内废水处理总量、排放总量、回用水总量
20	废水处理设施及对应的排放口信息
21	2017 年度各废气排放口废气排放量
22	废气治理设施名称和个数及对应的排放口信息
23	2017 年废水、废气在线监测数据（全年监测数据电子版汇总表）
24	2017 年度废水、废气第三方监测报告（复印件）
25	2017 年废水、废气监督性监测报告（报告不少于四个季度、复印件）
26	2017 年度固废产生与处理的台账或发票等
27	危险废物台账
28	2017 年度危废处置合同、协议、转移联单（复印件）
29	企业风险评估报告
30	企业突发环境事件应急预案
31	LDAR 检测报告（有则提供）
32	碳排放报告
33	厂内移动源的铭牌信息（以柴油车为主）、数量、柴油消耗量
34	储罐的设计文件或铭牌（储罐类型、容积、个数、年周转量、年装载量、储存物质）
35	锅炉说明书
36	企业普查数据质控、检查、审核等工作产生的有关材料
37	其他特殊情况（如关闭、停产、破产、搬迁等）有关证明材料

注：普查对象所提供的佐证材料包括但不仅限于本表。

附件 1　关于印发《污染源普查档案管理办法》的通知

加　急

生态环境部
国家档案局 文件

环普查〔2018〕30 号

关于印发《污染源普查档案管理办法》的通知

各省、自治区、直辖市第二次全国污染源普查领导小组办公室、
环境保护厅（局）、档案局，新疆生产建设兵团第二次全国污染
源普查领导小组办公室、环境保护局、档案局：

　　为规范污染源普查档案管理，确保档案完整、准确、系
统、安全和有效利用，根据《中华人民共和国档案法》《全国
污染源普查条例》和国家有关规定，生态环境部和国家档案
局制定了《污染源普查档案管理办法》（见附件）。现印发给
你们，请遵照执行。

附件：污染源普查档案管理办法

2018 年 4 月 28 日

附件

污染源普查档案管理办法

第一条　为规范污染源普查档案管理，根据《中华人民共和国档案法》《全国污染源普查条例》和国家有关规定，制定本办法。

第二条　本办法所称污染源普查档案，是指各级污染源普查机构在污染源普查工作中形成的具有保存价值的文字、图表、声像、电子及实物等各种形式和载体的历史记录。

第三条　污染源普查档案工作由国务院全国污染源普查领导小组办公室统一领导，实行分级管理。

各级污染源普查机构负责本级污染源普查档案管理工作，接受同级档案行政管理部门和上级普查机构的监督和指导。

各级污染源普查机构委托第三方机构参与普查工作产生的文件材料，由被委托方负责收集、整理，并按规定移交委托方归档，委托方应当进行相关指导。

第四条　各级污染源普查机构应当将档案工作纳入污染源普查工作规划，建立健全污染源普查档案管理工作制度，与普查工作实行同部署、同管理、同验收。

第五条　各级污染源普查机构应当指定专人负责污染源普查档案工作，并进行必要的培训。

第六条　各级污染源普查档案工作所需经费应当列入本级污染源普查经费预算，统筹解决，保证污染源普查档案管理工作所需经费支出。

第七条 污染源普查档案应当按规定集中统一管理，参加污染源普查工作的各有关机构和个人有保护污染源普查档案的义务，任何单位和个人不得据为己有或者拒绝归档。

第八条 各级污染源普查机构应当按照国家保密工作规定，加强污染源普查档案的保密管理，严防国家秘密、商业秘密和个人隐私泄露。

第九条 各级污染源普查机构应当加强档案信息化建设，开发应用电子档案管理系统，推进文档一体化管理，实现资源数字化、利用网络化、管理智能化。

第十条 污染源普查档案的保管期限分为永久和定期两种，定期分为 30 年和 10 年。具体按照《污染源普查文件材料归档范围与保管期限表》（见附 1）执行。

各级污染源普查机构可结合工作实际，进行相应调整。

第十一条 污染源普查文件材料归档时限

（一）文书材料应当在文件办理完毕后及时归档；

（二）重大会议和活动等文件材料，应当在会议和活动结束后 1 个月内归档；

（三）一般仪器设备的随机文件材料，应当在开箱验收或安装调试后 7 日内归档，重要仪器设备开箱验收应当由档案管理人员现场监督随机文件材料归档；

（四）其他污染源普查文件材料应当于次年 3 月底前完成归档。

第十二条 污染源普查文件材料归档要求

（一）归档的文件材料应当为原件；

（二）归档的纸质文件材料应当做到字迹工整、数据准确、图样清晰、标识完整、手续完备、书写和装订材料符合档案保护的要求；

（三）归档的电子文件（含电子数据）应当真实、完整，以开放格式存储并能长期有效读取，可采用在线或离线方式归档，并在不同存储载体和介质上储存备份两套；

（四）归档电子文件应当和纸质文件保持一致，并与相关联的纸质档案建立检索关系。具有重要价值的电子文件应当同时转换为纸质文件归档。

第十三条　污染源普查文件材料的整理归档方法

（一）纸质文件材料的整理归档，依照《归档文件整理规则》（DA/T 22）和《污染源普查纸质文件材料整理技术规范》（见附 2）的有关规定执行；

（二）电子文件（含电子数据）的整理归档，依照《电子公文归档管理暂行办法》（档发〔2003〕6 号）、《电子文件归档与电子档案管理规范》（GB/T 18894）、《CAD 电子文件光盘存储、归档与档案管理要求》（GB/T17678.1）等文件的有关规定执行；

（三）财务类文件材料的整理归档，依照《会计档案管理办法》（财政部、国家档案局令第 79 号）的有关规定执行；

（四）照片资料的整理归档，依照《照片档案管理规范》（GB/T 11821）、《数码照片归档与管理规范》（DA/T 50）、《电子文件归档与电子档案管理规范》（GB/T 18894）等文件的有关规定执行；

（五）录音、录像资料的整理归档，依照《磁性载体档案管理与保护规范》（DA/T 15）、《电子文件归档与电子档案管理规范》（GB/T 18894）等文件的有关规定执行；

（六）其他类材料的整理归档，参照上述文件类别的整理方法及相关规定执行。

第十四条　污染源普查档案库房应当符合国家有关标准，具备防火、防盗、防高温、防潮、防尘、防光、防磁、防有害生物、防有害气体等保管条件，确保档案安全。

第十五条　应当积极开发污染源普查档案信息资源，建立健全档案利用制度，依法依规向社会提供利用服务。

第十六条　对保管期满的污染源普查档案应当及时进行鉴定并形成鉴定报告。对保管期满，不再具有保存价值、确定销毁的档案，应当清点核对并编制档案销毁清册，经过必要的审批程序后，按照规定销毁。

销毁档案应当有 2 人以上监督进行，监督人员应当在清册上签名，并注明销毁的方式和时间。销毁清册永久保存。未经鉴定、未履行销毁审批手续的档案，严禁销毁。

第十七条　国家和省级污染源普查机构应当在污染源普查工作完成后 1 年内，地（市）级及以下污染源普查机构应当在污染源普查工作完成后 6 个月内，将污染源普查档案向同级环境保护主管部门移交。

各级环境保护主管部门应当按照有关规定，将污染源普查档案向同级国家综合档案馆移交。

档案移交时，双方应当对移交档案进行认真检查并办理移交手续。

第十八条　污染源普查档案检查验收工作应当吸收同级环境保护主管部门档案工作机构和档案行政管理部门的相关人员参加，按照"以省为主、自下而上、逐级检查"的原则进行，包括地（市）级及以下污染源普查机构自查、省级污染源普查机构核查和国家级污染源普查机构验收，重点检查污染源普查档案的完整性、系统性、规范性和安全性。

第十九条　国家级污染源普查机构应当加强对省级污染源普查机构污染源普查档案检查验收工作的监督和指导。省级污染源普查机构负责制定本行政区域内污染源普查档案检查验收标准。

第二十条　应当依照国家有关规定对在污染源普查档案工作中做出显著成绩的单位和个人，给予表扬或奖励。

第二十一条　违反国家档案管理规定，造成污染源普查档案失真、损毁、泄密、丢失的，依法追究相关人员的责任；涉嫌犯罪的，移交司法机关依法追究刑事责任。

第二十二条　本办法由生态环境部、国家档案局负责解释。

第二十三条　本办法自发布之日起实施。2007年12月13日由原国家环境保护总局、国家档案局印发的《污染源普查档案管理办法》（环发〔2007〕187号）同时废止。

附1

污染源普查文件材料归档范围与保管期限表

序号	归 档 文 件 材 料	保管期限
1	管理类	
1.1	各级党政机关有关污染源普查工作的通知、意见及批复等	永久
1.2	各级党政领导有关污染源普查工作的重要讲话、批示、题词等	永久
1.3	各级污染源普查机构的请示、批复、报告、通知等	重要的永久 一般的30年
1.4	各级污染源普查机构规章制度、工作计划、工作总结、工作简报、调研报告、大事记等	30年
1.5	污染源普查工作会议的报告、讲话、总结、决议、纪要等	永久
1.6	各级污染源普查机构召开的专业会议相关文件材料	30年
1.7	各级污染源普查机构进行第三方委托而产生的相关文件材料	重要的30年 一般的10年
1.8	各级污染源普查机构进行质控、检查、验收、总结等工作而产生的相关文件材料	重要的30年 一般的10年
1.9	污染源普查有关管理办法、指导意见、实施方案、技术规定等	永久
1.10	污染源普查培训相关文件材料	10年
1.11	污染源普查文件汇编	永久
1.12	污染源普查公报和成果图集	永久
1.13	污染源普查技术报告、系数手册、数据集等相关材料汇编	重要的30年 一般的10年
1.14	公开出版或内部编印的污染源普查材料	重要的30年 一般的10年
1.15	污染源普查宣传方案、宣传材料、宣传画和报纸杂志发表的有关社论、评论和报道等	10年

序号	归 档 文 件 材 料	保管期限
1.16	各级污染源普查机构接待来宾的日程安排、来宾名单、谈话记录	重要的 30 年，一般的 10 年
1.17	各级污染源普查机构设置、人事任免、工作人员名单	永久
1.18	污染源普查表彰决定，先进集体、个人名单	永久
1.19	行政区划代码本、地址编码本及相应电子数据	30 年
1.20	污染源普查使用的计算机应用程序软件及说明等	30 年
1.21	污染源普查相关的图册、水文、气象等数据资料及相应电子文件	重要的 30 年，一般的 10 年
1.22	其他与管理相关的文件材料	重要的 30 年，一般的 10 年
2	污染源类	
2.1	污染源普查清查表、填表说明及相应电子文件	永久
2.2	污染源普查入户调查表、填表说明及相应电子文件	永久
2.3	各类污染源产排污系数手册	10 年
2.4	各类污染源名录库	30 年
2.5	各类污染源普查数据	10 年
2.6	各类污染源普查清查产生的相关文件材料	10 年
2.7	各类污染源普查试点产生的相关文件材料	10 年
2.8	其他与污染源相关的文件材料	重要的 30 年，一般的 10 年
3	财务类	
3.1	各级污染源普查机构的会计凭证、会计账簿	30 年
3.2	各级污染源普查机构的月度、季度、半年度财务会计报告，银行对账单，纳税申报表	10 年
3.3	各级污染源普查机构的年度财务会计报告	永久
3.4	各级污染源普查机构的年度预算及预算执行情况报告	30 年

序号	归　档　文　件　材　料	保管期限
3.5	各级污染源普查机构的审计报告	永久
3.6	其他相关的财务类文件	重要的 30 年，一般的 10 年
4	**声像实物类**	
4.1	污染源普查工作（含会议）照片、录音、录像等	永久
4.2	污染源普查工作标志、奖牌、锦旗等	10 年
4.3	污染源普查机构印章	永久
4.4	其他相关的照片、音像、实物	重要的 30 年，一般的 10 年
5	**其他类**	重要的 30 年，一般的 10 年

注：1. 表中未列入的相关文件材料，依照《机关文件材料归档范围和文书档案保管期限规定》（国家档案局令　第 8 号）的有关规定执行。

2. 各级普查机构可结合自身工作需求，根据具体归档对象的保管利用价值等因素判定其重要性属于"重要的"或"一般的"。

附2

污染源普查纸质文件材料整理技术规范

为了规范污染源普查纸质文件材料整理工作，便于污染源普查档案的安全保管和有效利用，参照《归档文件整理规则》（DA/T 22）等有关规定，制定本规范。

本规范适用于各级污染源普查机构在开展普查工作过程中形成的纸质文件材料的整理。

一、整理原则

污染源普查纸质文件材料的整理原则是：遵循普查文件材料的形成规律和特点，保持文件材料之间的有机联系，区分不同价值，便于保管和利用。

二、分类

污染源普查文件材料共分为管理类、污染源类、财务类、声像实物类和其他类五大类。其中，污染源类又分为工业污染源、农业污染源、生活污染源、集中式污染治理设施和移动污染源五类。

各类文件材料应当按照"全宗号-行政区域代号-文件类别代码-年度-保管期限代码-件号"的格式编制档号。档号的各级分类代字、代码详见下图。

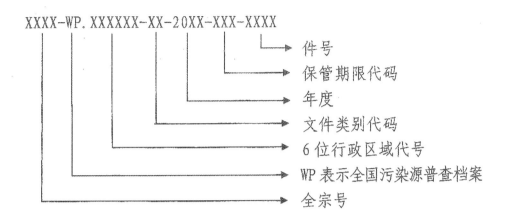

XXXX-WP.XXXXXX-XX-20XX-XXX-XXXX
件号
保管期限代码
年度
文件类别代码
6位行政区域代号
WP表示全国污染源普查档案
全宗号

其中，全宗号根据档案行政管理部门分配给环境保护主管部门的全宗号进行编写。

6位行政区域代号按照国家统计局官网公布的《2016年统计用区划代码和城乡划分代码》中区（县）级的前6位数字进行编写。

文件类别代码分别为：1.管理类；2.污染源类：2A.工业污染源，2B.农业污染源，2C.生活污染源，2D.集中式污染治理设施，2E.移动污染源；3.财务类；4.声像实物类；5.其他类。

年度根据文件材料的成文时间（或形成时间）进行编写。

保管期限分为：永久、定期30年、定期10年，分别以代码"Y"、"D30"、"D10"标识。

件号的编写详见本规范"六、编号"部分。

财务类、声像实物类、其他类文件材料的整理方法和要求，按照相关规定执行，本规范不予详述。

三、分件

管理类和污染源类纸质文件材料均以"件"为单位进行整理。

（一）管理类

管理类文件材料主要是指污染源普查工作过程中各级污染源普查机构用于管理和指导普查工作开展的相关文件材料。一般以每份文件为一件。正文、附件为一件；文件正本与定稿（包括法律法规等重要文件的历次修改稿）为一件；转发文与被转发文为一件；原件与复制件为一件；正本与翻译本为一件；中文本与外文本为一件；报表、名册、图册等一册（本）为一件（作为文件附件时除外）；简报、周报等材料一期为一件；会议纪要、会议记录一般一次会议为一件，会议记录一年一本的，一本为一件；来文与复文（如请示与批复、报告与批示、函与复函等）一般独立成件，也可为一件。有文件处理单或发文稿纸的，文件处理单或发文稿纸与相关文件为一件。

（二）污染源类

污染源类文件材料主要是指各种污染源类型的普查对象所提供的各类依据性文件材料，以及普查过程中产生的各类表格、数据汇集及相关文件材料（包括各类污染源汇总数据和区域汇总数据）。一般针对不同类型污染源进行采集（或登记）不同数据（或信息）的文件材料各为一件，以工业污染源为例，某化工企业的入户调查表、监测数据表、生产记录、治污设施运行记录、锅炉资料、环评报告等各为一件（内容单薄的相关依据性文件材料也可组合为一件）；各类污染源的汇总性文件材料各为一件，例如：工业污染源产排污系数手册、工业污染源普查数据汇总表等各为一件；某行政区域针对各类污染源的汇总性文件材料各为一件，例如：某县污染源普查入户调查表及填表说明、某县污染源普查数据汇总表等各为一件。

四、排列

（一）每"件"中不同稿本的排列

正文在前，附件在后；正本在前，定稿在后；转发文在前，被转发文在后；原件在前，复制件在后；不同文字的文本，无特殊规定的，汉文文本在前，少数民族文字文本在后；中文本在前，外文本在后；来文与复文作为一件时，复文在前，来文在后。有文件处理单或发文稿纸的，文件处理单在前，收文在后；正本在前，发文稿纸、定稿在后。

（二）"件"与"件"之间的排列

依据分类方案，按照事由、结合时间和重要程度进行排列。会议、活动文件材料，普查数据表册等成套性的文件材料应集中排列；同一事由的一组文件材料，一般按照成文时间（或形成时间）的先后顺序进行排列；信息、简报、情况反映等，按照从编序号排列。

五、装订

装订以"件"为单位进行，以固定每件文件材料的页次，防止文件材料张页丢失，便于文件材料归档后的保管和利用。

装订前，应对破损的纸张进行修裱，修裱应采用糊精或专用胶水，不得用胶带粘贴；应对字迹模糊的、易扩散的、易磨损的、易褪色的文件材料进行复制；应去除纸张上易锈蚀的金属物，如铁质订书钉、曲别针、大头针、推钉、鱼尾夹等；应对过大的纸张进行折叠，对过小纸张进行托附，对装订线内有字迹的纸张贴补纸条等。

装订时，采用的装订材料应符合档案保护要求，不得包含或产生可能损害文件材料的物质。装订方法应能较好地维护文件材料的原始面貌，符合同级国家综合档案馆的统一标准要求，原装订方式符合要求的，应维持不变。一般来说，采用左上角装订的，应将左、上侧对齐；采用左侧装订的，应将左、下侧对齐。

装订后，文件材料应牢固、安全、平整，做到不损页、不倒页、不掉页、不压字、不影响阅读，有利于保护和管理。

六、编号

（一）编页号

将每件文件材料稿本排列、装订后，应编写每一件文件材料的页码，以固定每一页在文件材料中的位置。文件材料中凡是有图文的页面都必须编写页号。当文件材料有连续页码时，则无需重编页号；无页码或无连续页码时，每件需从"1"开始，使用阿拉伯数字编流水页号。空白页不编号。编写位置：正页面右上角、反页面左上角的空白处。页码使用黑色铅笔编写。

（二）编件号

按照件与件的排列顺序，将每件排列好后，应逐件编写件号，以固定每一件在年度中的位置。件号从"1"开始，使用阿拉伯数字编流水件号。编写位置：归档章的"件号"栏内（详见本规范"七、盖章"部分）。

七、盖章

（一）制作归档章

归档章项目包括：全宗号、年度、件号、机构或问题、保管期限、页数等。其中，全宗号、年度、件号、保管期限等项目为必备项目，其他项目为选择项。归档章的规格一般为长 45 mm，宽 16 mm，分为均匀的 6 格，详见下图。

（二）盖章

归档章一般应加盖在文件材料首页上端居中的空白位置。如果领导批示或收文章占用了上述位置，可将归档章加盖在首页上端的其他空白位置。文件材料首页确无盖章位置时，或属于重要文件材料须保持原貌的，也可在文件首页前另附纸页加盖归档章。

盖章时，归档章不得压住文件材料的图文字迹，也不宜与收文章等交叉。

（三）填写归档章项目

填写归档章项目应使用钢笔或蓝黑墨水笔。全宗号、年度、件号和保管期限应与本规范"二、分类"部分的对应项目保持一致；机构或问题可根据文件材料分类方案，填写为"WP.XXXXXX-XX"；页数应填写本件文件材料的实有页数。

八、编目

污染源普查档案应依据分类方案和件号的顺序，编制归档文件目录。编目应准确、详细，逐件编目，便于检索。

归档文件目录一般设置：序号、档号、文号、责任者、题名、日期、页数、备注等项目（详见下图）。

归档文件目录

（式样）

序号	档　　号	文号	责任者	题名	日期	页数	备注

序号：填写归档文件顺序号。

档号：按照"二、分类"中档号编写要求填写。

文号：填写文件的发文字号。没有发文字号的，不用标识。

责任者：填写制发文件材料的组织或个人，即文件材料的发文机关或署名者。

题名：填写文件标题。规范性的文件标题应体现三要素：文件责任者、文件内容、文种。文件标题应据实抄录；如果没有标题、标题不规范，或者标题不能反映文件材料主要内容、不方便检索的，应全部或部分自拟标题，自拟的内容外加方括号"[ ]"。

日期：填写文件材料的形成时间，以国际标准日期表示法标注年月日，如 20180408。日期不全的应考证；考证不出来的，用"0"充填。

页数：填写每件文件材料的实有总页数。

备注：填写需要说明的事项。一般为空。

　　归档文件目录用纸采用国际标准的 A4 幅面纸张，电子表格编制、横版打印。目录打印一式二份，盒内一份，装订成册一份。盒内的目录应排在盒内文件材料之前。

　　装订成册的目录应按照"行政机构-文件类别-年度"进行排序（供档案室参考）。排列好的文件目录应制作《污染源普查档案归档文件目录》封面，于左侧装订。

　　目录封面格式，如：××环境保护局普查办 2018 年污染源普查永久档案的归档文件目录（详见下图）。

```
┌─────────────────────────────┐
│                             │
│       污染源普查档案          │
│       归 档 文 件 目 录       │
│                             │
│                             │
│    全 宗 号 ____××××____     │
│    全宗名称 _××环境保护局_    │
│    年　　度 ____2018____      │
│    保管期限 ____永 久____      │
│    机　　构 ___普查办___       │
│                             │
└─────────────────────────────┘
```

九、填写备考表

　　备考表用以说明盒内文件材料的状况，置于盒内所有文件材料之后。备考表一般设置：盒内文件情况说明、整理人、检查人和日期等项目，填写要求如下。

　　盒内文件情况说明：主要填写盒内材料的缺损、修改、补充、移出，以及与本盒文件材料内容相关的情况等。

整理人：填写负责整理该盒文件材料的人员姓名，应由整理人签名或加盖个人名章，以示对文件材料整理情况负责。

检查人：填写负责检查该盒文件材料整理质量的人员姓名，应由检查人签名或加盖个人名章，以示对整理质量检查情况负责。

日期：分别填写整理和检查完毕的日期。

备考表的外形尺寸、页边和文字区尺寸，以及表中各项目的具体位置、尺寸详见下图。

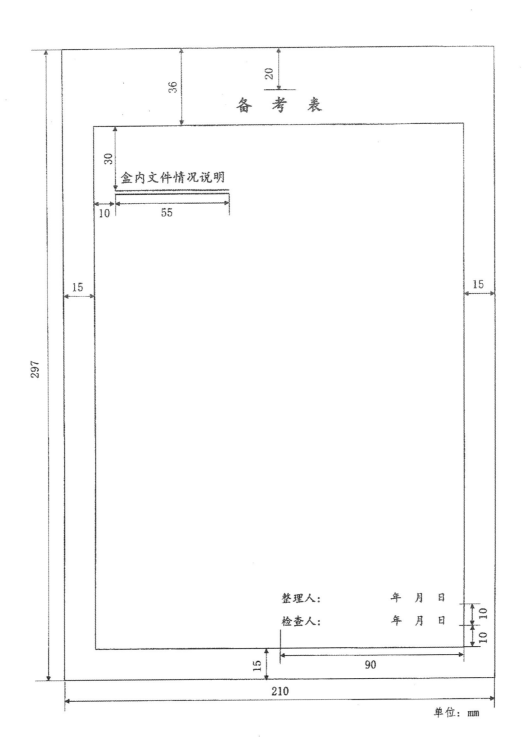

单位：mm

十、装盒

将归档文件材料按件号装入厚度适中的档案盒中，并填写档案盒的封面和盒脊有关项目，以便于保管和利用档案。

不同年度、机构（问题）、保管期限的归档文件材料不得装入同一个档案盒。归档文件材料装盒时，不得过多或过少，以能空出一根手指厚度为宜。

抄　送：中央宣传部、发展改革委、工业和信息化部、公安部、财政部、自
　　　　然资源部、住房城乡建设部、交通运输部、水利部、农业农村部、
　　　　税务总局、市场监管总局、统计局、中央军委后勤保障部、中国铁
　　　　路总公司办公厅(室)，民航局综合司。

生态环境部办公厅　　　　　　　　　　　　2018 年 5 月 2 日印发

附件 2　关于加强第二次全国污染源普查保密管理工作的通知

加　急

国务院第二次全国污染源普查领导小组办公室 文件

国污普〔2018〕6 号

关于加强第二次全国污染源普查保密管理工作的通知

中央宣传部、发展改革委、工业和信息化部、公安部、财政部、自然资源部、住房城乡建设部、交通运输部、水利部、农业农村部、税务总局、市场监管总局、统计局、中央军委后勤保障部、中国铁路总公司办公厅（室），民航局综合司，各省、自治区、直辖市第二次全国污染源普查领导小组办公室，新疆生产建设兵团第二次全国污染源普查领导小组办公室：

为加强第二次全国污染源普查（以下简称普查）保密管理工作，确保普查工作涉及的国家秘密、敏感信息和其他应保密信息的安全，根据《中华人民共和国保守国家秘密法》及其实施条例、《中华人民共和国统计法》及其实施条例、《全国污染源普查条例》及《环境保护工作国家秘密范围的规定》（环发〔2013〕118号）等法律法规及有关规定，结合普查工作实际，现将有关事项通知如下：

一、明确保密对象，界定知悉范围

普查工作过程中需要加以保密的对象包括：国家秘密、敏感信息和其他应保密信息。

（一）普查工作国家秘密

普查工作中涉及的已纳入国家保密范围的信息数据和文件资料，其知悉范围必须严格按照国家秘密有关规定执行。

（二）普查工作敏感信息

普查工作相关部门（单位或个人）提供（或填报）的以及在普查工作过程中产生（或获取）的数据信息和文件材料，公开前仅限于参与普查工作的单位及人员知悉；各级普查数据经审定入库后形成的数据集合，公开前仅限于参与普查数据审定和数据库管理的人员知悉。

（三）其他应保密信息

普查工作过程中获取的商业秘密、个人信息和其他能够识别或者推断单个普查对象身份的资料，任何单位和个人不得对外提供、泄露，不得用于普查统计以外的目的。

二、健全保密制度，完善管理措施

各级普查机构和有关部门（或单位）要在原有保密规章制度的基础上，建立健全普查工作保密制度，强化管理措施，明确责任领导、责任部门和责任人。按照"谁主管、谁负责"的原则，实行"一岗双责"，坚持业务工作和保密工作两手抓、两促进，形成主要领导亲自抓、分管领导靠前抓、专职人员全力抓的良好氛围。将保密管理有关要求贯穿普查工作全过程，确保各项保密制度措施落到实处，严防失泄密事件发生，切实做好污染源普查保密管理工作。

（一）加强对普查工作国家秘密的管理

1. 存储、处理涉及普查工作国家秘密的信息数据必须使用涉密计算机，其打印设备等不得与任何公共信息系统联接。涉密计算机应当根据所处理信息的最高密级，按照相应级别保密措施进行管理；

2. 存储涉及普查工作国家秘密的信息数据的移动介质（移动硬盘、U 盘等）要标注密级标识，并按照相应密级的保密管理规定严格管理；

3. 涉及普查工作国家秘密的数据（或文件）资料的收发、分送、传阅、寄送、清退和销毁等环节，必须履行登记手续，传递涉密数据（或文件）资料必须通过机要渠道或安排专人递送；

4. 涉及普查工作国家秘密的数据（或文件）资料必须妥善

保管，建立台账，指定专人负责管理，原则上不得对外复制（或复印），如确需复制（或复印）的，要严格按照审批程序，复制（或复印）件按照原件管理；

5. 严禁携带涉及普查工作国家秘密的数据（或文件）资料、计算机、移动介质出国（境）；

6. 召开涉及普查工作国家秘密事项的会议，应采取保密防范技术措施；

7. 其他未尽事宜按照国家有关法律法规及相关规章制度执行。

（二）加强对普查工作敏感信息和其他应保密信息的管理

1. 普查工作敏感信息和其他应保密信息的存储、处理必须使用专用计算机，必须依托"国家电子政务专网"进行报送（或传输），专用计算机和专网的部署环境应满足国家信息安全等级保护制度第三级要求；

2. 存储、处理普查工作敏感信息和其他应保密信息的移动介质（移动硬盘、U盘等）必须安排专人负责保管和使用；

3. 包含普查工作敏感信息和其他应保密信息的数据（或文件）资料的收发、分送、传阅、寄送、清退和销毁等环节，必须履行登记手续，不得擅自扩大发送范围；

4. 包含普查工作敏感信息和其他应保密信息的数据（或文件）资料必须妥善保管，建立台账，指定专人负责管理，原则上不得对外复制（或复印），如确需复制（或复印）的，要严格按照审批程序，复制（或复印）件按照原件管理；

5. 未经国家主管部门审批，严禁携带包含普查工作敏感信息和其他应保密信息的数据（或文件）资料、计算机、移动介质出国（境）；

6. 对涉及普查工作敏感信息有关事项进行新闻报道、信息公开应从严把关，注意把握新闻报道和信息公开的内容和时机，避免引发舆论炒作。

（三）加强对普查工作参与部门（或单位）及人员的管理

1. 普查工作任务下达部门（或单位）与承担单位之间应当签订保密协议书（样本见附件1），承担单位与所有工作人员之间应当签订保密承诺书（样本见附件2）；

2. 涉及普查工作国家秘密、敏感信息和其他应保密信息的数据（或文件）资料提供部门（或单位）与使用部门（或单位）之间应当签订数据（或文件）资料使用协议书（样本见附件3）；

3. 涉及普查工作国家秘密和敏感信息的人员原则上不得聘用境外人员，如确需聘用的，应加强保密教育；

4. 普查工作人员离岗离职时，应做好涉及普查工作国家秘密、敏感信息和其他应保密信息的数据（或文件）资料、计算机及移动介质的移交和清退工作，其中涉密人员应接受脱密期管理，有关部门（或单位）应组织脱密期保密教育；

5. 普查工作人员发表论文、著作、演讲和讲座等不得涉及普查工作国家秘密和其他应保密信息；发表论文、著作、演讲和讲座等涉及普查工作敏感信息的，应当报经上级主管部门（或单位）批准。对是否涉及普查工作国家秘密、敏感信息和其他应保密信息界定不清的，应当事先经本部门（或单位）或上级主管部门（或单位）进行审定。向境外投寄稿件，应当按照国家保密有关规定办理；

6. 对于参与普查工作的科技、管理等有关人员，有关部门（或单位）不得因其成果不宜公开发表、交流、推广而影响其评奖、表彰和职称评定等。对确因保密原因不能在刊物上公开发表的论文、不能出版的著作等，有关部门（或单位）应当对论文、著作等工作成果的实际水平给予客观、公正评价。

三、加强保密培训，强化保密意识

各级普查机构和有关部门（或单位）要组织普查工作保密培训，开展全员保密意识和保密常识教育，提高保密技能，切实筑牢保密安全的思想防线。普查工作保密培训要与普查工作的其他培训同步筹划、同步组织、同步实施。原则上，全国污染源普查领导小组办公室负责对省、市两级污染源普查工作机构技术骨干以及各省级普查培训师资的保密培训；省级污染源普查领导小组办公室负责对本行政区域内其余普查工作人员的保密培训。

各级普查工作人员应积极参与保密培训，认真学习国家保密法律法规和有关规章制度，掌握保密知识和技能；牢固树立保密意识，强化"保密工作无小事"的理念，克服保密工作与已无关和无密可保的思想，切实增强做好普查保密工作的责任感，严格遵守保密纪律，自觉履行保密义务。

四、定期监督检查，严格责任追究

国务院第二次全国污染源普查领导小组办公室负责中央本级普查工作参与部门（或单位）及人员的保密管理和监督检查；各省（区、市）第二次全国污染源普查领导小组办公室负责本行政区域内普查工作参与部门（或单位）及人员的保密管理和监督检查。各级第二次全国污染源普查工作办公室是普查保密工作的责任主体，应切实做好本级普查保密工作。全国污染源普查工作结束后，承接相关工作的部门（或单位）应当依照国家保密法律法规及有关规定严格履行保密管理和监督检查职责。

各级保密管理和监督检查部门要定期组织普查工作参与部门（或单位）开展自查自纠工作，认真查找风险点，消除安全隐患，堵塞失泄密漏洞。加大对重点部门（或单位）及其工作人员的监管力度，不定期组织随机抽查，每年至少开展一次全面检查，从严从实开展责任追究，坚决维护保密法纪严肃性。对普查工作有关部门、单位及人员违反保密法律法规和规章制度导致失泄密的，将依法依规追究有关部门、单位及人员的责任。坚持失泄密案件通报制度，凡被通报过的有关单位及人员不得参与污染源普查评比表彰。

附件：1.保密协议书（样本）

　　　　2.保密承诺书（样本）

　　　　3.数据（或文件）资料使用协议书（样本）

国务院第二次全国污染源普查

领导小组办公室

2018 年 4 月 27 日

附件 1

保 密 协 议 书

（样 本）

　　甲方：＿＿＿＿＿＿＿＿＿＿＿＿＿＿＿＿＿（任务下达部门或单位）

　　乙方：＿＿＿＿＿＿＿＿＿＿＿＿＿＿＿（承担单位）

　　乙方自愿加入甲方的＿＿＿＿＿＿＿＿＿＿＿＿＿＿＿＿工作组（以下简称工作组），并依工作组要求完成＿＿＿＿＿＿＿＿＿＿＿＿＿＿＿＿＿＿＿＿＿＿＿＿＿＿相关工作（以下简称相关工作）。

　　经双方协商一致，为确保相关工作过程中涉及第二次全国污染源普查工作国家秘密、敏感信息和其他应保密信息（以下简称普查工作保密对象）的技术信息和文件资料不被泄露和滥用，甲乙双方达成如下协议：

　　一、甲乙双方作为相关工作的牵头和承担部门（或单位），其工作任务依据相关工作任务书确定，本协议仅涉及该项工作过程中及以后的保密责任。凡以直接、间接、口头或书面等形式提供涉及普查工作保密对象的行为均属泄密。

　　二、本协议所指涉及普查工作保密对象的技术信息和文件资料具体包括但不限于：

1. _____；

2. _____；

3. _____；

4. _____。

三、甲方责任：

1. 甲方应根据相关工作任务书的规定，向乙方提供必要的技术信息和文件资料。

2. 甲方在以书面形式（包括：磁盘、光盘等）向乙方提供技术信息和文件资料时，应当进行登记或备案。

3. 甲方向乙方提供的注明保密的技术信息和文件资料负有保密责任，未经乙方同意不得提供给与相关工作无关的任何第三方。

4. 对不再需要保密或者已经公开的技术信息和文件资料，甲方应及时通知乙方。

四、乙方责任：

1. 乙方应仅将甲方提供的技术信息和文件资料用于工作组范围内的_____相关工作。

2. 乙方对从甲方或者甲方以外的其他渠道获得的涉及普查工作保密对象的技术信息和文件资料负有保密责任，未经甲方同意不得提供给任何第三方，包括乙方的分支机构、子公司或委托顾问方、接受咨询方等。

3. 乙方为承担本协议约定的保密责任，应妥善保管有关的技术信息和文件资料，未经工作组事先的书面许可，不得对其复制、仿造等。

4. 乙方应对有关人员（包括在职人员和曾在职人员）进行有效管理，以确保本协议的履行。

5. 在本协议约定的保密期限内，乙方如发现涉及普查工作保密对象的技术信息和文件资料被泄露，应及时通知甲方，并采取积极措施避免损失扩大。

五、本协议中涉及普查工作保密对象的技术信息和文件资料，其中已经拥有知识产权的归原所有人所有；相关工作实施中产生的知识产权归属依照相关工作任务书约定执行。

六、甲方为满足相关工作实施的需要，可以将乙方提供的有关信息（乙方特别声明不能提供给他人的除外）向相关工作的有关方面（包括：承担相关工作的其他成员、聘请的专家、政府主管部门）提供，此行为不视为甲方违约。

乙方在实施相关工作过程中，需要向相关工作的有关方面（包括：承担相关工作的其他成员、聘请的专家、政府主管部门）提供涉及普查工作保密对象的技术信息和文件资料时，必须取得甲方的书面许可，或者由甲方负责提供。

七、违反本协议的约定，由违约方承担相应责任，并赔偿由此产生的一切损失。

八、本协议要求双方承担保密义务的期限为：自本协议签字之日起或者自双方中的一方取得涉及普查工作保密对象的技术信息和文件资料之日起，以时间在前的为准。

九、双方在履行协议中产生的纠纷，应通过友好协商解决。任何通过友好协商后不能解决的争议均应提交工作组所在地的人民法院诉讼解决。

十、本协议一式两份，甲乙双方各持一份。

甲方（盖章）：＿＿＿＿＿＿　　乙方（盖章）：＿＿＿＿＿＿

代表人（签字）：＿＿＿＿＿　　代表人（签字）：＿＿＿＿＿

联系电话：＿＿＿＿＿＿＿　　联系电话：＿＿＿＿＿＿＿

签订时间：＿＿年＿月＿日　签订时间：＿＿年＿月＿日

签订地点：＿＿＿＿＿＿　　签订地点：＿＿＿＿＿＿

附件 2

保 密 承 诺 书

（样 本）

本人了解有关保密法规制度，知悉应当承担的保密义务和法律责任。本人郑重承诺：

一、严格遵守国家保密法律法规和规章制度，履行保密义务。

二、不提供虚假个人信息，自愿接受保密审查。

三、不违规记录、存储、复印、复制涉及第二次全国污染源普查（以下简称普查）工作国家秘密、敏感信息和其他应保密信息的数据（或文件）资料，不违规存储、处理或留存涉及普查工作国家秘密、敏感信息和其他应保密信息的载体。

四、不以任何方式擅自公开或泄露所接触和知悉的普查工作国家秘密、敏感信息和其他应保密信息。

五、未经主管部门（或单位）审查批准，不擅自发表涉及普查工作国家秘密、敏感信息和其他应保密信息的论文、著作、演讲和讲座等。

六、离职离岗时，积极参加脱密期保密教育，自愿接受脱密期管理（只针对涉密人员）。

违反上述承诺，自愿承担党纪、政纪责任和法律后果。

承诺人：＿＿＿＿＿＿（签字）

＿＿＿年＿＿月＿＿日

附件 3

数据（或文件）资料使用协议书

（样 本）

甲方：_____（提供方）

乙方：_____（使用方）

甲方自愿为乙方提供_____用于_____的相关工作（以下简称相关工作）。

经双方协商一致，为确保相关工作过程中涉及第二次全国污染源普查工作国家秘密、敏感信息和其他应保密信息（以下简称普查工作保密对象）的数据（或文件）资料不被泄露和滥用，甲乙双方达成如下协议：

一、凡以直接、间接、口头或书面等形式提供涉及普查工作保密对象的行为均属泄密。

二、本协议所指涉及普查工作保密对象的数据（或文件）资料具体包括但不限于：

1._____；

2._____；

3._____；

4. _____。

三、甲方责任：

1. 甲方在以书面形式（包括：磁盘、光盘等）向乙方或其他第三方提供涉及普查工作保密对象的数据（或文件）资料时，应当进行登记或备案。

2. 对不再需要保密或者已经公开的涉及普查工作保密对象的数据（或文件）资料，甲方应及时通知乙方。

四、乙方责任：

1. 乙方应仅将甲方提供的数据（或文件）资料用于_____相关工作。

2. 乙方对甲方提供的涉及普查工作保密对象的数据（或文件）资料负有保密责任，未经甲方同意不得提供给任何第三方，包括乙方的分支机构、子公司或委托顾问方、接受咨询方等。

3. 乙方为承担本协议约定的保密责任，应妥善保管有关的数据（或文件）资料，未经甲方事先的书面许可，不得对其复制、仿造等。

4. 乙方应对有关人员（包括在职人员和曾在职人员）进行有效管理，以确保本协议的履行。

5. 在本协议约定的保密期限内，乙方如发现涉及普查工作保密对象的数据（或文件）资料被泄露，应及时通知甲方，并采取积极措施避免损失扩大。

五、违反本协议的约定，由违约方承担相应责任，并赔偿由此产生的一切损失。

六、本协议要求双方承担保密义务的期限为：自本协议签字之日起或者自双方中的一方取得涉及普查工作保密对象的数据（或文件）资料之日起，以时间在前的为准。

七、双方在履行协议中产生的纠纷，应通过友好协商解决。任何通过友好协商后不能解决的争议均应提交工作组所在地的人民法院诉讼解决。

八、本协议一式两份，甲乙双方各持一份。

甲方（盖章）：＿＿＿＿＿＿　　乙方（盖章）：＿＿＿＿＿＿

代表人（签字）：＿＿＿＿＿　　代表人（签字）：＿＿＿＿＿

联系电话：＿＿＿＿＿＿　　　　联系电话：＿＿＿＿＿＿

签订时间：＿＿年＿月＿日　　签订时间：＿＿年＿月＿日

签订地点：＿＿＿＿＿＿　　　　签订地点：＿＿＿＿＿＿

抄　　送：各省、自治区、直辖市环境保护厅（局），新疆生产建设兵团环
　　　　　境保护局。

生态环境部办公厅　　　　　　　　　2018 年 4 月 28 日印发

后 记

　　《第二次全国污染源普查成果系列丛书》（以下简称《丛书》）是污染源普查工作成果的具体体现。这一成果是在国务院第二次全国污染源普查领导小组统一领导和部署、地方各级人民政府全力支持下，全国生态环境、农业农村、统计及有关部门普查工作人员和几十万普查员、普查指导员，历经三年多时间，不懈努力、辛勤劳动获得的。及时整理相关材料、全面总结实践经验、编辑出版这些成果资料，使政府有关部门、广大人民群众、科研人员及社会各界了解污染源普查情况、开发利用普查成果，是十分必要且非常有意义的一件大事。

　　在《丛书》编纂指导委员会指导下，《丛书》主要由第二次全国污染源普查工作办公室的同志编纂完成，技术支持单位研究人员和地方普查工作人员参与了部分内容的编写。在编纂过程中，得到了生态环境部领导、相关司局的关心和支持。中国环境出版集团许多同志不辞辛苦，作了大量编辑工作。中图地理信息有限公司参与了《第二次全国污染源普查图集》的制作。在此一并表示由衷的感谢！

　　从第二次全国污染源普查启动至《丛书》出版，历时 4 年多时间，相关数据、资料整理过程中会有不尽如人意之处，希望读者谅解指正。

主编

2021 年 6 月